Handicap: Lesen und Schreiben?

Rita M. Brehm

Handicap: Lesen und Schreiben?

Geben Sie niemals auf! Die Chancen phonetisch-phonologischer Strategien

Rita M. Brehm
Offenbach a.M.
Deutschland

ISBN 978-3-642-55304-2   ISBN 978-3-642-55305-9 (eBook)
DOI 10.1007/978-3-642-55305-9

Die Deutsche Nationalbibliothek verzeichnet diese Publikation in der Deutschen Nationalbibliografie; detaillierte bibliografische Daten sind im Internet über http://dnb.d-nb.de abrufbar.

Springer Spektrum
© Springer-Verlag Berlin Heidelberg 2014
Das Werk einschließlich aller seiner Teile ist urheberrechtlich geschützt. Jede Verwertung, die nicht ausdrücklich vom Urheberrechtsgesetz zugelassen ist, bedarf der vorherigen Zustimmung des Verlags. Das gilt insbesondere für Vervielfältigungen, Bearbeitungen, Übersetzungen, Mikroverfilmungen und die Einspeicherung und Verarbeitung in elektronischen Systemen.

Die Wiedergabe von Gebrauchsnamen, Handelsnamen, Warenbezeichnungen usw. in diesem Werk berechtigt auch ohne besondere Kennzeichnung nicht zu der Annahme, dass solche Namen im Sinne der Warenzeichen- und Markenschutz-Gesetzgebung als frei zu betrachten wären und daher von jedermann benutzt werden dürften.

Planung und Lektorat: Marion Krämer, Carola Lerch
Redaktion: Martina Wiese
Einbandentwurf: deblik Berlin

Gedruckt auf säurefreiem und chlorfrei gebleichtem Papier

Springer Spektrum ist eine Marke von Springer DE. Springer DE ist Teil der Fachverlagsgruppe Spectrum Science+Business Media
www.springer-spektrum.de

Ein persönliches Vorwort

Der Zeitpunkt, zu dem ich mich das erste Mal mit Lese- und Schreibproblemen von Schülern beschäftigt habe, liegt über 30 Jahre zurück. Ich stand damals am Beginn meines Referendariats an einer ländlichen Hauptschule.

In Hessen mit Studienabschluss für Sekundarstufe I ausgestattet – er beinhaltet die Lehrbefähigung bis einschließlich 10. Schuljahr Realschule –, schien es mir nicht befriedigend, auf Dauer Hauptschullehrerin zu sein. Diese Einstellung änderte sich, als ich die Schüler meiner 5. Klasse kennenlernte. Viele waren nicht weniger intelligent als Schüler weiterführender Schulen und genauso motiviert. Die meisten der Eltern waren Handwerker, einige Winzer. Sie hatten die Schulform für ihre Kinder bewusst gewählt, weil diese später auch handwerkliche Berufe ergreifen, vielleicht den heimischen Familienbetrieb übernehmen sollten.

Ich empfand ihre Entscheidungen als positiv und nachvollziehbar, denn ein guter Hauptschulabschluss stellte damals noch einen gesellschaftlichen Wert dar. Inzwischen scheint die Hauptschule vor ihrem Aus zu stehen, was ich mit gemischten Gefühlen betrachte. Bildungspolitiker können äußere Strukturen relativ einfach ändern, doch ändern sie damit auch die inneren Probleme? Hauptschulen oder auch die in jüngerer Zeit eingerichteten „Hauptschulklassen" gelten mittlerweile als Sammelbecken für leistungsschwache oder verhaltensauffällige Schüler, ebenso für Schüler mit Migrationshintergrund, die nur geringe Deutschkenntnisse aufweisen. Sie werden zusammen unterrichtet, verfügen aber über ungleiche kognitive Fähigkeiten und haben unterschiedliche Lernschwierigkeiten. Die Hauptschule lässt sich per Änderung der Landesschulgesetze abschaffen, die lernschwachen Schüler nicht. Sie in andere Schulformen zu integrieren, verlagert zunächst die Problematik von einem System ins andere. Verbessert wird die Situation erst dann, wenn die Schulen in der Lage sind, in einer Klasse differenzierten Unterricht mit einer nachhaltigen und effizienten Förderung bestimmter Schüler anzubieten. Davon sind wir in den meisten Bundesländern mangels finanzieller Mittel für die zusätzliche Einstellung qualifizierter Pädagogen noch weit entfernt. Einzelne Lehrer können den Unterricht mit einer Vielzahl heterogener Schüler nicht optimal bewältigten und bloße Hilfskräfte sind auf Dauer keine Lösung für die Beseitigung schwerwiegender Lernprobleme.

Insgesamt betrachte ich unser bisheriges Schulsystem im Vergleich mit anderen Ländern keineswegs als so erfolglos, wie es seine Kritiker oft darstellen. Aber es weist Schwachstellen auf, die verbesserungswürdig sind, auch im Hinblick auf eine fehlende Durchlässigkeit. Eine Schulzeit ist von langer Dauer. Sie bietet anfänglich schwächeren Schülern Zeit für enorme Entwicklungsmöglichkeiten, die wir unterstützen und nicht mit kaum überwindbaren Barrieren behindern sollten.

In vielen Schulen haben wir uns längst von der „schulischen Idylle" verabschiedet, wie sie mir damals noch begegnete. Zwar hatte ich, wie die meisten meiner Studienkollegen, ungefähr 30 Schüler in der Klasse, aber diese hatten kaum Probleme mit der deutschen Sprache. Es gab zwei oder drei Migrantenkinder, als solche wahrgenommen habe ich sie allenfalls durch ihre Namen. Die Schüler begegneten mir mit Respekt und ich ihnen. Disziplinschwierigkeiten bekam ich nur an Wandertagen, wenn gelegentlich Mützen, Schals oder Taschen im Rhein landeten und ich zu verhindern suchte, dass ein Kind hinterhersprang. Manchmal konnte ich die geliebten Sachen herausfischen und die Eigentümer bedankten sich dafür.

Wenn ich mir gelegentlich Berichte von Lehrern, Eltern und Schülern über die heutige Schulsituation – insbesondere in den Hauptschulen – anhöre oder mir Fernsehsendungen darüber ansehe, reagiere ich wie andere oftmals mit Kopfschütteln. Ich empfinde Bedauern darüber, dass manche Schüler ihren Lehrern kaum Respekt entgegenbringen. Damit entsteht ein Teufelskreis. Er führt dazu, dass Schüler und Lehrer den Respekt voreinander verlieren und damit auch die Motivation zum gemeinsamen Arbeiten.

Was die Rechtschreibung meiner ehemaligen Schüler betraf, herrschten zwar keine idyllischen, aber auch keine dramatischen Zustände. Ein Drittel der Klasse war nicht rechtschreibsicher. Zwei Drittel der Schüler verfügten über eine durchschnittliche bis sehr gute und vor allem relativ stabil zu nennende Rechtschreibung. Dies gilt heute allenfalls noch für das Lesen. Mit Besorgnis musste ich feststellen, dass sich die Zahlen für das Schreiben inzwischen umgekehrt haben. Wann immer ich Grundschullehrer in den letzten Jahren gefragt habe: „Wie viel Prozent der Schüler billigen Sie nach Beendigung des vierten Schuljahres eine stabile und relativ sichere Rechtschreibung zu?", war die Rede von einem Drittel, zwei Drittel der Schüler wurden in ihrer Rechtschreibung als instabil eingeschätzt. Ähnliche Angaben machten auch Lehrer weiterführender Schulen.

Mir begegnete damals noch nicht das Schreibfiasko, das wir heute zuweilen erleben. Ein einziger legasthener Schüler war in meiner Klasse und ehrlich gesagt: Ich war nicht glücklich darüber! Ich hatte ein Studium hinter mich gebracht, das ich – ähnlich wie Junglehrer heute – als „verkopft" bezeichnen würde. Was die Legasthenie angeht, wusste ich, dass ich nichts wusste. Ich hatte über 30 Schüler zu unterrichten, Stoffpläne zu erstellen, ausführliche Unterrichtsvorbereitungen zu machen, begleitende Lehrerseminare zu besuchen und war dringend auf die Hilfe meiner Mentorin und die Ratschläge älterer Kollegen angewiesen.

Zu Beginn hatte ich ein zweifellos ambivalentes Verhältnis zu meinem Legastheniker, beobachtete mit Argwohn seine Lese- und Schreibschwierigkeiten. Ich fragte mich, ob er sich bei meinen Unterrichtsproben und späteren Prüfungen nicht als Stolperstein erweisen würde. „Was geschieht, wenn ein Prüfer in der Klasse herumgeht, sich die Arbeiten der Schüler anschaut und feststellt, dass ein Schüler kaum schreiben kann? Was geschieht, wenn er dich dafür verantwortlich macht?", dachte ich. Mittlerweile ist dieser Legastheniker vermutlich Familienvater mit eigenen Kindern. Ich möchte ihm Abbitte leisten dafür, dass ich ihm damals kaum helfen konnte und anfänglich an seinen Fähigkeiten zweifelte.

Meine Sorgen erwiesen sich als unbegründet. Er zeigte sich als intelligenter und motivierter Schüler, wenn es um mündliche Mitarbeit ging. Außerdem beruhigte mich meine Mentorin. „Er macht eine außerschulische Therapie", sagte sie und fügte hinzu: „Es sind visuelle Faktoren, eine eingeschränkte Wahrnehmung über die Augen, die ihm das Lesen und Schreiben so schwer machen." Inzwischen zeigt die Ursachenforschung weitaus komplexere Zusammenhänge auf und die Paradigmen haben sich verlagert: vom Visuellen über das Auditive zum Phonologischen, von der Wahrnehmung über die Augen zur Wahrnehmung und Verarbeitung der gesprochenen Sprache über das Gehör, wobei neurobiologische Faktoren den Ausschlag geben. Darüber tappte man früher noch im Dunkeln.

Oftmals sind es schicksalhafte Lebenssituationen, Begegnungen oder Gespräche mit besonderen Menschen, die eine berufliche Entwicklung in andere Bahnen lenken. Während meiner Lehrerausbildung hatte ich neben einem legasthenen Schüler noch weitere sprech- und sprachgestörte Kinder in der Schule und privat kennengelernt. Diese hatten bei mir ein großes Interesse für den Beruf der Sprachtherapeutin geweckt.

Mein neuer Beruf eröffnete mir völlig andere Perspektiven auf den Umgang mit Kindern und ihren Eltern. Im Blickpunkt stand nicht mehr die gesamte Klasse, sondern das einzelne Kind mit seinen ganz spezifischen Problemen. Um dafür Lösungen zu finden, konnte ich nicht mit bestimmten Methoden einen von vornherein festgelegten Lernstoff zeitlich begrenzt nach gestaffelten Lernzielen vermitteln. Es hätte in den allermeisten Fällen nicht geholfen. Gefragt waren neben anderen therapeutischen Fähigkeiten vor allem Einfühlungsvermögen und fundierte Kenntnisse über Problemdiagnose und -behandlung, welche das therapeutische Vorgehen bestimmen. Oftmals waren Ursachen und Zusammenhänge vielschichtig und nicht klar erkennbar. Einzelne Fälle stellten schwierige Herausforderungen dar.

Zunächst hatte ich nicht damit gerechnet, auch in diesem Beruf mit Lese- und Schreibproblemen von Schülern konfrontiert zu werden. Verschiedene Mütter kontaktierten mich später erneut, nachdem ihre Kinder eine Sprachtherapie in den ersten Lebensjahren erfolgreich hinter sich gebracht hatten. Meistens waren es Kinder mit früheren phonetischen und phonologischen Defiziten. Damals konnte ich mir noch nicht erklären, warum nur ein Teil der sprachauffälligen Kinder Lese- und/oder Schreibprobleme bekam, ein anderer nicht. Heute wissen wir es besser. Für alle gilt: Keine stabile Lesefähigkeit und Rechtschreibung ohne eine stabile Sprachentwicklung und die damit verbundene allmähliche Herausbildung einer phonologischen Bewusstheit. Prävention durch angemessene Sprachförderung und die frühzeitige und effiziente Unterstützung rechtschreibschwacher Schüler sind deshalb auch ein wichtiges Anliegen des Buches.

Im Laufe meiner beruflichen Tätigkeit als Lehrerin und Therapeutin war ich mit sehr unterschiedlichen Facetten, Ausprägungsgraden und Ursachen sowohl von Sprachstörungen als auch von Lese- und Rechtschreibdefiziten befasst. Sie alle darzustellen wäre kaum möglich; nur über einen kleinen Teil möchte ich berichten. Herausforderungen waren sowohl junge Kinder mit gravierenden Sprech- und Sprachproblemen als auch Schüler, welchen das Lesen und Schreiben mit herkömmlichen schulischen Methoden gar nicht oder nur völlig unzureichend vermittelt werden konnte. Deren Schicksale berührten und motivierten mich gleichermaßen, darüber zu schreiben.

Ebenso groß wie die Sprach-, Lese- und Schreibdefizite waren zuweilen die Unsicherheiten von Eltern und Lehrern, damit umzugehen. „Warum lernen es andere Kinder problemlos und mein Kind nicht?", ist die schwierigste aller Elternfragen. Sie ist nicht mit einem Satz zu beantworten. Die Entwicklung der gesprochenen Sprache und ihre Zusammenhänge mit der geschriebenen Sprache geben dabei wichtige Aufschlüsse. Daneben sollen insbesondere die Schilderungen von Erfahrungen aus Unterricht und Therapie mit Fallbeispielen betroffener junger Kinder und Schüler Verständnis und Identifikation ermöglichen.

Danksagung

Ich danke an erster Stelle meiner Mutter, die mich zum Schreiben des Buches motiviert hat. Leider kann sie sein Erscheinen nicht mehr miterleben. Deshalb möchte ich es ihr widmen. Ich danke meinem Lebensgefährten für seine Hilfe und Begleitung des Projekts. Ebenso danke ich meiner Patchworkfamilie, die mir wertvolle Anregungen gab und beim Schreiben half, die Tücken des Computers zu überwinden. Ich danke allen Freundinnen, Freunden und ihren Familien, die mir behilflich waren und sich Zeit für meine Fragen nahmen.

Ich bedanke mich bei allen Kolleginnen und Kollegen, die mir ebenfalls ihre Zeit opferten, mir schrieben oder für Gespräche zur Verfügung standen. Mein Dank gilt auch allen Eltern und Großeltern, die mir ihr Vertrauen schenkten und in offener Weise über ihre familiären Probleme berichteten. Ich danke allen Kindern und Schülern, die ich kennenlernen durfte. Sie haben mich in hohem Maße zum Schreiben des Buches inspiriert. Mit ihnen zu arbeiten, hat mein Berufsleben mit großer Befriedigung erfüllt. Last, but not least bedanke ich mich beim Lektorinnen-Team meines Verlages, das dem Buch eine Chance gab und an seinem Erscheinen mitarbeitete.

Inhalt

1 **Einleitung** 1

2 **Legasthenie versus LRS – ein schwieriger Umgang mit einer komplexen Problematik** 5
  2.1 Legastheniker oder nur rechtschreibschwach? 5
  2.2 Legasthenie – vielschichtig und umstritten 13
  2.3 Wichtige Forschungsergebnisse 18

3 **Fehlende phonologische Bewusstheit** 27
  3.1 Der Fall Mervin 28
    3.1.1 Mervins Leidensjahre 30
    3.1.2 Alphabetische Verwirrung 39
    3.1.3 Grenzfälle 51
  3.2 Phonologische Bewusstheit im engeren und weiteren Sinne 54
    3.2.1 Der Fall Florin 59
    3.2.2 Exkurs: Visuelle Wahrnehmungsstörungen 63

4 **Frühkindliche Sprachentwicklung** 69
  4.1 Gelungener Spracherwerb 72
    4.1.1 Erste und zweite Lallphase 75
    4.1.2 Die Phase der ersten 50 Wörter 77
  4.2 Gestörte auditive Prozesse 89
    4.2.1 Exkurs: Hörerfahrungen 90
    4.2.2 Auditive Wahrnehmungsstörungen 93
  4.3 Gestörte Sprachentwicklung 97
    4.3.1 Phonologische Sprachstörungen 100

	4.3.2	Exkurs: Auditive Wahrnehmungsdifferenzen 102
	4.3.3	Der Fall Selina......................... 108

5 Vorschulische Prävention 123
5.1 Optimierung pädagogischer Konzepte 126
5.2 Erzieher/innenausbildung und Rollenverständnis ... 134
5.3 Intensivierung der Sprachförderung............. 142

6 Ein phonetisch-phonologisch initiiertes Lesen- und Schreibenlernen 153
6.1 Mervins Sprech- und Schreibunterricht 159
  6.1.1 Exkurs: Jakobsons Kontrast- und Stufenprinzip 163
  6.1.2 Handlautieren und Schreiben............. 169
  6.1.3 Assimilationsprozesse 179
6.2 Stabilisierung des Leseprozesses................ 192
6.3 Phonemische Differenzierungsschwächen und orthografische Komplexität................. 205
  6.3.1 Auffallende Vokalfehler 207
  6.3.2 Häufige Konsonantenfehler 213
6.4 Probleme beim freien Schreiben................ 218
6.5 Möglichkeiten und Grenzen methodischer Hilfen 222
  6.5.1 Lautgebärden........................ 226
  6.5.2 Sprachliches Rhythmisieren.............. 231
  6.5.3 Die Anlauttabelle...................... 237

7 Schullaufbahnen................................. 243
7.1 Mervins schulische Achterbahnfahrt............. 244
7.2 Förderschüler 269
  7.2.1 Auf Umwegen zum Realschulabschluss 270
  7.2.2 Schüler mit starken Lernbehinderungen ... 278

8 Schulisches Lernen und schulische Förderung......... 287
8.1 Der Fall Lena.............................. 295
8.2 Die Förderung optimieren..................... 310

Literatur... 321

Sachverzeichnis..................................... 327

1
Einleitung

Die Gründe, warum Schüler oder Erwachsene Rechtschreibfehler machen, sind vielfältig. Sie reichen von geringer orthografischer Kompetenz über mangelhafte Konzentration bis hin zu ungenügenden Sprachkenntnissen vieler Migranten. Außerdem können flüchtiges Simsen und Internetschreiben oder Irritationen über die nach der Rechtschreibreform geänderten Schreibweisen ursächlich sein. Da jeder über individuelle Schreiberfahrungen während der Schulzeit und im späteren Leben verfügt, dürften sich noch andere Zusammenhänge finden lassen. Weit komplexere Sachverhalte stellen Teilleistungsschwächen oder Wahrnehmungsstörungen im Sinne einer Legasthenie dar. Obwohl sich davon betroffene Menschen größtmögliche Mühe geben, gelingt ihnen das Schreiben nicht so problemlos wie anderen. Ein Großteil der jungen Schüler lernt es jedoch ohne Schwierigkeiten, und im späteren Alter sind es normalerweise nur Flüchtigkeitsfehler, die hin und wieder auftreten.

Ähnlich verhält es sich mit dem Lesen. Ein Teil der Erstklässler lernt es nahezu spielerisch; einzelne können damit schon im Vorschulalter glänzen. Als Erwachsene integrieren sie es selbstverständlich in das Berufsleben und den

Alltag. Beim Bücherlesen während der Freizeit können sie sich bilden, ihre Fantasie anregen und gleichzeitig entspannen. Die Lesefähigkeit macht uns Menschen neben anderen Hirnleistungen zu einer herausragenden Spezies. Sie ist ein Eckpfeiler unserer Bildung und Kultur, außerdem ein wesentliches Element von Lebensqualität. Daneben gibt es Personen, denen aus verschiedenen Gründen ein müheloses Lesenlernen während der Schulzeit nicht gelungen ist. Vielen von ihnen ist im Erwachsenenalter ein entspanntes Lesen kaum möglich, weil trotz hoher Konzentration die Schaltstellen des Gehirns bestimmte Nervenzellen nicht aktivieren können. Die Betroffenen erleben Lesen als anstrengend und ermüdend. Es wird nicht als Bereicherung, sondern als Beeinträchtigung der Lebensqualität empfunden. Für einen Teil von uns bleibt es eine stets ungeliebte, aber dennoch unverzichtbare Notwendigkeit, um den Alltag zu bewältigen und im Leben voranzukommen.

Von größten Schwierigkeiten im beruflichen und privaten Leben können Menschen berichten, denen Lesen und Schreiben – oftmals bei sehr guter Intelligenz – kaum oder gar nicht möglich ist. Nach einer Untersuchung der Universität Hamburg von 2011 zählen wir weltweit etwa 850 Millionen Analphabeten, darunter viele Menschen aus Entwicklungsländern, die auch im 21. Jahrhundert keine Chance zu einer Schulausbildung erhalten. In Deutschland rechnen wir mit 2 Millionen Personen, welche die Schriftsprache gar nicht beherrschen. Zusätzlich gibt es ungefähr 7,5 Millionen funktionale Analphabeten in unserem Land. Das sind Erwachsene, die zwar am Bildungssystem teilhaben konnten, aber trotzdem kaum lesen und schreiben gelernt haben.

Ursachen und mögliche Hilfen beschäftigen die Wissenschaft schon lange. Die Legasthenieforschung blickt nunmehr auf eine hundertjährige Geschichte zurück. Besonders in Europa stand sie in der Vergangenheit im Fokus der Kritik. „Waren die Ergebnisse der jahrzehntelangen Forschung auch schulisch relevant und umsetzbar?", fragten sich Politiker, Wissenschaftler und Schulpädagogen. Dabei suchten sie nach plausiblen Erklärungen für die immer häufiger auftretenden Lese- und Rechtschreibschwierigkeiten von Schülern.

Das vergangene Jahrhundert und der Beginn des neuen hatten uns rasante Forschungsentwicklungen insbesondere in den Bereichen Technologie und Medizin beschert. Inzwischen wissen wir, dass neurobiologische Faktoren die Hauptursachen für eine gravierende Lese-Rechtschreibstörung darstellen. Darüber hinaus ist deutlich geworden, dass die stabile und bewusste Wahrnehmung und Verarbeitung der gesprochenen Sprache beim Lernprozess des Lesens und Schreibens von größerer Bedeutung sind, als in der Vergangenheit angenommen. Dabei geht es vorrangig um die Phonologie unserer Sprache, um Sprachlaute, Silben- oder Wortklänge, die zwar von jungen Kindern erworben, aber später nicht von allen bewusst wahrgenommen werden. Damit liegen die Ursachen und Zusammenhänge für ein Gelingen oder Misslingen des Schriftspracherwerbs bereits in der frühkindlichen Sprachentwicklung. Vorschulische Prävention erhält deshalb einen hohen Stellenwert und macht eine effiziente Sprachförderung von Kindern in Familien und Kindergärten unverzichtbar.

Doch allein auf Prävention können wir bei der Anbahnung des Lesens und Schreibens nicht setzen. Wir werden in Zukunft nicht umhinkommen, stärker als bisher phonologische Aspekte der gesprochenen Sprache mit einzubeziehen. Die Grundschulen müssen es schaffen, durch mehr Effizienz und Klarheit in der methodisch-didaktischen Vermittlung der Schriftsprache auch diejenigen Schüler rechtzeitig voranzubringen, welche mit dem Lesen- und Schreibenlernen größere Probleme haben. Gefragt ist ein weniger von starren Strukturen, sondern von pädagogisch-psychologischen Interventionen geprägter Unterricht. Es muss gelingen, mit einer ausreichenden Anzahl gut ausgebildeter Pädagogen eine frühzeitige und nachhaltige Förderung zu ermöglichen, die sich Bildungspolitiker aller Bundesländer seit Jahren auf ihre Agenda schreiben.

2
Legasthenie versus LRS – ein schwieriger Umgang mit einer komplexen Problematik

2.1 Legastheniker oder nur rechtschreibschwach?

Endlich erkennbare Fortschritte: „Deutschlands Schüler lesen besser!" – so berichteten in den letzten Jahren die Medien unter Berufung auf einschlägige Studien. Kultusministerien, Schulen und Lehrer zeigten sich zufrieden und sahen sich in ihren Fördermaßnahmen bestätigt. Sind deutsche Schüler weiter auf dem Vormarsch? Die Ergebnisse der PISA-Studie 2012 bestätigen die positive Entwicklung. Sah man Deutschlands Schüler 2009 mit 497 Punkten noch im Mittelfeld, erreichten sie 2012 mit 508 Punkten überdurchschnittliche Ergebnisse; selbst die Schwächsten zeigten deutliche Verbesserungen. In Mathematik und den Naturwissenschaften konnten sich die 15-Jährigen noch klarer vom Durchschnitt absetzen, fraglos ein Grund zur Zufriedenheit!

Leider sind Schreiberfolge der Schüler bisher weniger in die positiven Schlagzeilen geraten. Breit angelegte nationale Schulleistungsstudien wiesen zwar auch auf eine verbesserte Rechtschreibkompetenz hin, jedoch wurde ein „Nord-Süd-

Gefälle" erkennbar, wobei Bayern, Baden-Württemberg und Sachsen besser als die anderen Länder abschnitten. Insgesamt scheinen deutsche Schüler von einer hervorragenden Rechtschreibung noch weit entfernt zu sein.

Wie ihre Rechtschreibleistung im Vergleich zu den zuletzt an PISA teilnehmenden 65 Staaten zu bewerten ist, wissen wir nicht, denn Rechtschreibtests waren bisher nur eingeschränkt Gegenstand von Ländervergleichen. Dafür müssten einheitliche Bewertungsstandards nicht nur für verschiedene Sprachen, sondern auch für unterschiedliche Schriften festgelegt werden, denn nur ein Teil der Länder benutzt alphabetische Schriften. In Deutsch, Englisch, Französisch, Spanisch, Schwedisch, Finnisch und anderen westlichen Sprachen verschriften wir die mit den Buchstaben korrespondierenden Sprachlaute. Länder wie Korea und Japan bedienen sich dagegen einer „Silbenschrift", verwandt mit dem Chinesischen. China verwendet eine „Logogrammschrift". Letztere ist eine weniger phonologisch, sondern eher semantisch orientierte Schreibung. Zwar spielen Silbenklänge auch eine Rolle, aber gleichlautende Silben erhalten in verschiedenen Wortzusammenhängen unterschiedliche Schriftzeichen; einzelne Sprachlaute sind bedeutungslos. Dieses kann den Prozess des Lesen- und Schreibenlernens beeinflussen und für Schüler mit phonologischen Schwächen sogar erleichtern. Die östlichen Länder liegen beim Leseverständnis im oberen Bereich der PISA-Ränge. Doch während sich Schüler bei alphabetischen Schriften mit der phonemischen Analyse und Zuordnung der Buchstaben abmühen, müssen sich chinesische Schüler die Bedeutung von 3000 bis 5000 Schriftzeichen allein für den alltäglichen Bedarf einprägen, für beide Seiten kein einfaches Lernen.

Dennoch, warum eher besser lesen, aber nicht besser schreiben können? Bei Lehrern nachgefragt, bekomme ich unterschiedliche Erklärungen. Lesen sei leichter zu vermitteln als Schreiben, höre ich. Es käme auch auf die Zusammensetzung der Klassen und das Alter der Schüler an. Die meisten hätten damit in den Grundschulklassen weniger Probleme, später machten vermutlich Simsen und Chatten im Internet das Schreiben kaputt. Auch vom Gegenteil wurde mir berichtet. Ihre Schüler seien eher schlechte Leser, sagte mir eine Grundschullehrerin, und beim Schreiben gehe ein „Graben" durch die Klasse. Ein Teil der Schüler beherrsche die Rechtschreibung, den anderen sei sie kaum zu vermitteln. Dabei handle es sich vor allem um Migrantenkinder mit geringen sprachlichen Vorkenntnissen, um konzentrationsgestörte Kinder und natürlich Kinder mit Teilleistungsschwächen. Von einer Legasthenie wolle man im Lehrerkollegium nicht mehr sprechen.

In den Schulen geächtet, scheint sich der Begriff „Legastheniker" in der Gesellschaft etabliert zu haben und ist im Bekanntheitsgrad und Ranking der häufig missbrauchten Begriffe in den letzten Jahren weit nach oben geklettert. Jeder weiß, was er bedeutet oder glaubt es zu wissen. Offenbar ist es mittlerweile „in", sich als Legastheniker zu outen, sei es privat oder auch im Fernsehen. Eine Talkshow-Teilnehmerin bezeichnete sich als „Computer-Legasthenikerin", womit sie keineswegs deutlich machen wollte: Ich kann schlecht lesen oder mache Rechtschreibfehler auf dem Computer. Nein, die Botschaft war: Vom Umgang mit Computern habe ich keine Ahnung, aber ich bin trotzdem intelligent! Gehört habe ich auch vom „Geschmacks-Legastheniker"; das sollte heißen: Ich bin zwar intelligent, aber ich kann nicht kochen. Auch „Geografie-Legastheniker" halten sich für intelligent, können aber keine Straßenkarten lesen. Letzteres wäre zumindest kein ganz blanker Unsinn, sondern mit einer Legasthenie noch in Zusammenhang zu bringen. Für das Unwort des Jahres würde ich „Tanz-Legastheniker" vorschlagen. Ein Prominenter gab sich als solchen zu erkennen, als er gefragt wurde, warum er nicht gerne tanze. Genauer genommen handelt es sich um einen „Tanz-Lese-Rechtschreibschwachen".

Angesichts der bekannt gewordenen Schreib- und Leseprobleme des Mathematikgenies Albert Einstein, des früheren englischen Premierministers Winston Churchill, des Erfinders Thomas A. Edison, des Hollywoodstars Tom Cruise und zahlreicher anderer Prominenter aus Wissenschaft, Politik, Adel und Fernsehunterhaltung scheint das Stigma der Legasthenie inzwischen vergessen und ein vermeintlich „gewinnbringender" Aspekt zu sein: Ich bin intelligent und deshalb für meine Fehler nicht verantwortlich. Ganz so einfach ist es nicht. Erstens ist nicht jeder Legastheniker zwangsläufig überintelligent und zweitens hat nicht jeder eine Legasthenie, der die Rechtschreibung nicht beherrscht.

Obwohl in Schule und Gesellschaft wahrgenommen und inzwischen scheinbar akzeptiert, kokettieren die wirklich Betroffenen weniger mit ihren Schwächen oder ihrer Intelligenz. Und gerade diejenigen mit hoher Intelligenz empfinden es alles andere als gewinnbringend, nicht richtig lesen und schreiben zu können. Sie fühlen sehr deutlich die Grenzen ihrer Merkfähigkeit, die sie davon abhält, in allen Bereichen gute Leistungen zu erbringen. Sie erleben ihre Schwächen als Makel ihrer Persönlichkeit, der von ihnen so nicht gewünscht war und mit dem sie nicht dauerhaft leben wollen.

Aber woran können wir sie unterscheiden, die „Gewinnlegastheniker" von den wirklich Betroffenen? Sind es besonders die intelligenten Schüler, denen das Gehirn einen Streich bei der Rechtschreibung spielt? Sind die weniger intelligenten sprachlich unbegabt, unkonzentriert, faul oder simsen zu viel? Werden Unterschichtkinder sprachlich zu wenig gefördert? Hindert das zweisprachige Aufwachsen Migrantenkinder daran, richtig Deutsch zu schreiben? Diese Annahmen bieten keine hinreichenden Erklärungsansätze für die erheblich gestiegene Zahl von Schülern mit Schreibproblemen.

Tatsächlich ist es kaum möglich, dafür einfache Erklärungen zu finden. Der Prozess des Lesen- und Schreibenlernens gilt als außerordentlich komplex. Warum es die einen leichter lernen und am Ende besser können, andere Schüler oder Erwachsene jedoch größere Schwierigkeiten damit haben, ist niemals monokausal erklärbar. Es gibt immer vielfältige Gründe dafür. Die daran Forschenden vergleichen die Störungen und ihre Ursachen mit Puzzleteilen, die mühevoll herauszufinden sind und erst am Ende zusammengesetzt das Erklärungsmuster ergeben. Mein Ziel ist es, einige wichtige Puzzleteile aufzuzeigen.

Von Lese- und Rechtschreibschwierigkeiten können sehr unterschiedliche Erwachsene und Schüler betroffen sein: Schüler mit durchschnittlicher Intelligenz, hochbegabte Schüler und minderbegabte Schüler mit Lernhilfestatus. Die Grenzen von einer Legasthenie oder Lese-Rechtschreibstörung zur bloßen Lese- und Schreibschwäche sind zwar per Definition von der Wissenschaft gesetzt, in der Realität sind sie fließend, und trotz weiterentwickelter diagnostischer Mittel bleibt vieles unklar.

Die Schwierigkeit, einen Legastheniker von einem rechtschreibschwachen Schüler unterscheiden zu können, beginnt an ihren Schnittstellen. Dazu gehören beispielsweise ähnliche Rechtschreibfehler. Doch was macht den Unterschied aus? Wer eine einfache Antwort darauf sucht, liegt falsch. War man in der Vergangenheit noch von legasthenietypischen Fehlern ausgegangen, stellen Wissenschaftler sie inzwischen infrage.

Unstrittig ist: Beim Vorhandensein einer Legasthenie sind Schreib- oder Leseprobleme unabhängig von der Intelligenz. Strittig ist: Nur wer einen festgelegten Diskrepanzwert zwischen Grundintelligenz und Fehlerzahl vorweisen kann, hat eine Lese-Rechtschreibstörung. Denn nicht immer ist die Intelligenzmessung sicher, und nicht allein die Fehlermenge, sondern auch die Fehlerqualität und Vorgeschichte der frühkindlichen Entwicklung – insbesondere der Sprachentwicklung – sind von hoher Aussagekraft.

Obwohl die verschiedenen Erlasse über Lese- und Rechtschreibförderung der Kultusminister der Länder es nicht unbedingt vorsehen, legen viele Lehrer in unklaren Fällen Wert auf einen ausführlichen Testbefund oder wollen zumindest genauer wissen, wie die Fehlerqualität der einzelnen Schüler zu beurteilen ist und welche Ursachen damit im Zusammenhang stehen. Bei den ausführlichen Tests geht es inzwischen nicht mehr um einen einfachen, sondern einen „doppelten Diskrepanzwert". Nicht nur der Unterschied zwischen Anzahl der Rechtschreibfehler und Intelligenzwert, sondern auch der Vergleichswert mit der Fehleranzahl der übrigen Testprobanden muss signifikant hoch sein. Es bedeutet, dass über 90 % der Schüler in der vergleichbaren Altersgruppe besser abschneiden müssen.

Wem als Schüler eine Rechtschreibstörung bescheinigt wird, hat in den meisten Bundesländern gute Chancen auf einen sogenannten „Nachteilsausgleich". Dieser begünstigt betroffene Schüler durch unterschiedliche Hilfen und Erleichterungen, auch durch eine dauerhafte oder zeitlich begrenzte Aussetzung der Rechtschreibnote. Als eigenständige Note existiert diese in Zeugnissen kaum noch; sie fließt jedoch meistens als Teilnote in die Gesamtleistungsbewertung für das Fach Deutsch und andere Fächer mit ein. Ist sie ausgesetzt, darf es in Deutsch, aber auch in anderen Fächern und in den Fremdsprachen keine Abzüge wegen mangelhafter Rechtschreibung geben. Diesen weiteren vermeintlich „gewinnbringenden" Aspekt kennen inzwischen die meisten Schüler. Am liebsten würden alle wegen der „blöden Fehler" gerne hin und wieder Gebrauch davon machen.

Das Dilemma der Schulen: Während es für Schüler mit Rechtschreibstörungen unverzichtbar ist, zeitweilig von der Rechtschreibnote freigestellt zu werden, ist es für andere der „Persilschein", der sie davon befreit, sich mit dem Schreiben und Lesen intensiver beschäftigen zu müssen. Inzwischen gehen viele Schulen deshalb weniger großzügig als früher mit der Notenbefreiung um, und manche Schüler, die sie dringend benötigen, müssen regelrecht darum kämpfen.

Wenn mich Eltern von Schülern unmittelbar vor deren Abitur, der Haupt- oder Realschulprüfung um eine erstmalige Testung wegen Verdachts auf eine Rechtschreibstörung bitten und mir gleichzeitig darlegen, die Probleme seien erst spät aufgetreten, ist Skepsis angebracht. In der Regel fällt das Testergebnis danach sowohl im Hinblick auf die Fehlerquantität als auch auf die -qualität weniger eindeutig aus als vermutet und von einzelnen Schülern sogar erhofft.

Anders verhält es sich, wenn in früheren Jahren bereits eine Lese-Rechtschreibstörung diagnostiziert wurde. Denn diese macht sich nicht erst im 9. oder 10. Schuljahr, sondern bereits in der Grundschule mehr oder weniger stark bemerkbar. Allerspätestens bei den ersten längeren „ungeübten" Diktaten schnellen bei legasthenen Schülern die Fehler deutlich nach oben. Wenn in der Grundschule Diktate grundsätzlich geübt wurden, kann dies erst nach dem Übergang zur weiterführenden Schule im 5./6. Schuljahr der Fall sein. Später auftretende Rechtschreibschwierigkeiten gibt es zur Genüge, aber sie haben andere Gründe.

Inzwischen begegnete ich einer hohen Anzahl von Schülern, deren Rechtschreibung bis einschließlich 6. Schuljahr eine nur geringe Fehlerzahl aufgewiesen hatte. Erst im 7./8. Schuljahr ging diese steil nach oben. Die Pubertät hatte begonnen und damit auch die Lust auf Chillen, Simsen, Chatten, bis nach Mitternacht Computerspielen oder Fernsehen. Warum sich auf Schule oder Rechtschreibung konzentrieren, wenn es doch so viel Besseres gibt? Allerdings gibt es nicht allein weiße und schwarze Schafe, es gibt auch Schattierungen dazwischen. Bestimmte Schüler haben im Laufe ihrer Schulzeit immer wieder mit Schreib- und Leseproblemen zu kämpfen, die sich oft bis ins Erwachsenenalter fortsetzen. Die größten Probleme haben zweifellos Schüler und Erwachsene mit einer schweren Legasthenie.

2.2 Legasthenie – vielschichtig und umstritten

Der Duden beschreibt Legasthenie als „mangelhafte Fähigkeit, Wörter, zusammenhängende Texte zu lesen oder zu schreiben" (Duden 5 2007, S. 593). Diese Klassifizierung ist allgemein gehalten, sie kann auf alle rechtschreibschwachen Schüler zutreffen. Die um die Legasthenieforschung in der Vergangenheit hochverdiente und bereits verstorbene österreichische Wissenschaftlerin Lotte Schenk-Danzinger nennt in einem ihrer inzwischen als veraltet geltenden ersten Handbücher zahlreich vorkommende Termini für das gleiche Phänomen in der deutsch- und fremdsprachigen Literatur seit Beginn der Forschung und schreibt über die offenbar schon immer schwierige Begriffsbestimmung: „Die Terminologie ist von Anbeginn uneinheitlich und nicht selten weisen schon die Bezeichnungen auf die grundsätzliche Meinung ihres Benutzers über das Wesen der Erscheinung hin" (Schenk-Danzinger 1971, S. 4). Daran scheint sich bis heute nichts geändert zu haben.

In der älteren Legasthenieforschung finden wir neben anderen den Begriff der „kongenitalen Wortblindheit". Man ging von einem angeborenen Defekt aus, den man im Lesezentrum des Gehirns vermutete. Begriffe wie „Dyslexie" und „Dysgraphie" – sie bedeuten Lese- bzw. Schreibunfähigkeit – schlossen sich an (Schenk-Danzinger 1991). Der ungarische Psychiater Pál Ranschburg prägte 1916 den aus dem Griechischen abgeleiteten Begriff „Legasthenie" – ursprünglich Leseschwäche –, der in einigen Ländern, so auch bei uns, zunächst Gültigkeit behielt, während im internationalen Sprachgebrauch für das gleiche Phänomen der Begriff „Dyslexie" verwendet wird. In der Definition des wissenschaftlichen Beirats des Bundesverbandes Legasthenie und Dyskalkulie (BVL) heißt es:

> „Die Legasthenie (Lese-Rechtschreibschwäche) bezeichnet eine umschriebene Störung im Erlernen der Schriftsprache, die nicht durch eine allgemeine Beeinträchtigung der geistigen Entwicklungs-, Milieu- oder Unterrichtsbedingungen erklärt werden kann. Vielmehr ist die Legasthenie das Ergebnis von Teilleistungsschwächen der Wahrnehmung, Motorik und/oder der sensorischen Integration, bei denen es sich um die anlagebedingte und/oder durch äußere schädigende Einwirkung entstandene Entwicklungsstörung von Teilfunktionen des zentralen Nervensystems handelt. Diese Definition entspricht der Definition der Dyslexie durch die World Health Organisation (1986) sowie dem Begriff Dyslexie in der internationalen Klassifikation der Diagnosen" (ICD) (Hannover 1994).

Für Laien ist das schwer verständlich. Hier wird kein einfaches, sondern ein vielschichtiges Störungsbild beschrieben.

Der Schweizer Schulpsychologe Hans Grissemann unterteilte in den siebziger Jahren das Störungsbild in Legasthenie und Lese-Rechtschreibschwäche „LRS" (Grissemann 1974). Dieser Begriff wird bis heute ebenfalls uneinheitlich benutzt. In der Literatur wird er auch mit Lese-Rechtschreibschwierigkeiten und Lese-Rechtschreibstörung gleichgesetzt. Für viele ist die LRS inzwischen die moderne Bezeichnung für Legasthenie. Doch war dies im Sinne des Erfinders? Wollte man sich nicht vielmehr absichtlich vom Legastheniebegriff abgrenzen?

Nach einem „Legasthenie-Boom" in den fünfziger und sechziger Jahren hagelte es in den siebziger Jahren harsche Kritik am klassischen Legasthenie-Konzept. Zu viele unterschiedliche Definitionen, zahlreiche Verfahren und Tests zur Ursachenfindung, unterschiedliche Interpretationen über die Gründe und Zusammenhänge und damit verbunden eine unübersehbare Menge an Übungsprogrammen und Lernmethoden hatten keine wirkliche Lösung gebracht. Die Wissenschaft hatte bisher kein klar nachweisbares Ursachenmodell gefunden und in den Schulen hatten sich keine erheblichen Verbesserungen eingestellt.

Bekannte Wissenschaftler wie der Psychologieprofessor Michael Angermeier kritisierten unter anderem Methoden der Intelligenzfeststellung, andere bezweifelten das Vorhandensein legasthenietypischer Fehler oder sahen in verfehlten methodisch-didaktischen Unterrichtsansätzen die Hauptursachen für eine LRS. Die Legasthenie sei nur erfunden, hieß es (Angermeier 1976, Sirch 1975, Schlee 1976). Bei der Kultusministerkonferenz (KMK) blieb die Kritik nicht ungehört. Man distanzierte sich ebenfalls in nachfolgenden Erlassen vom bisherigen Legasthenie-Konzept und machte Diagnose und Förderung zur ausschließlichen Schulsache mit oberster Priorität. Im Dezember 2003 beschloss die KMK eine Neufassung der „Grundsätze zur Förderung von Schülerinnen und Schülern mit besonderen Schwierigkeiten im Lesen und Rechtschreiben". Darin ist festgehalten:

„Zustandekommen, Erscheinungsbild, Ausmaß und Folgen solcher Schwierigkeiten wurden ausführlich untersucht und diskutiert. Die pädagogische, psychologische und medizinische Forschung auf diesem Gebiet ist kontrovers und

> hat viele Fragen nicht abschließend geklärt. Unbestritten ist, dass die Diagnose und die darauf aufbauende Beratung und Förderung der Schülerinnen und Schüler mit besonderen Schwierigkeiten im Lesen und Rechtschreiben zu den Aufgaben der Schule gehört."

Es schien mir logisch und einsichtig, dass das Vorhandensein einer Legasthenie niemals auf alle rechtschreibschwachen Schüler zutreffen konnte und man deshalb gezwungen war, das Phänomen differenzierter zu betrachten. Ebenso einsichtig schien mir ein Förderkonzept, das nicht nur Legastheniker, sondern alle betroffenen Schüler einbezog. Eine Pauschalkritik am gesamten Konzept, die zugleich über ein Jahrhundert währende Forschungsarbeiten infrage stellte, war für mich jedoch nur schwer nachvollziehbar. Von den Schulen wurde die Kritik nicht ungerne gehört und löste zuweilen absurde Reaktionen aus.

Einige Eltern damaliger Schüler teilten mir mit, die Legasthenie sei jetzt „abgeschafft", es gebe sie nicht mehr. So zumindest hätten es ihnen Lehrer klargemacht. Als ich den Schulleiter einer Gesamtschule anrief und um Aufklärung bat, sagte er mir, man habe endlich erkannt, dass das Gerede über die Legasthenie von Schülern großer Unsinn sei. Die Kultusminister müssten es schließlich wissen. Ich solle mich bezüglich der Forschung auf den neuesten Stand bringen! Eine Schulkollegin aus früheren Jahren meinte, ich könne keinem Konzept weiter nachhängen, das von so bedeutenden Wissenschaftlern wie Angermeier infrage gestellt werde.

Doch nicht nur in Deutschland hatte sich eine „Anti-Legasthenie-Haltung" breitgemacht. Nach einer Fernsehsendung der BBC 2005 in Großbritannien mit dem Titel „Mythos Legasthenie", die nach der Ausstrahlung von der British Dyslexia Association scharf angegriffen wurde, kam es anschließend zur Parlamentsdebatte im Oberhaus. Man ruderte an höchster Stelle zurück und sagte betroffenen Schülern und Erwachsenen besondere Unterstützung zu. Danach kam es auch in Deutschland zur Kritik an den Kritikern. Man habe damit sowohl der Forschung als auch der gesellschaftlichen Aufarbeitung des Problems erheblich geschadet, hieß es.

Was hatte zu dieser Anti-Haltung veranlasst? Wachgerüttelt hatte inzwischen der PISA-Schock nach der ersten Studie 2000. Daraus wurde ersichtlich, dass weit mehr 15-jährige Schüler Leseschwierigkeiten aufwiesen, als man gemeinhin angenommen hatte. Es war mit hoher Wahrscheinlichkeit davon auszugehen, dass bei einem Großteil keine Legasthenie vorlag. Faktisch hatte England ein ähnliches PISA-Debakel wie Deutschland erlebt. Man war ebenfalls über das Abschneiden der englischen Schüler bei der Lesefähigkeit geschockt. Selbst die Queen schaltete sich später ein, als es darum ging, Schülern die Bedeutung des Lesens klarzumachen.

Was sich hier abzeichnete, war sowohl in Deutschland als auch in England die Hilflosigkeit der Gesellschaft gegenüber einem Bildungsdefizit, mit dem man nicht gerechnet hatte und für das man auf Anhieb keine plausiblen Erklärungen fand. „Nicht alles, was die Forschung bringt, ist von Nutzen. Wir können gar nicht kritisch genug dem Riesenangebot an Theorien und Ergebnissen gegenüberstehen", sagte die in Fachkreisen bekannte und am Londoner Institute of Cognitive Neuroscience tätige Neurowissenschaftlerin und Psychologin Prof. Uta Frith in ihrem Vortrag auf einem Legasthenie-Kongress (Frith 2011, S. 61). Doch Pauschalkritik, Ignoranz oder Verdrängung eines hinlänglich bekannten Phänomens sind wenig geeignete Mittel zur Lösung gravierender Bildungsprobleme.

Vielen Eltern und Lehrern war in den letzten Jahren unklar, was nun genau unter einer LRS zu verstehen sei. Ich wurde immer wieder gefragt: „Ist es bloß eine Rechtschreibschwäche oder ist es mehr?" Mir scheint der Begriff „Schwäche" weniger geeignet, um auszudrücken, womit legasthene Schüler zuweilen kämpfen. Inzwischen gilt der Begriff der „Lese-Rechtschreibstörung" als Synonym für den in die Kritik geratenen Legasthenie-Begriff und wird auch in der medizinischen Literatur so verwendet.

Die Neufassungen verschiedener Ländererlasse der Kultusministerien haben hingegen Inhalte des KMK-Beschlusses übernommen und sprechen von „besonderen Schwierigkeiten beim Erlernen des Lesens und Rechtschreibens". Wenn wir Schülern helfen wollen, ist die viel wichtigere Frage: Was verbirgt sich hinter diesen Schwierigkeiten? Sind es schwerwiegende Wahrnehmungsstörungen oder gibt es andere Gründe?

2.3 Wichtige Forschungsergebnisse

Erste medizinische Publikationen über Jugendliche und Erwachsene, die nicht in der Lage waren, das Lesen zu erlernen, finden sich bereits vor über hundert Jahren. Zu Beginn des 20. Jahrhunderts nahmen sich zunächst Mediziner, später auch Psychologen, Pädagogen und Forscher anderer Fakultäten vor allem in den USA und Europa des Problems an.

Dabei änderten sich die Sichtweisen auf das Phänomen grundlegend. Während Ranschburg und andere beispielsweise noch von einer „nachhaltigen Rückständigkeit höheren Grades in der geistigen Entwicklung des Kindes" ausgingen, gelang spätestens mit Beginn der fünfziger Jahre der Schweizerin Maria Linder der Nachweis, dass Legastheniker ebenso intelligent oder sogar intelligenter sein können als Schüler ohne Lese- und Schreibprobleme (Schenk-Danzinger 1991, S. 20).

Inzwischen konnten Neurowissenschaftler immer mehr und immer genauere Aufschlüsse über die Netzwerke unseres Gehirns gewinnen. Einig sind sich die Forscher darüber, dass die Ursachen für eine Lese-Rechtschreibstörung in neurobiologischen Faktoren liegen: Wichtige Verbindungen von Nervenzellen kommen in bestimmten Hirnregionen nicht zustande. In diesem Zusammenhang wird auch die Vererbbarkeit diskutiert. Verschiedene Studien stellten unabhängig voneinander eine familiäre Häufung von Legasthenie fest (Schulte-Körne 2002, 2006). Bei Untersuchungen von Zwillingsfamilien zeigte sich bei eineiigen Zwillingen eine Konkordanz – die biologische Übereinstimmung eines Merkmals – von etwa 68 %, bei zweieiigen Zwillingen von 38 %. Weist in Familien ein Kind eine Legasthenie auf, liegt das Risiko der Geschwister, ebenfalls betroffen zu sein, bei etwa 57 %. Die Risiken für Geschwisterkinder vergrößern sich, wenn in den betroffenen Familien ausgeprägte Störungen aufgetreten sind (Schulte-Körne et al. 2006). Jungen bekommen dreimal häufiger eine Legasthenie als Mädchen. Diese Geschlechtsunterschiede treten jedoch in betroffenen Familien weniger hervor. Fest steht hingegen, dass nicht zwangsläufig die Legasthenie selbst, sondern lediglich die Veranlagung dazu vererbt werden kann.

Als Durchbruch in der Erforschung der Lese-Rechtschreibstörung galt 2005 eine erste genetische Entschlüsselung. In einem Internet-Artikel der Julius-Maximilians-Universität Würzburg hieß es damals:

„Wissenschaftler der Universitäten Marburg, Würzburg und Bonn haben jetzt mit schwedischen Kollegen erstmals den Beitrag eines Gens nachgewiesen, und zwar bei Kindern mit einer schweren Lese-Rechtschreibschwäche. Wie das Gen genau zur Störung beiträgt, ist bislang aber noch nicht bekannt.
Möglicherweise spielt es bei der Wanderung von Nervenzellen im sich entwickelnden Gehirn eine Rolle. (…) Das Gen liegt in einer Region von Chromosom 6, die schon Wissenschaftler aus den USA und England in einen Zusammenhang mit der Lese-Rechtschreibschwäche gestellt hatten.
Doch es war das deutsch-schwedische Team, dem in dieser Region nun die Identifizierung eines einzelnen Gens gelang. Es trägt den Namen DCDC2 und scheint einen wichtigen Beitrag zur Entstehung der Legasthenie zu leisten. (…) Die Forscher wollen nun (…) im Detail aufklären und herausfinden, warum Kinder, bei denen dieses Gen verändert ist, ein höheres Risiko für Rechtschreibprobleme haben" (Universität Würzburg 2005).

Bis heute hat die Wissenschaft auf dem Gebiet der molekulargenetischen Forschung riesige Fortschritte gemacht, auf dem Gebiet der LRS sind sie vergleichsweise gering. Dennoch kommen Forscher zu immer mehr wichtigen Erkenntnissen. Inzwischen weiß man, dass kein einzelnes Gen der Verursacher ist, sondern mehrere „Kandidatengene", wobei neben häufigen Veränderungen auf dem 6. Chromosom auch die Chromosomen 2, 3, 15 und 18 eine Rolle spielen (Schulte-Körne 2006, 2011). Wie genau diese Veränderungen auf den Lese-Rechtschreib-Prozess einwirken, ist noch nicht vollständig geklärt. Von großer Wichtigkeit scheint mir die Erkenntnis, dass einzelne dieser veränderten Gene „bereits in der frühen Hirnentwicklung eine wichtige Rolle für die neuronale Ausreifung des Gehirns haben" (Schulte-Körne 2011, S. 81). Dies bedeutet, dass genetische Veränderungen schon die frühkindliche Entwicklung – insbesondere die Sprachentwicklung – beeinflussen und nicht erst später ausschließlich das Lesen und Schreiben.

Parallel dazu war es auf dem Gebiet der Neurologie möglich, durch die Verfeinerung bildgebender Verfahren Gehirnstrukturen und ihre Funktion weitaus besser als früher darzustellen. Amerikanischen Ärzten an einem Kinderhospital in Boston gelang es, bei Lauterkennungstests mit Kindergartenkindern, die Legasthenikerfamilien entstammten, reduzierte Stoffwechselaktivitäten in bestimmten Hirnarealen nachzuweisen. Bei Schülern und Erwachsenen mit Legasthenie konnten schon vor längerer Zeit abweichende Hirnstrommuster in der Großhirnrinde nachgewiesen werden. Diese Abweichungen betrafen vor allem die für die sensorische und motorische Sprachverarbeitung bedeutsamen Zentren in der linken, offenbar unteraktivierten Hirnhälfte.

Durch die Weiterentwicklung der Magnetresonanztomografie (MRT) gelangten Neurowissenschaftler zu viel genaueren Erkenntnissen bei der Darstellung von Hirnaktivitäten während des Leseprozesses. Inzwischen weiß man, dass weitaus mehr Hirnregionen beim Lesen aktiviert werden, als ursprünglich angenommen. Man entdeckte ganze „Lesenetzwerke", die abhängig von der Aufgabenstellung bei Schülern und Erwachsenen unterschiedlich aktiv werden, wie der anerkannte Experte für Lese- und Rechtschreibstörungen der Universität München, Prof. Gerd Schulte-Körne, berichtete. Inwieweit diese Hirnzentren bei Legasthenikern weniger aktiv sind, weniger vernetzt oder weniger synchron arbeiten, wird untersucht. Gute Perspektiven sehen Wissenschaftler in der genauen Erforschung des Zusammenwirkens von genetischen Faktoren und Hirnfunktionen. Dabei hofft man, die Verbindung zur Lese- und Rechtschreibstörung herzustellen und aus neurobiologischer Sicht „erstmals ein kausales Modell der Lesestörung zu entwickeln" (Schulte-Körne 2011, S. 81). Neben den genannten kennen wir noch zahlreiche andere Risikofaktoren in Bereichen der Motorik, der sensorischen Integration sowie der visuellen und auditiven Sprachverarbeitung, die sich im Laufe der Forschungsentwicklung als bedeutsam erwiesen haben.

Trotz aller früheren Kritik haben Diagnostik, Therapie und methodisch-didaktische Ansätze der schulischen Förderung auch von diesen wichtigen Forschungsergebnissen profitiert. Sie konnten sich damit weiterentwickeln. Für die von einer Lese-Rechtschreibstörung betroffenen Schüler wäre es tragisch und für unsere Gesellschaft ein Debakel, wenn sich die Legasthenieforschung auch in Zukunft ungeahnter Erfolge rühmen könnte, in den Schulen hingegen kaum Verbesserungen deutlich würden. Die Kultusminister haben die Diagnose und Förderung von Schülern mit Rechtschreibschwierigkeiten mittlerweile zur ausschließlichen Angelegenheit der Schulen gemacht, mit Priorität! Doch wie sieht die Förderungsrealität aus? Eine Verbesserung der Lesefähigkeit ist im Ranking der PISA-Studie nachzuweisen, beim Schreiben lassen erkennbare Fortschritte weiterhin auf sich warten.

Zwar sank die Anzahl der Schüler ohne Schulabschluss in den letzten Jahren, doch Bund und Länder konnten ihre ehrgeizigen Ziele bisher nicht verwirklichen, innerhalb von fünf Jahren die Anzahl der Schulabbrecher von acht auf vier Prozent zu halbieren. 2010 erreichten immer noch 6,5 % der Schüler – das waren 53.000 – keinen qualifizierten Schulabschluss, über die Hälfte davon hatte Förderschulen besucht. Hauptgründe waren gravierende Rechtschreibfehler, unzureichender Satzbau und mangelhaftes Leseverständnis. Von den Schülern, die einen Schulabschluss absolvierten, trugen keineswegs alle das Prädikat „rechtschreibsicher". Er bekomme jedes Mal einen Schock, wenn er sich die schriftlichen Arbeiten verschiedener Klassen ansehe, berichtete mir ein Berufsschullehrer. 2010 verfügten rund 15 % der 20- bis 29-Jährigen über keinen Berufsschulabschluss.

Dagegen lässt sich ein Anstieg von Schülern mit einer Lese-Rechtschreibstörung in den letzten Jahren in Deutschland nicht genauer belegen. Der Bundesverband Legasthenie und Dyskalkulie beziffert inzwischen 5 % bis 6 % der Schüler und einen ähnlich hohen Prozentanteil an der Gesamtbevölkerung – das sind rund 4 bis 5 Millionen Deutsche – als Legastheniker. In der Literatur sind die Angaben über die von einer Legasthenie betroffenen Schüler und Erwachsenen uneinheitlich, sie schwanken zwischen 4% und 12%; in englischsprachigen Ländern liegen die Zahlen sogar noch darüber.

Genauso uneinheitlich sind Angaben über die Gesamtzahl der Schüler mit Lese-Rechtschreibschwächen. Der Humangenetiker Prof. Tiemo Grimm geht von etwa 25% der Schulanfänger aus, die nach der Einschulung aus unterschiedlichen Gründen Probleme beim Lesen- und Schreibenlernen haben (Grimm 2011). Diese anfänglichen Probleme können sich im Laufe der Grundschulzeit verringern. Die bekannten Schulleistungsstudien IGLU (Internationale Grundschul-Lese-Untersuchung) und DESI (Deutsch Englisch Schülerleistungen International) belegen klar erkennbare Defizite von Schülern verschiedener Altersgruppen. Nach Angaben der Kultusministerien weisen rund 6% bis 12% aller Schüler Lese-Rechtschreibschwierigkeiten auf. Die Ergebnisse von Schulstudien und insbesondere die Zahlen einzelner Schulen liegen – auch in Abhängigkeit vom Anteil ausländischer Schüler – über diesen Prozentwerten. Die Angaben schwanken von Bundesland zu Bundesland, von Schule zu Schule, von Klasse zu Klasse.

Wenn wir Förderung effizienter gestalten wollen, müssen wir zunächst die zugrunde liegenden Ursachen und Zusammenhänge klarer erkennen. Liegt bei einem Schüler oder einer Schülerin eine Lese-Rechtschreibstörung im Sinne einer Legasthenie vor oder nicht? – bedarf dabei der dringenden diagnostischen Abklärung. Ließen sich in Zukunft genetische Tests ohne großen Aufwand und mit geringen Kosten durchführen, dürfte zumindest diesbezüglich die Ursachenzuordnung klar werden. Doch das ist Zukunftsmusik – ob nah oder fern, wird sich zeigen. Bei den Umweltfaktoren wird es schwieriger; auch sie können eine ausschlaggebende Rolle spielen. Günstige Umweltfaktoren können ungünstige genetische Vorbedingungen beeinflussen und umgekehrt.

Offenbar sind wir alle das Produkt unserer Gene. Sie bestimmen unsere Intelligenz, unsere Begabungen, unsere Schwächen und unsere Krankheiten. Im Hinblick auf das Lesen und Schreiben bedeutet es, dass Menschen dafür mit mehr oder weniger günstigen „sprachlichen" Genen ausgestattet sind. Ein einziges Legastheniker-Gen scheint es nicht zu geben! Was es gibt, sind in Familien variierende genetische Vorbedingungen und damit unterschiedlich ausgeprägte Wahrnehmungen und Merkfähigkeiten sowohl für die gesprochene Sprache als auch für das Lesen und Schreiben.

Damit ist es bereits im frühen Kindesalter von größter Wichtigkeit, ob beispielsweise Kinder mit weniger stabilen sprachgenetischen Voraussetzungen auf günstige Umweltbedingungen treffen, sei es in Familie, Gesellschaft, Kindergarten oder später in der Schule. Tatsächlich machen wir es den sprachlich weniger Begabten in unserer lauten, reizüberfluteten, medienorientierten und computergesteuerten modernen Gesellschaft nicht leicht, ihre Schwächen zu kompensieren.

3
Fehlende phonologische Bewusstheit

In der Vergangenheit hat die Wissenschaft den Erwerb der Schriftsprache weitgehend unabhängig von der Entwicklung der gesprochenen Sprache betrachtet. Inzwischen lässt sich ein enger Zusammenhang zwischen der phonologischen Sprachverarbeitung und dem Lese- und Schreibprozess nachweisen. Dabei hat sich in den letzten Jahrzehnten die „phonologische Bewusstheit" – in den englischsprachigen Ländern „Phonological awareness" – sowohl in den USA als auch in Europa als wesentlicher Indikator herauskristallisiert. Heute gilt sie als wichtiges vorhersagendes Merkmal, als „Einzelprädiktor", für die Qualität der Lese- und Rechtschreibleistung (Landerl und Wimmer 1993, Marx et al. 1993, Klicpera et al. 1994). Ist sie instabil, fehlt sie teilweise oder ganz, kann es zu mehr oder weniger gravierenden Lese- und Schreibproblemen kommen. Wissenschaftler wie Schulte-Körne sprechen auch von „Basiskompetenzen" oder „Vorläuferfähigkeiten" für das Lesen und Schreiben, ohne die beides offenbar nicht funktioniert.

Von Bewusstheit oder auch Bewusstsein sprechen wir, wenn wir jederzeit und ohne Probleme auf das Wissen und die Erkenntnisse, die unser Gehirn gespeichert hat, zurückgreifen können. Wenn es um unsere eigene Sprache geht, beschäftigen wir uns bewusst mehr damit, was wir sagen, wie wir unsere Gedanken und Gefühle bestmöglich zum Ausdruck bringen. Im Vordergrund stehen die inhaltlichen Aussagen von Wörtern und Sätzen und ihre grammatikalische Anordnung. Wie wir sprechen, unsere Artikulation, Sprachlaute, Stimmgebung, Betonung, Sprachrhythmen und -klänge – die phonologischen Aspekte – erscheinen uns völlig selbstverständlich. Wir reflektieren weniger darüber, weil es uns nicht nötig erscheint. Doch es sind genau diese Aspekte der gesprochenen Sprache, die nicht allen Menschen bewusst sind. Was viele Erstklässler als „kinderleicht" empfinden, kann für bestimmte Schüler ein kaum zu überwindendes Hindernis werden, wie die folgenden Fälle verdeutlichen.

3.1 Der Fall Mervin

Ein Schlüsselfall in meinem Beruf als Lehrerin und Therapeutin war der Schüler Mervin (sämtliche Namen wurden geändert). Seine derzeitige Lebenssituation deutet auf nichts Ungewöhnliches mehr hin, lässt ihn als normalen Jugendlichen erscheinen. Doch einiges in seinem vergangenen schulischen Dasein lag außerhalb der Norm. Als ich mich entschloss, über seinen Fall zu schreiben, war er mit 15 Jahren endlich von der Hauptschulklasse in die Realschulklasse einer additiven Gesamtschule querversetzt worden. Haupt- und Realschüler werden dort nach einer gemeinsamen Förderstufe im 5. und 6. Schuljahr weiterhin unter einem Dach, aber in voreinander unabhängigen Zweigen unterrichtet.

3 Fehlende phonologische Bewusstheit

Es war ein Vorgang, der in dieser zweigeteilten Gesamtschule – wie auch in anderen Schulen unseres mehrgliedrigen Schulsystems – keineswegs als üblich galt und den Lehrern deshalb Kopfzerbrechen bereitete. Bereits zu Beginn des 8. Schuljahrs hatte der Klassenlehrer in der Hauptschule Mervin Hoffnungen auf einen Wechsel gemacht, erst zum Schuljahresende gelang er. Darüber war der Schüler froh, weil ihn die Wartezeit verunsichert hatte. Er fragte sich, ob er den höheren Anforderungen gerecht werden könne, denn die Pubertät hatte sein Leben nicht einfacher gemacht. Nicht nur die Hormone, Identität und Gefühle, sondern auch die Noten fuhren Achterbahn. Im Halbjahreszeugnis der 9. Realschulklasse bewegten sie sich abwärts, am Ende des Schuljahres wieder aufwärts. Wenn alles gut gehe, wolle er unbedingt eine gymnasiale Oberstufe besuchen, befand Mervin.

Diejenigen Lehrer, die ihn aus früheren Schuljahren nicht kannten, waren sich einer Lese-Rechtschreibstörung bei ihm längst nicht mehr sicher, wussten nicht, wie sie mit seinen verbliebenen Fehlern umgehen sollten. Seine Familie war sich seiner gelegentlicher Faulheitsschübe sicher. Mittlerweile konnte Mervin Bücher verschlingen, wenn sie ihm gefielen. Danach hatte er wochenlang keine Lust mehr auf Lesen, saß am liebsten vor seinen Computerspielen. Im 9. Schuljahr schrieb er lediglich zwei als Klassenarbeit gewertete Diktate; das erste war ungenügend, das zweite befriedigend – aufsteigende Tendenz oder weiter auf und ab? Die damalige Situation war jedoch nicht mehr vergleichbar mit dem Auf und Ab in seiner vorhergehenden Schulzeit.

3.1.1 Mervins Leidensjahre

Da die Mutter erkrankt war, hatte seine Großmutter ihn im Alter von neun Jahren zu mir gebracht. Als Mitarbeiterin einer großen Frankfurter Tageszeitung beruflich mit dem Korrigieren und Redigieren anspruchsvoller Texte befasst, war ihr klar geworden: Ihr Enkel konnte nur minimal lesen und schreiben. Obwohl der grundlegende Prozess des Lesen- und Schreibenlernens mit Beendigung des 2. Schuljahres als abgeschlossen gilt, waren in der 3. Klasse Mervins geübte Diktate nicht nur wegen des ständig im Einsatz befindlichen Tintenkillers kaum zu entziffern (Abb. 3.1).

Diejenigen Wörter, die man lesen konnte, waren von der Lehrerin mit einem Häkchen versehen worden. Es waren fünf: *An, der, ist, zu, dumm.* Dumm war der Schüler keinesfalls! Ein von mir durchgeführter Grundintelligenztest CFT1 Culture Fair Intelligence Test (Weiß und Osterland 1997) ergab einen Gesamt-IQ von 128; damit galt Mervin als „überbegabt". In zwei Untertests wies er Hochbegabung auf, die bei 133 beginnt. Bei der Ermittlung der Grundintelligenz wird durch Zuordnung von Figuren die Fähigkeit des Kindes bestimmt, durch komplexes Denken nonverbale Problemstellungen in einer vorgegebenen Zeit erfassen und lösen zu können. Spätere umfangreichere Vergleichstests mit dem Hamburg-Wechsler-Intelligenztest für Kinder III (Tewes et al. 1999) bestätigten die Richtigkeit des Ergebnisses.

Auch seine Grundschullehrerin zweifelte nicht an seiner Intelligenz. Sie beschrieb ihn als verhaltensunauffälliges, freundliches und zurückhaltendes Kind, beliebt bei den Klassenkameraden, umstritten bei den Lehrern. Umstritten

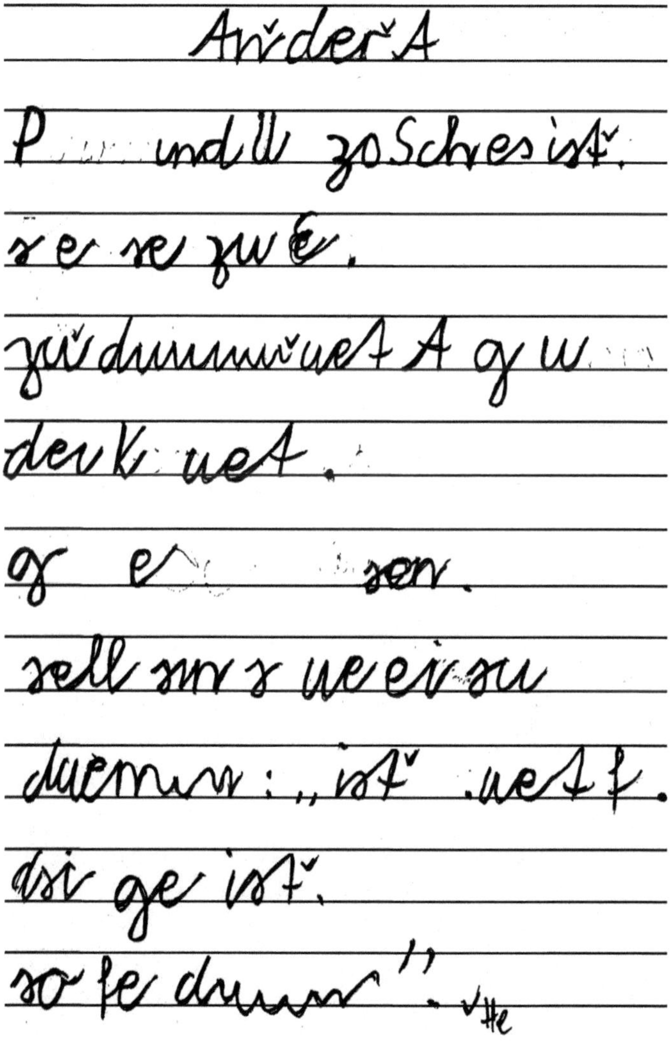

3 Fehlende phonologische Bewusstheit 31

An der A
P ... und ll zo Schres ist.
r er re zu e.
zu dummuet A g w
der k uet.
g e sen.
rell nn r ue ei nu
duemn: „ist uet f.
dr ge ist.
so fe dunn".

Abb. 3.1 Mervins Schuldiktat in der 3. Klasse. (Abdruck mit freundlicher Genehmigung)

deshalb, weil er dem Unterricht oft fernblieb. Die Anzahl der Fehltage im 3. Schuljahr war gravierend. Dieses Fehlen hatte eine stetig steigende Entwicklung genommen: im 1. Schuljahr weniger, im 2. und 3. immer mehr.

In späteren Jahren, nachdem das Fehlen aufgehört hatte, bezeichnete Mervins Mutter seine frühere Schulverweigerung als „maximal": Er hatte keine Lust, war müde oder krank, weinte, schrie, bettelte, diskutierte. Sie sei sich zuweilen wie ein Folterknecht vorgekommen, ihn zum Aufstehen zu bewegen und in die Schule schicken zu müssen. Später wollte der Schüler diese Phase seiner Schullaufbahn am liebsten ausklammern. Mitschüler seiner Klasse, die durch Fernbleiben auffielen, bezeichnete er nun als „Loser", die nicht kapiert hätten, worauf es im späteren Leben ankomme. Doch bis zu dieser Haltung vergingen einige Jahre.

Mervin ist sowohl im Hinblick auf seine hohe Intelligenz als auch auf seine massive Schreibschwäche und die damit verbundenen Schwierigkeiten in der Grundschule nicht repräsentativ für die Vielzahl von Schüler und Schülerinnen mit ganz unterschiedlichen Schreibproblemen. Repräsentativ ist er jedoch, wenn es darum geht, grundlegende Zusammenhänge von gesprochener und geschriebener Sprache aufzudecken. Wie ist es möglich, dass ein äußerst intelligenter Schüler es nicht schafft, bis zum 3. Schuljahr annähernd lesen und schreiben zu lernen? War er – nahe an der Hochbegabung – schulisch unterfordert oder hatte er durch sein Fehlen zu viel versäumt?

In Letzterem vermutete seine Lehrerin eine der Hauptursachen. Sie beschrieb mir den daraus resultierenden Schriftverkehr und den „schwierigen" Umgang mit der Familie. Man habe der Mutter nahegelegt, einen Psychologen hinzuzuziehen. Bemerkenswert fand ich ihre Aussage, dass Mervin trotz seines Fernbleibens stets zu den Besten im Rechnen gehörte und – wenn er anwesend war – mit seiner mündlichen Mitarbeit offenbar zur Bereicherung des Unterrichts beitrug.

Noch schwieriger als das Schreiben gestaltete sich das Lesen. Dem Schüler gelang es selbst bei größter Anstrengung nicht, zusammenhängende Wörter oder Sätze zu lesen, geschweige denn, ihren Sinn zu erfassen. Für die Klassenarbeiten hatte die Lehrerin eine Lösung gefunden: Textaufgaben im Rechnen las sie ihm vor, ebenso die Fragestellungen in Sachkundetests. Während des Unterrichts bekam er Hilfe von seinem Freund und Sitznachbarn oder, besser gesagt, man half sich gegenseitig. Der Junge erklärte es mir so: „Manchmal bekommen wir in Sachkunde Arbeitsblätter mit Fragen zum Unterrichtsthema, zum Beispiel: Was sind die Aufgaben einer Bienenkönigin? Zuerst liest mir mein Freund L. die Fragen vor, danach diktiere ich ihm die Antworten. Zum Schluss schreibe ich die Antwortsätze bei L. wieder ab. Unsere Lehrerin weiß das, sie sagt nie etwas." Ich bekam eine Ahnung davon, wie es intelligenten Schülern gelingt, ohne richtiges Lesen und Schreiben die Schule zu absolvieren.

Beginn der Therapie

Wer Mervin heute begegnet, wird sich kaum das ängstliche, introvertierte, nahezu sprachlose Kind vorstellen können, das ich einst kennengelernt habe. Inzwischen ist er zum hochgewachsenen Jugendlichen herangereift, der Selbstbewusstsein demonstriert und keine Diskussion scheut. Allerdings redet er nicht wie Altersgenossen unbedacht los, sondern agiert zurückhaltender, denkt nach und behält sein Gegenüber stets kritisch im Blick.

Zu Beginn unserer Zusammenarbeit vermied er es, mich anzuschauen, verfolgte jedoch argwöhnisch jede meiner Handlungen. Misstrauisch hörte er mir zu, stets bereit, nie mehr wiederzukommen, wenn ich auch nur annähernd sein kaum vorhandenes Selbstbewusstsein weiter strapazieren würde. Offen mit mir über seine Probleme sprechen konnte und wollte er am Anfang nicht. Gehörte ich doch aus seiner Sicht zunächst zur Fraktion derer, die ihn mit Lesen und Schreiben quälen wollten! Erst, als er nach spieltherapeutischen Übungen sicher sein konnte, dass die Arbeit mit mir keine Qual darstellte, sondern auch einen Spiel- und Spaßanteil hatte, begann ein langsames Vertrauenfassen und Öffnen. Er willigte ein, einen Rechtschreibtest über sich ergehen zu lassen.

Mervins Rechtschreibtest

Die erste Hälfte des 3. Schuljahres war schon vorbei. Dennoch legte ich Mervin zunächst den Diagnostischen Rechtschreibtest für 2. Klassen (Müller 1990) vor. Es handelt sich dabei um einen inzwischen aktualisierten Schulleistungstest zur „objektiven, zuverlässigen und vergleichbaren" Feststellung der Rechtschreibleistung nach Beendigung des 2. Schuljahres. Dem Probanden wird ein Heft mit kürzeren Aussagesätzen von drei bis sieben Wörtern vorgelegt. In jedem Satz befindet sich eine Lücke, in der ein „kritisches" Wort fehlt. Bei ausreichender Zeit und nach dreimaligem Vorlesen (Wort, Satz, Wort) ist es Aufgabe des Schülers, das fehlende Wort in den Satz einzusetzen (Abb. 3.2).

12. Er stützt sich auf seinen _SuAg_

13. Wir _Uken_

14. Wir lesen im _Sarbur_

15. Auf dem _Sehge_

16. Der Mond _Lostne_

17. Die Sonne _Schet_

18. Ich schlage 3 Eier in die _Palen_

19. Der Stürmer wurde _Beidt_

20. Wir _Sthle_

21. Vater _Retet_

22. Das Baby _Salt_

Abb. 3.2 Auszug aus Mervins diagnostischem Rechtschreibtest, Seite 2. Die einzufügenden Wörter auf der Testseite waren: 12. Stock, 13. ducken, 14. Sprachbuch, 15. Zweig, 16. leuchtet, 17. sticht, 18. Pfanne, 19. behindert, 20. stellen, 21. gräbt, 22. strampelt. (Abdruck mit freundlicher Genehmigung)

Die quantitative Auswertung des Tests ergab keine einzige Richtigschreibung. Zur qualitativen Auswertung ist hervorzuheben, dass es Mervin gelang, aus den Wortklängen wenige Laute herauszufiltern und in Buchstaben umzusetzen. Durch Weglassen richtiger und Hinzufügen falscher Buchstaben waren jedoch Wortbilder entstanden, die akustisch nicht mehr nachvollziehbar waren. Lediglich 4 von 32 Wörtern ließen sich akustisch nachvollziehen. Ferner existierte für den Schüler keine Groß- und Kleinschreibung. Ansonsten bediente er mit seinen Schreibungen ein breites Spektrum von möglichen schwerwiegenden legasthenen Fehlern, die im Rahmen einer qualitativen Fehleranalyse klassifizierbar sind.

Im 3. Schuljahr Wörter wie *Zweig, leuchtet oder sticht* in *Sehge, Lostne und Schet* umzusetzen, war weniger Ausdruck von Unkenntnis, sondern von größter Irritation und massiver Wahrnehmungsstörung. Als ich Mervin den Test Jahre später zeigte, reagierte er ebenso verwundert wie vermutlich die meisten Leser. Er fand seine Wortbilder „komisch" und schüttelte den Kopf. Hätte er seine eigene Schrift nicht wiedererkannt, hätte er wahrscheinlich daran gezweifelt, jemals so geschrieben zu haben. Er identifizierte das eigene Selbst nicht mehr mit dieser Schreibweise, sie gehörte nicht mehr zu ihm. In der Grundschule tat sie es, und er ertrug es nur schwer, damit konfrontiert zu werden.

Vorgeschichte

In Mervins Sprachentwicklung hatte es scheinbar keine Schwierigkeiten gegeben. Er hatte wie andere Kinder in den ersten vier Lebensjahren sprechen gelernt, ohne Verzögerung und ohne Auffälligkeiten, wie seine Mutter im Vorgespräch bei der Anamnese darstellte. Seine Geburt war ohne Komplikationen verlaufen. Die medizinische Abklärung von Seh- und Hörvermögen hatte keine auffälligen Befunde ergeben. Aus genetischer Sicht fanden sich sowohl in der Familie der Mutter als auch des Vaters eher Lese- und Schreibbegabungen: Die Großmutter mütterlicherseits war Lektorin, der Vater arbeitete im Finanzbereich und hatte darüber Bücher veröffentlicht, wie ich später erfuhr. Wenn die genetischen Voraussetzungen sogar positiv waren, was konnten dann die Ursachen für seine schwere Legasthenie sein? Zunächst erschlossen sich keine möglichen Zusammenhänge.

Was Mervin als Neunjährigen auszeichnete, war sein Wortschatz, der zweifellos über dem seiner Altersgenossen lag. Satzbau und Artikulation der Spontansprache waren fehlerfrei. Allerdings sprach der Junge leise und schnell. Darüber hinaus zeigte er ein eher introvertiertes Verhalten: Er beobachtete, hörte konzentriert zu und beantwortete alle meine Fragen. Dabei waren ihm die „Ja"- und „Nein"-Antworten am liebsten. Ansonsten schwieg er gerne und ausdauernd. Auch als Vorschulkind war er offenbar kein „Plapperkind" gewesen, das ohne Scheu neugierig auf andere zuging, Fragen stellte und damit jede Gelegenheit zum Sprechen nutzte. Inzwischen muss man Mervin nicht mehr zum Sprechen motivieren. Er liebt Diskussionen, vor allem, wenn es darum geht, die eigene Meinung durchzusetzen.

Bloß nicht lesen und schreiben

Wann immer Mervin etwas laut lesen sollte, zunächst Buchstaben und Silben, räusperte er sich, begann danach zu hüsteln, putzte sich die Nase und gab vor, erkältet zu sein. Zeitweise war er es auch und es kam ihm gelegen – bewahrte ihn der Husten und Schnupfen doch davor, laut lesen zu müssen. Jedes Krankheitsgefühl war für ihn leichter zu ertragen als die Konfrontation mit der eigenen Unfähigkeit, die für ihn unerklärlich war und die er zutiefst hasste. „Muss das sein?", war sein stetiger Einwand, wenn es ums Lesen ging. Wenn er etwas schreiben sollte, rutschte er zunächst auf dem Stuhl hin und her und blickte mich ängstlich an. Erst nachdem ich ihm ermunternd zugenickt hatte, traute er sich. Wenn etwas richtig war, lobte ich ihn, wenn es falsch war, enthielt ich mich jeglicher negativen Bewertung. Es war dann „gar nicht so schlecht" oder „fast richtig". Den Satz „Das ist falsch geschrieben!" kann er heute ertragen und sieht ihn als sachliche Kritik – damals löste er hochemotionale Reaktionen aus.

Was Mervin problemlos schreiben konnte, waren einzelne Buchstaben des Alphabets, das er nicht fehlerfrei aufsagen konnte. Er schrieb nach Diktat die Vokale (Selbstlaute) a, e, i, o, u in großen und kleinen Buchstaben, er schrieb die Umlaute ä, ö, ü und den größten Teil der Konsonanten (Mitlaute). Nicht schreiben konnte er die Konsonanten c, j, ch, sch sowie die Diphthonge (Zwielaute) ei und eu. Obwohl er „au" schreiben konnte, verwirrten ihn die anderen Diphthonge; er konnte kaum etwas damit anfangen.

Danach bat ich Mervin, Wörter aus dem Gedächtnis aufzuschreiben, die ihm einfielen und bei denen er sicher sei. Er schrieb *Mama*, nichts anderes. Als ich ihn fragte, ob er auch *Oma* schreiben könne oder die richtigen Wörter aus seinem Schuldiktat: *an, ist, der,* schüttelte er den Kopf. Er sei sich nicht sicher, antwortete er.

Sein Lesen stellte sich ähnlich wie das Schreiben dar. Einzelne Buchstaben, die er schreiben konnte, war er auch in der Lage zu lesen. Sobald jedoch ein weiterer Buchstabe hinzugefügt wurde, eine Silbe oder ein Wort entstand, konnte er es nicht mehr entziffern und schaute mich angstvoll an. Nur eine geringe Anzahl von etwa 15 bis 20 ein- oder zweisilbigen Wörtern hatten für ihn einen Erkennungswert, doch auch dabei war er unsicher.

3.1.2 Alphabetische Verwirrung

Ausgehend von der Erkenntnis, dass ihm die Vokale weniger Schwierigkeiten bereiteten und das Wort *Mama* kein Problem für ihn darstellte, wollte ich den Unterricht mit den Silben *ma* und *mi* beginnen. Dabei klärten wir zunächst die Frage, womit gesprochene Sprache produziert wird und wie die Atmung beim Sprechen funktioniert. Wir erfühlten die wichtigsten Sprechwerkzeuge: Lippen, Zähne, Zunge, Gaumen, Rachen, Kehlkopf, Atmung; es interessierte Mervin sehr. Danach bat ich ihn, die Lippen aufeinanderzulegen und zu summen. „Kannst du dir vorstellen, welcher Buchstabe zu dem Summen gehört?", fragte ich. Er schüttelte den Kopf. Als ich ihm erklärte, dass dieses Summen den Sprachlaut oder ein Geräusch darstelle, das beim Schreiben den Buchstaben M bedeute, schaute er mich irritiert an. Ich bat ihn, das Summen fortzusetzen und gleichzeitig ein großes M in die Luft zu malen. Wir wiederholten diese Übung mehrmals. „So haben wir das in der Schule nicht gelernt", sagte er ablehnend, „das ist Kinderkram!"

Mit Letzterem hatte er nicht ganz unrecht, weil der Sprachlauterwerb auf spielerische Weise im frühesten Kindesalter erfolgt. Diese Aussage bedeutete jedoch nicht nur die Kritik eines überintelligenten Kindes, das in der Schule mit einer aus seiner Sicht anspruchsvolleren Methode die Buchstaben gelernt hatte, sie beinhaltete auch eine Abwehrreaktion dagegen, eigene Unzulänglichkeiten offenbaren zu müssen. Später fragte ich seine Lehrerin, ob sie mit den Schülern nachhaltig „lautiert" habe. Lautieren bedeutet, die Konsonanten ohne den alphabetischen Vokal zu sprechen. Sie bejahte es. „Was meinen Sie mit nachhaltig?", fragte sie zurück. „Wir haben mit einer Anlauttabelle gearbeitet. Ich habe den Schülern die Sprachlaute erklärt!" Da die Anlauttabelle ein wichtiges Instrument zur Einführung der Buchstaben und des Alphabets ist, komme ich in nachfolgenden Kapiteln noch ausführlicher darauf zurück.

Zweifellos hatte sich Mervin die Artikulation der Sprachlaute aneignen können, sonst wäre ein unkompliziertes Sprechenlernen nicht möglich gewesen. Die notwendige Bewusstheit für einzelne Laute war ihm jedoch versagt geblieben – er weigerte sich förmlich ihre Existenz anzuerkennen. Es kamen ihm Zweifel, ob er das, was ich ihm als Sprachlaute darbot, wirklich glauben sollte. Nach einigen Therapiestunden überraschte er mich mit der Aussage, er werde das Lesen nie richtig begreifen, er lerne Silben oder Wörter einfach auswendig. Lesen sei „unlogisch" und mache für ihn überhaupt keinen Sinn. Ich bat ihn, mir seine Gründe zu erklären. „*Mama* kann ich nicht wirklich lesen", sagte er, „es heißt bei mir *Emaema* (em-a-em-a), *Oma* heißt *Oema* (o-em-a), und wie soll ich zum Beispiel *Tafel* lesen: *Teaefeel* (te-a-ef-e-el)? So kann ich nicht lesen, da lachen sich alle kaputt!" Die Verunsicherung stand ihm dabei ins Gesicht geschrieben.

Ich hatte zuvor keine plausible Erklärung finden können, weshalb der Schüler bei Schuldiktaten oftmals lange Vokale beim Schreiben eines Wortes komplett weggelassen hatte, obwohl sie deutlich hörbar waren. Jetzt war es mir klarer und ich konnte einiges entziffern: *hb* bedeutete ha-be (haben), *sn* bedeutete es-en (essen), *der* war der einzige Artikel, den er lesen, aber nicht problemlos schreiben konnte: dee-er.

Er schrieb nicht durchgehend auf diese Weise. Vielmehr bestanden seine Wortbilder aus einem Wirrwarr von Buchstaben, wovon einige nicht zum Wort gehörten, einige realistische Sprachlaute symbolisierten, andere auf der alphabetischen Aussprache basierten. Letzteres war das, was sein Lesen und Schreiben beherrschte. Er identifizierte die Buchstaben weitgehend mit ihrer Benennung im Alphabet und merkte selbst, dass er damit nicht weiterkam. Eine babylonische Verwirrung: Mervin verstand nicht, was andere schrieben, andere verstanden nicht, was Mervin schrieb.

Als ich ihm klarzumachen versuchte, dass er beim Lesen von Wörtern nur bei den fünf Selbstlauten (a, e, i, o, u) die gleiche Aussprache wie im Alphabet zugrunde legen könne, jedoch nicht bei den anderen Buchstaben, schaute er mich entgeistert an. „Was soll dann das dämliche Alphabet? Warum gibt es kein besseres System fürs Lesen- und Schreibenlernen?", fragte er.

Als ich Lehrern und Eltern von diesen Erfahrungen berichtete, gingen viele von einem „Denkfehler" des Schülers aus, den man rechtzeitig hätte korrigieren müssen. Vermutlich habe man ihm auch das Lesen niemals richtig erklärt. Eine Lehrerin meinte spontan, auf eine derartige Idee, die alphabetische Benennung beim Lesen heranzuziehen, habe auch nur ein besonders intelligenter Schüler kommen können. War es tatsächlich so, dass seine Intelligenz Mervin im Weg stand? Alle anderen in seiner Klasse, die meisten mit geringerer Intelligenz, hatten das Lesen und Schreiben gelernt. Einem Schüler, der den anderen nachweislich in vielen Bereichen an Erkenntnis und Wissen überlegen ist, der über eine nachhaltige und schnelle Merkfähigkeit verfügt, dürfte kaum zu unterstellen sein, er habe etwas nicht erkannt, was eine Vielzahl durchschnittlich intelligenter Schüler als leicht empfindet. Mervin wusste, dass es beim Lesen und Schreiben um das Zusammenziehen von Buchstaben ging – soweit zur Kognition –, aber wie sollte er sie artikulieren? „Wie nennst du den Buchstaben b, wenn du das /e:/ weglässt?", fragte ich ihn und brachte ihn damit in größte Unsicherheiten. „Kannst du mir sagen, wie dein *Schal* heißt, wenn du das /a:/ weglässt?" „Keine Ahnung, das geht doch gar nicht!", antwortete er verwirrt.

Offenbar hatte es vonseiten der Lehrerin und vonseiten der Mutter ähnliche Erklärungsversuche gegeben, um ihm das Schreiben nahezubringen, aber sie hatten nicht fruchten können. Auch die Erklärung, die ich ihm gegeben hatte, reichte bei Weitem nicht aus, um ihm möglichst schnell zu helfen. Allerdings hatte er mir mit der Offenbarung seiner falschen Lesemethode einen großen Vertrauensbeweis geliefert. Er hatte sich zweifellos vorher geschämt, anderen etwas darzulegen, was auch nach seinem eigenen Verständnis nicht funktionieren konnte. Selbst die Lösung finden konnte er deshalb nicht, weil seiner Intelligenz ein gravierendes phonetisch-phonologisches Wahrnehmungsdefizit im Wege stand. Eigenes Wissen und Erkennen traf auf Blockaden, die sich ohne Hilfe nicht beseitigen ließen.

Später gestand mir Mervin, seine Lehrerin sei auch manchmal verzweifelt gewesen, besonders als das „Sch" an die Reihe gekommen sei. So habe sie ihn aus seiner Fibel die Wörter *Schiff, Schaf, Schwein* oder *Schirm* nicht eine, sondern zwei, drei, vier Wochen üben lassen, bis er sie endlich einigermaßen fehlerfrei nach Diktat schreiben konnte. Speichern konnte er diese Wortbilder lediglich über das Kurzzeitgedächtnis; einige Wochen später waren sie im Wortbildspeicher seines Gehirns wieder ausgelöscht. Dieser Sachverhalt erinnerte mich an ein Gespräch, das ich zu Beginn meines Studiums der Sprachheilpädagogik mit zwei erwachsenen Analphabeten geführt hatte. Diese hatten an der Volkshochschule zum zweiten Mal den gleichen Anfänger-Schreibkurs belegt. Sie erklärten mir, Schreiben und Lesen sei für sie nur zu bewältigen, indem sie versuchten, sich die Wörter als Ganzes zu merken und so viel wie möglich aufzuschreiben. Langfristig sei das aber sehr schwierig – sie hätten die Wörter irgendwann wieder vergessen.

Viele Eltern von Kindern mit Rechtschreibproblemen, die dieses Buch lesen, werden der Meinung sein, ihr eigenes Kind habe derartige Schwierigkeiten nicht. Sie können sich vielleicht nur schwer vorstellen, dass intelligente Schüler oder Schülerinnen die alphabetische Benennung der Buchstaben mit dem eigentlichen Sprachlaut durcheinanderbringen. Glücklicherweise haben nur die wenigsten Schüler solch schwerwiegenden Probleme. Allerdings habe ich ähnliche Irritationen bei vielen Schülern in abgeschwächter Form immer wieder feststellen können.

Ein hinreichend bekannter Rechtschreibfehler ist das Weglassen von Wortendungen. Kim, eine Gymnasiastin im 10. Schuljahr, die ihre Rechtschreibung nach einiger Zeit des intensiven Trainings erheblich verbessern konnte und kaum noch Abzüge dafür bekam, beschwerte sich einmal bei mir, ihre Deutschlehrerin habe ihr in der Klassenarbeit fälschlicherweise zwei Fehler angestrichen. Es waren die Sätze:

> Der Vorfall **spielt** keine Rolle.
> Er **hatt** damit gerechnet.

Ihre Fehler waren das fehlende „e" bei beiden Verben, die im Präteritum (einfache Vergangenheit) stehen mussten. Da die Selbsterkennung der Fehler eine wesentliche Voraussetzung für ihre nachhaltige Verbesserung darstellt, ließ ich die Schülerin zweimal ihre Sätze laut lesen. Sie las jedes Mal korrekt:

> Der Vorfall **spielte** keine Rolle.
> Er **hatte** damit gerechnet.

Ich sagte ihr daraufhin, sie habe die Verben zwar im Präteritum gelesen, aber so nicht geschrieben. Sie reagierte irritiert! Als ich sie deutlicher auf die Fehler hinwies und ihr klarmachte, dass bei beiden Verben ein „e" am Ende fehlte, entgegnete sie: „Aber der letzte Buchstabe ist doch ein **te**." Bei einer anderen Reaktion wäre ich davon ausgegangen, dass der kurze unbetonte Vokal im Auslaut des Wortes von ihr nicht wahrgenommen wurde, ein häufiges Phänomen bei Schülern mit Rechtschreibstörungen. Aber sie verwies deutlich auf die alphabetische Lautung des Buchstabens.

Danach wurde ihr der „phonologische Blackout" bewusst und war ihr unangenehm. „Zum Glück habe ich mich noch nicht bei meiner Lehrerin beschwert, das wäre ja super peinlich gewesen", sagte sie. Ich erklärte ihr, dass es überhaupt nicht peinlich sei und bei legasthenen Schülern hin und wieder vorkomme. Die gleichen Irritationen erlebte ich zuweilen auch bei anderen Schülern, wenn es um bestimmte Konsonantenbuchstaben ging, die fälschlicherweise als Symbol des Auslauts am Wortende standen: *die Wund(e), die Rund(e), die Kält(e)*. Sie lasen die Wörter korrekt und begründeten ihre Fehler mit einem **de** oder **te** am Wortende. Die gleichen Probleme zeigten sich auch bei Anlauten: Die Schüler verzichteten ebenfalls auf den Vokal und schrieben *g(e)laufen, g(e)malt* oder *g(e)lesen*. Es sei doch ein **ge**, wurde argumentiert.

Die Lese- und Schreibprobleme dieser Schüler waren zwar weniger gravierend und mit Mervins Schwierigkeiten kaum zu vergleichen, doch auch sie identifizierten den Buchstaben nicht mit dem dazugehörenden isolierten Sprachlaut, sondern mit der alphabetischen Benennung. Was löst bei rechtschreibschwachen Schülern diese Verwechslungen aus? Bei Kim war es vermutlich auch auf die Anspannung in der Klassenarbeit zurückzuführen, denn derartige Fehler passierten ihr nur noch äußerst selten. Dennoch war es ein altbekannter Blackout, mit dem sie als junge Schülerin mehr zu kämpfen hatte.

Grapheme und Phoneme

Buchstaben – wir nennen sie auch Grapheme – sind die kleinsten Grundbausteine der Schriftsprache. Sie stehen als Schriftsymbole für Sprachlaute – genannt Phoneme. Diese wiederum sind die kleinsten Grundbausteine der gesprochenen Sprache. Bekanntlich finden sich unsere Buchstaben in bestimmter Folge aneinandergereiht im lateinischen Alphabet. Es ist das über die ganze Welt am meisten verbreitete Schriftsystem. Diese Buchstabenschrift wurde bereits 700 vor Christus von den Römern verwendet und entwickelte sich im Laufe der Jahrhunderte weiter. Das ursprüngliche Alphabet bestand aus 21 Buchstaben, später wurde es auf 26 Buchstaben erweitert; hinzugekommen waren j, u, w, y, z. Zusätzlich zum Alphabet verwenden wir im Deutschen die Buchstaben ä, ö, ü, ß (vgl. Duden 2009, PONS 2009, S. 16 f.).

Die Buchstaben des Alphabets ordnen wir zwei Sprachlautgruppen zu: den Vokalen (Selbstlauten) und den Konsonanten (Mitlauten). Vokale – abgeleitet aus lat. *vox, vocis = Laut, Ton, Schall, Stimme* – sind grundsätzlich stimmhaft. Durch Veränderung der Mundöffnung erhalten sie ihren charakteristischen Klang. Die Luft kann beim Sprechen ungehindert entweichen. Man nennt sie deshalb auch „Mundöffnungslaute" (Fiukowski 2004). Die Konsonanten – abgeleitet aus „lat. *consonare = zusammen-, mittönen*" (Duden 2007, S. 437 f.) – sind dadurch gekennzeichnet, dass – im Gegensatz zu den Vokalen – der Luftstrom beim Sprechen nicht ungehindert entweichen kann. Wir bezeichnen sie daher als „Hemmlaute". Durch das Zusammenspiel der verschiedenen Sprechorgane wird der Weg für die ausströmende Luft verengt, ganz verschlossen oder „gesprengt" wie bei den Plosiven /p/, /t/, /k/ (Explosivlaute). Je nach stimmhaften oder stimmlosen, harten oder weichen Konsonanten entstehen Lautungen wie Summen, Brummen, Knacken, Kratzen, Reiben, Hauchen oder Zischen. Ohne den Mitklang eines Vokals wären Konsonanten im Alphabet sprachlich nur unzureichend darstellbar.

3 Fehlende phonologische Bewusstheit

Genauer genommen ist ein isolierter Konsonant oder ein Vokal zunächst ein „Phon", ein Schall oder ein Geräusch ohne besondere Bedeutung. Erst im Silben- oder Wortklang wird das Phon durch die Verschmelzung mit anderen Sprachlauten zum „Phonem". Wir nennen diesen Vorgang „Assimilation". Es entstehen neue Klanggebilde, die wir eher ganzheitlich wahrnehmen und ebenso produzieren.

Innerhalb eines Wortes fungiert ein Phonem nicht nur als Sprachlaut schlechthin, sondern auch als „distinktives" Merkmal, als wichtiges Unterscheidungskriterium für die Wortbedeutung. Die Wortpaare *Haube/Laube, Kasse/Tasse, heben/leben* unterscheiden sich jeweils nur durch ein einziges Phonem im Anlaut, das den Wörtern völlig unterschiedliche Bedeutungen verleiht.

Während in der Vergangenheit die Phonetik als älteres Teilgebiet der Sprachwissenschaften unter anderem die sprechmotorische Entwicklung von Kindern und die Artikulation der Sprachlaute, Silben oder Wörter ins Zentrum des Interesses stellte, gilt die Phonologie als neuerer, in den letzten Jahrzehnten entstandener Wissenschaftsbereich, der sich auch mit der Funktion der Phoneme im sprachlichen System auseinandersetzt.

In der deutschen Sprache zählen wir insgesamt 40 Phoneme; 70 Phoneme sind es, wenn wir auch andere Fremdsprachen berücksichtigen. Für das Alphabet bedeutet es, dass wir nicht für alle Sprachlaute entsprechende Buchstaben zur Verfügung haben. „Kein Problem, es vereinfacht unser Schreiben", werden diejenigen denken, die niemals damit Schwierigkeiten hatten. Doch die Zuordnung von Sprachlauten zu Buchstaben ist schon von der Menge her nicht einfach: 40 Phoneme ordnen wir im Deutschen 30 Buchstaben, aber durch die orthografischen Regelungen insgesamt 90 Graphemen, also 90 Schreibweisen, zu (Thomé et al. 2011). Ein Beispiel: Obwohl der lange Vokal /a:/ in den folgenden drei Wörtern identisch ausgesprochen wird, haben wir dafür drei Schreibweisen.

das Tal, der Saal, die Wahl

Dieser Sachverhalt macht für viele weder das Lesen noch das Schreiben unkompliziert.

Lautbuchstaben

Wann immer ich Schüler fragte, was denn Vokale oder Konsonanten seien, gerieten die meisten ins Grübeln. Gehört hatte man es, aber irgendwie wieder vergessen. Diejenigen, die es wussten, erklärten es wie folgt: „Es sind Buchstaben des Alphabets! Bei den Selbstlauten hört man den Laut selbst, nichts anderes, nur A oder E. Bei den Mitlauten hört man noch einen Laut mit, ein B ist b+e, D ist d+e und so weiter." Vermutlich hatten es ihre Lehrer genauso erklärt. Doch bereits an dieser Stelle beginnt eine nachvollziehbare Verwirrung: Sprachlaute und Buchstaben werden einander 1:1 zugeordnet und damit als identisch angesehen. Diese Sichtweise trifft allenfalls bei lang gesprochenen Vokalen, aber nicht bei kurzen Vokalen oder Konsonanten zu. Buchstaben symbolisieren Sprachlaute, sie sind nicht damit identisch!

Es interessierte mich, was darüber in den Schulfibeln stand. Doch meine Suche blieb ergebnislos; ebenso wenig wurde ich in Schülergrammatiken fündig. „Sie werden vermutlich keine Fibeln finden, die das Alphabet erklären", belehrten mich zwei Grundschullehrerinnen im Buchladen. „Wir verwenden in den Schulen nur noch die Anlauttabellen." Die von Erwachsenen und älteren Schülern häufiger benutzten Nachschlagegrammatiken erklären es genauer. Während die Duden-Grammatik (Duden 4 2009) die Zusammenhänge auf nahezu wissenschaftlichem Niveau erläutert, heißt es in der PONS-Grammatik: „Alle Buchstaben unseres Alphabets, mit Ausnahme von a, e, i, o, u, stehen für Laute, die wir Konsonanten nennen. Sie werden auch Mitlaute genannt, weil bei der Aussprache eines einzelnen Konsonantenbuchstaben ein Vokallaut mitklingt. Zum Beispiel wird der Buchstabe b als be gesprochen, der Buchstabe r als er, der Buchstaben w als we" (PONS 2009, S. 18 f.). PONS schreibt, Buchstaben stünden für Laute, und benutzt den Begriff „Konsonantenbuchstaben". Doch für Schüler mit eingeschränkter phonologischer Bewusstheit bedarf auch diese richtige Erklärung der beispielhaften Erläuterung.

Ein Großteil der Schüler verfügt über eine grundlegende Lautsicherheit. Diese sollte sowohl beständige Sicherheit in der Artikulation als auch im Bewusstsein beinhalten. Für solche Schüler ist es selbstverständlich, dass ein **be** im Alphabet im gesprochenen Wort zu **ba**, **bi**, **bu** – **Ba**d, **Bi**ld, **Bu**ch – wird; der alphabetische Vokal wird im Wort durch andere ersetzt. Für Schüler mit phonematischen Problemen – besonders für die massiv betroffenen – ist diese Erkenntnis nicht selbstverständlich. Warum?

Während Vokalbuchstaben im Alphabet als „lauttreu" angesehen werden können – a, e, i, o, u sind jeweils nur einem einzigen stimmhaften Sprachlaut zugeordnet –, ordnen wir Konsonantenbuchstaben mindestens zwei Sprachlaute zu: den eigentlichen Konsonanten plus einen Vokal. Damit geben wir den Buchstaben Silbenklänge: **be** oder sprechen sie als Wort: **Ypsilon**. Genau wie bei Silben oder Wörtern im normalen Sprachgebrauch werden diese Klänge als „untrennbare" Einheiten erlebt. Es fällt Schülern ohne phonologische Bewusstheit schwer, den in der Buchstabenlautung implizierten tatsächlichen Konsonanten – das Zischen, Knacken, Summen, Kratzen – bewusst wahrzunehmen, vom Vokal zu unterscheiden und isoliert zu artikulieren.

Bei der Aussprache von Silben lässt sich eine bestimmte „Klangabfolge" (Sonorität) feststellen: Der erste Sprachlaut verfügt über einen geringeren Klanganteil, dieser steigert sich bis zum Silbenkern und nimmt am Ende wieder ab (Weinrich und Zehner 2008, S. 8). Es bedeutet, dass wir die Silbenränder wegen ihres geringeren Klanganteils weniger gut wahrnehmen können als den Silbenkern. Einen Vokal an zweiter Stelle einer offenen Silbe sprechen wir „lang". Deshalb ist sein Klanganteil höher als der des davorstehenden Konsonanten: b**e**, c**e**, d**e**, g**e**, p**e**, t**e**, w**e**, h**a**, k**a**. Woran Schüler mit starken phonemischen Schwächen festhalten und was ihre Wahrnehmung offenbar besser erreicht, ist der Klang des Vokals. Umgekehrt dominiert beim Klang geschlossener Silben der Konsonant, wenn dieser an zweiter Stelle steht. Der davorstehende Vokal wird kurz gesprochen: e**f**, e**l**, e**m**, e**n**, e**r**, e**s**. Das verwirrt phonologisch unsichere Schüler noch mehr.

Schwierig wird es auch bei den Diphthongen, wenn zwei Vokale miteinander verschmelzen. Zuweilen beobachtete ich Grundschüler, wie sie ständig vor sich hin sprachen: „ei…ei…ei." Doch die Schreibung wollte ihnen nicht einfallen, der gordische Knoten löste sich nicht. Auch bei Mervin löste er sich nicht auf Anhieb.

3.1.3 Grenzfälle

Wann immer ich insbesondere Grundschullehrerinnen oder -lehrern über meine Erfahrungen mit Mervin und anderen massiv betroffenen Schülern berichtete, erntete ich oftmals ungläubiges Kopfschütteln: „Wir kennen derartige Fälle nicht, so etwas ist an unserer Schule unvorstellbar. Wir beschäftigen uns schon länger mit Wahrnehmungsstörungen. Wir benutzen Anlauttabellen, die Schüler lernen erst später das Alphabet, wenn sie lautieren können!" Diese Aussagen erfolgten immer mit der Einschränkung: „Aber wir wissen nicht, wie es andere Schulen oder Kollegen machen!" Einige ältere Lehrer und Lehrerinnen reagierten nachdenklicher. Manche erinnerten sich an den einen oder anderen Fall, dem sie Lesen und Schreiben nicht richtig vermitteln konnten, der sie an ihre Grenzen brachte. Diese Grenzfälle endeten ausnahmslos mit einer frühen Umschulung in „Förderschulen"; in vielen Bundesländern hießen sie früher „Sonderschulen" oder „Lernbehindertenschulen".

Auch ich betrachtete Mervin zu Beginn als Fall, der mir Grenzen zeigte und bei dem ich keine Prognose wagte. Was ihn vor der Umschulung in eine Förderschule bewahrt hatte, war zweifellos seine hohe Intelligenz. Dennoch kamen mir berechtigte Zweifel, ob ich fähig sein würde, ihm zu helfen. Obwohl er nicht mein erster Fall war, dem Lehrer mit üblichen Schulmethoden das Lesen und Schreiben nicht vermitteln konnten – ich hatte vorher bereits mit Kindern aus Sonderschulen gearbeitet –, war er kein Schulanfänger mehr, sondern lag in der Entwicklung der Schriftsprache bereits zweieinhalb Jahre zurück; die Rückstände auf seine Klassenkameraden waren erheblich.

Mervin kam aus einer bürgerlichen Familie, die auf Bildung und Ausbildung großen Wert legte. Dennoch wünschte am Anfang nur die Großmutter dringend Hilfe für ihren Enkel. Der Junge lehnte zu diesem Zeitpunkt das meiste ab, was sich annähernd mit Schule in Verbindung bringen ließ. Die Mutter war deshalb skeptisch, ob eine Therapie bei mir überhaupt funktionieren würde. Ich konnte nicht lediglich auf Bitten der Großmutter ein Kind annehmen und hielt es für wichtig, dass auch die Mutter dahinterstand.

Zum Vater hatte der Schüler seit frühester Kindheit wenig Kontakt und lebte bei der Mutter. Erst im Laufe der Therapie erfuhr ich, dass diese keine einfache Erkrankung hatte, sondern an starken psychosozialen Problemen litt. Mit Rücksicht auf die Familie möchte ich die Krankheit der Mutter nicht eingehender thematisieren. Als ich sie kennenlernte, erschien sie mir stabil. In der ersten, wichtigsten Zeit unserer gemeinsamen Arbeit zeigte sich, dass sie liebevoll und verständnisvoll mit ihrem Sohn umging. Bei häuslichen Übungen für das Lesen und Schreiben erwies sie sich als unverzichtbare Helferin. Dennoch belastete ihre Krankheit Mervin zusätzlich zu seinen Schulschwierigkeiten. Ihren gesundheitlichen Zustand während der Schwangerschaft und nach der Geburt bezeichnete die Mutter selbst als normal. Die Großmutter stellte dies jedoch infrage.

Inzwischen gilt als gesichert, dass schwere Erkrankungen, selbst starke Grippeinfekte, die Einnahme von Medikamenten, Drogen, Alkohol und Rauchen negative Einflüsse auf Ungeborene darstellen und Komplikationen während und nach der Geburt hervorrufen können. Auch Röntgen und radioaktive Bestrahlungen in der Schwangerschaft, sogar die Ablehnung des sich heranbildenden Fetus gehören zu diesen negativen Einflüssen. Ein während der Geburt auftretender Sauerstoffmangel kann beim Säugling neurobiologische Schädigungen der Hirnrinde verursachen und neben anderen Auswirkungen eine mehr oder weniger schwere Lese-Rechtschreibstörung zur Folge haben.

Dass ich den therapeutischen Unterricht mit Mervin dennoch übernahm, lag zum einen an dem Jungen selbst, der mich mit seiner wachen Intelligenz beeindruckte und in seiner Hilflosigkeit gleichzeitig berührte. Nach dem ersten Kennenlernen wollte er weitermachen, die Chemie zwischen uns stimmte. Zum anderen lag es an seiner Großmutter, die mir mit großer Offenheit begegnete. Sie war nach der Mutter die zweite wichtige Bezugsperson in Mervins Leben. Ihr war zusammen mit der Mutter ein gemeinsames Sorgerecht für den Enkel zugesprochen worden. Sie verhielt sich klug und blieb im Hintergrund. In Schulangelegenheiten und während des therapeutischen Unterrichts ließ sie der Mutter den Vortritt, um keine Konflikte aufkommen zu lassen.

Doch letztendlich war sie es, die Tochter und Enkel von der dringenden Notwendigkeit einer Therapie überzeugt hatte und deren beständiger Einsatz für ihre Familie mich immer wieder beeindruckte. Sicherlich war es nicht leicht für sie gewesen, zu mir zu kommen. „Ich habe einen Enkel, der häufig Rechtschreibfehler macht", geht einer Großmutter vermutlich leichter über die Lippen. Jedoch eingestehen zu müssen, dass der Enkel kaum oder gar nicht lesen und schreiben kann, verlangt wesentlich mehr Überwindung. Die Angst vor einer Bloßstellung nicht nur des betroffenen Kindes, sondern auch der Familie selbst, und damit verbunden die Angst vor gesellschaftlichen Vorurteilen oder negativen schulischen Konsequenzen ist nach wie vor riesig.

Zum damaligen Zeitpunkt wäre es Mervins Familie kaum in den Sinn gekommen, bei seinen Lehrern auf die hohe Intelligenz des Jungen zu verweisen. Die Frage, die sie umtrieb, war: „Warum lernt er es nicht wie andere?" – eine zentrale Frage, die sich auch andere Familien verzweifelt stellen. Ihre Beantwortung ist selbst nach umfangreichen medizinischen Diagnosen vielfach auf Vermutungen angewiesen. Es gibt immer mehrere Gründe für die auftretenden Probleme.

3.2 Phonologische Bewusstheit im engeren und weiteren Sinne

Gesprochene Sprache lernen junge Kinder spielerisch, die meisten Abläufe erfolgen im Kindesalter unbewusst. Eine phonologische Bewusstheit entwickelt sich erst allmählich im Sprachentwicklungsprozess und wird erkennbar, wenn Kinder im fünften oder sechsten Lebensjahr zunehmend in der Lage sind, Laute und Silben zu unterscheiden, Wörter und Sätze zu untergliedern, zu reimen. Wissenschaftler sprechen auch von der „metaphonologischen Bewusstheit"

(Tunmer und Bowey 1984). Sie beinhaltet die Fähigkeit, gesprochene Sprache – losgelöst von ihren Bedeutungszusammenhängen – zu betrachten und damit umgehen zu können (Jahn 2007). Mervin hatte ohne Schwierigkeiten sprechen gelernt. Er konnte Laute, Silben oder Wörter fehlerfrei artikulieren, aber er konnte Einzellaute in einer Silbe oder einem Wortganzen nicht identifizieren. Ebenso wenig war es ihm möglich, ein Wort in seine Silben zu untergliedern. Wir sprechen in diesem Zusammenhang auch vom „Fehlen einer phonologischen Bewusstheit im engeren Sinne" (Skowronek und Marx 1989).

Mervins Lese- und Schreibprobleme zeigten sehr deutlich ein Fehlen dieser spezifischen Bewusstheit. Für ihn gab es nur ganzheitliche Sprachklänge; einzelne Phoneme waren nicht existent. Auf kognitivem Weg war es ihm bis zum neunten Lebensjahr nicht möglich gewesen, Sprachlaute zu erfassen. Lesen wie auch Schreiben sind jedoch nur auf Basis einer klaren sensorischen Zuordnung von Sprachlauten und Buchstaben möglich. Nur damit sind die Voraussetzungen für eine kognitive Analyse oder Synthese der Buchstaben gegeben. Weil Mervin über diese Basisfähigkeiten nicht verfügte, glich sein Schreiben und Lesen im 3. Schuljahr dem eines funktionalen Analphabeten.

Wenn ein junges Kind oder ein Schüler normal sprechen gelernt hat und demnach zur physiologischen Lautbildung fähig ist, gehen wir nicht von phonetischen Störungen aus. Doch wie war es um Mervins phonetische Bewusstheit bestellt? War es ihm tatsächlich klar, dass sein Sprechapparat, wie zum Beispiel seine Lippen, Zunge, Zähne oder sein Gaumen, zur Bildung ganz bestimmter Konsonanten fähig war? Genau diesen Eindruck vermittelte er nicht! Es irritierte ihn am Anfang sogar, dass Buchstaben etwas mit einer besonderen Artikulation zu tun haben sollten. Nachdem ich dem Jungen die sprechmotorische Bildung des Plosivlautes /t/ und seine Schreibung als Buchstabe erklärt hatte, ohne ihm die Möglichkeit zum nachhaltigen Üben zu geben, fragte er zehn Minuten später: „Wie spricht man den Buchstaben noch mal?" Ohne spezifische Übungen zeigte er nur eine sehr kurzfristige, aber keine langfristige Merkfähigkeit für die genauere Sprechbildung bestimmter Buchstaben.

Auf eine stabile Weise merken kann sich unser Gedächtnis offenbar nur diejenigen Sachverhalte, die uns im Laufe unseres Lebens bewusst geworden sind. Ohne phonologische Bewusstheit ist eine grundlegende Merkfähigkeit für die präzise Bildung einzelner Sprachlaute nicht möglich oder sie wird erheblich beeinträchtigt. Die Folge ist eine mehr oder weniger starke Beeinträchtigung der Merkfähigkeit der den Lauten zugeordneten Buchstaben.

Ein weiteres phonetisches Problem hat sich nicht nur bei Mervin gezeigt, sondern ist auch bei anderen betroffenen Schülern hinreichend bekannt. Verschiedene Wissenschaftler, so auch die österreichische Professorin Karin Landerl, verweisen auf wichtige Fragen, die ich Mervin bei der Diagnose ihn ähnlicher Weise gestellt habe: „Wie sprichst du das Wort *Schal* aus, wenn du das /a:/ weglässt?" Solche Fragen irritieren Personen mit phonologischen Defiziten in hohem Maße. Obwohl die Schüler einzelne Konsonantenbuchstaben den Sprachlauten durchaus mehr oder weniger gut zuordnen können, fällt es ihnen beispielsweise schwer, ausschließlich Konsonanten – ohne einen dazwischen liegenden Vokal – zusammenzuschleifen, zu „koartikulieren".

3 Fehlende phonologische Bewusstheit

Sobald die gut wahrzunehmenden langen Vokale als tragende Klänge wegfallen, zeigen sich die Betroffenen kaum in der Lage, variabel mit ihrem Sprechapparat umzugehen. Obwohl sie ihre Sprechmotorik täglich gebrauchen, ist sie ihnen nur eingeschränkt bewusst. Dies deutet ebenso auf ein Fehlen der phonetischen Bewusstheit hin und ist meines Erachtens kein ausschließlich phonologisches Defizit. Dabei können wir zwar nicht davon ausgehen, dass die phonetische Bewusstheit gänzlich fehlt, aber sie scheint bei bestimmten Schülern zumindest instabil zu sein. Genauso wie bei jungen Kindern vordergründig phonologische Störungen auch phonetische Anteile haben können, kann ein Fehlen der phonologischen Bewusstheit im engeren Sinne auch einen mehr oder weniger starken phonetischen Charakter haben.

Wenn es um die langfristige phonologische Merkfähigkeit geht, spielt unser „phonologisches Arbeitsgedächtnis" eine wichtige Rolle. Bei Mervin schien es kaum entwickelt. Seine sprachliche Merkfähigkeit funktionierte vornehmlich über sein grammatikalisches oder semantisches Arbeitsgedächtnis, Sprachinhalte konnte er sich merken. Seine auditive Merkfähigkeit, die Sprachverarbeitung über das Gehör, schien ebenso intakt. Komplexe Satzgefüge konnte er auch dann noch fehlerfrei nachsprechen, wenn ich mich von ihm abwandte und diese flüsterte: „Tom freute sich über sein neues Fahrrad, das ihm seine Eltern an seinem Geburtstag in der letzten Woche geschenkt hatten." Forderte ich ihn jedoch auf, aus den Wörtern „Die-Leute-auf-Seite-gehender-falschen" einen sinnhaften Satz zu bilden, scheiterte er. „Die Leute gehen auf der falschen Seite", erschloss sich ihm nicht. Er hätte dafür die zunächst unzusammenhängenden

Wörter phonologisch abspeichern und anschließend den sinnvollen Satz bilden müssen; das überforderte ihn. Er war auch nicht in der Lage, sich eine Abfolge von Wörtern zu merken, die lediglich in der Lautung Ähnlichkeiten aufwiesen, inhaltlich jedoch nichts miteinander zu tun hatten, wie *mischen, fischen, wischen, waschen, naschen* oder *Satz, Katze, Fratze, Netz, Witz*. Er merkte sich allenfalls drei bis vier Wörter in der falschen Reihenfolge – es war für ihn einmal mehr „Kinderkram". Ebenso wenig merkte er sich kürzere oder längere „Pseudowörter", bestehend aus willkürlich zusammengefügten konsonantisch-vokalischen Silbenabfolgen, wie sie beispielsweise der Mottier-Test zum Inhalt hat: *kapeto, pikatura, katopinafe*. Es handelt sich dabei um einen Untertest des Zürcher Lesetests ZLT (Linder und Grissemann 1981/2007, S. 15).

Eine ähnlich schwerwiegende phonetisch-phonologische Problematik, wie sie Mervin aufwies, trifft vermutlich bei denjenigen Schülern oder Erwachsenen in hohem Maße zu, die an einer sehr starken Lese-Rechtschreibstörung leiden. Bereits in der Grundschule bereitet ihnen das Lesen- und Schreibenlernen größtmögliche Schwierigkeiten. Eine weitaus höhere Anzahl von Schülern und Schülerinnen haben derartige schwerwiegende Probleme nicht, obwohl ihre phonologische Bewusstheit ebenfalls eingeschränkt ist. Die Betroffenen haben längst nicht mit allen, sondern nur mit ganz spezifischen Sprachlauten Wahrnehmungs- und Unterscheidungsprobleme.

Durch die Verschmelzung mit anderen Phonemen im Wortklang werden nicht nur die meisten Konsonanten, sondern auch kurz gesprochene Vokale zu „Minimallauten", sie unterscheiden sich lediglich durch Klangnuancen, die gar nicht oder nur unzureichend bewusst werden. Ob die Wörter *Blatt, Platte, Preis, Brei* am Anfang mit dem Buchstaben B oder P geschrieben werden, können Schüler nur sicher entscheiden, wenn sie beide Anlautkonsonanten klar wahrnehmen und differenzieren können. Diese Lautunterscheidung wird durch eine unklare und verwaschene Spontansprache noch zusätzlich erschwert.

Vom „Fehlen einer phonologischen Bewusstheit im weiteren Sinne" sprechen wir, wenn es weniger um ein Bewusstsein für die eigene Sprechmotorik, sondern um die Wahrnehmung und Differenzierung größerer sprachlicher Einheiten geht. Das Fehlen oder vielmehr die Einschränkung einer solchen Bewusstheit lässt sich bei weitaus mehr rechtschreibschwachen Schülern feststellen. Diese Schüler weisen in der Regel keine phonetischen Defizite auf. Sie sind in der Lage, Laute und Buchstaben einander zuzuordnen. Aber es fällt ihnen schwer, die Phonotaktik zu erkennen, bestimmte Lautabfolgen in Silben und Wörtern genauer zu identifizieren, Wörter in Silben zu zerlegen oder einen Satz in seine Wörter zu segmentieren. Auch das Erkennen, Bilden oder Abspeichern von Reimen oder Reimwörtern bereitet Probleme (Skowronek und Marx 1989, Jahn 2007). Ein deutliches Beispiel einer derartigen Störung erlebte ich bei einem anderen Schüler, der ebenfalls im 3. Grundschuljahr zu mir kam.

3.2.1 Der Fall Florin

Florins Lese- und Schreibfähigkeiten hatten sich im Vergleich zu Mervins am Anfang besser entwickelt; der Rückstand auf seine Schulkameraden war weniger dramatisch.

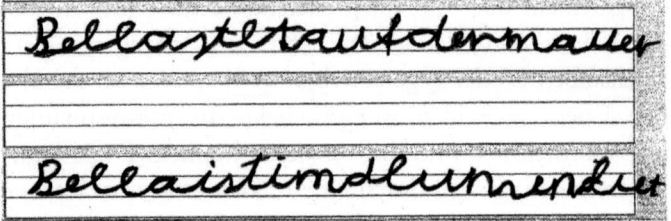

Abb. 3.3 Satzbildung bei Florin. Die Sätze lauten: Bello steht auf der Mauer. Bello ist im Blumenbeet. (Abdruck mit freundlicher Genehmigung)

Er war zur Lauterkennung und Buchstabenzuordnung fähig. Dennoch vollzog sich insbesondere das Schreiben in einer Weise, die für Eltern und Lehrer nicht nachvollziehbar war. Wenn er einen Satz schrieb, hängte er meistens die Satzglieder aneinander: „Ichgehe mitmeinemfreund indieschule." Oft hängte er sogar sämtliche Wörter eines Satzes aneinander, die Groß- und Kleinschreibung entfiel (Abb. 3.3).

Wie mir die Mutter darlegte, waren bereits im frühen Kindesalter visu-motorische Auffälligkeiten festgestellt worden; Florin hatte Probleme mit der Auge-Hand-Koordination. In der Grundschule zog er sich oft von anderen Kindern zurück, weil er sie als zu laut und aggressiv empfand. Er entwickelte Ängste und gab vor, sich wegen der Lautstärke der anderen im Unterricht nicht konzentrieren zu können. Starke Schreib- und Leseschwierigkeiten gaben letztendlich den Ausschlag, den Schüler von der Regelschule in eine Privatschule umzuschulen, wo er sich wohler fühlte. Auch der Vater habe während seiner Schulzeit eine Lese-Rechtschreibschwäche gehabt und frage noch heute, wie man dieses oder jenes Wort schreibe, wurde mir berichtet. Obwohl Florins Schwierigkeiten bei der Rechtschreibung auch auf phonologische Probleme hindeuteten, war man zunächst ausschließlich von visuellen Wahrnehmungsstörungen – von beeinträchtigter sensorischer Wahrnehmung und Verarbeitung über die Augen – ausgegangen. Er war deswegen in therapeutischer Behandlung gewesen.

Was bei Florin auffiel, war sein hastiges und undeutliches Sprechen. Es fiel mir schwer, seiner erhöhten Sprechgeschwindigkeit zu folgen. Wenn ich ihm Wortreihen, kurze Sätze und längere Satzgefüge vorsprach, hatte der Schüler beim Nachsprechen keine Probleme. Jedoch konnte er mir nicht mit Sicherheit sagen, wie viel Wörter ein von ihm nachgesprochener Satz enthielt. Bei nachgesprochenen Wörtern hatte er nur geringe Probleme, ähnlich klingende Sprachlaute zu differenzieren oder die Wörter in Silben zu zerlegen.

Als das Vorsprechen wegfiel, verstärkten sich seine Schwierigkeiten erheblich. Florin sollte eigene Sätze zu einer vorgelegten Bildergeschichte formulieren. Er begann: „Fritz ging am Sonntag mit Vater zum Fluss." Dieser Satz habe drei Wörter, befand er. Ähnliches geschah bei seinen weiteren eigenen Satzgebilden. Grammatikalisch machte er keine Fehler, aber über die Anzahl der Wörter war er sich völlig im Unklaren. Zwischendurch bildete er ein längeres Satzgefüge: „Als sie den Fisch ins Wasser zurückwarfen, kam ein großer Hecht angeschwommen." Der Schüler wollte den Satz danach schreiben und fragte mich: „Was habe ich noch mal gesagt, ich weiß es nicht mehr genau?" Gleichzeitig nahmen die Irritationen bei der Lautunterscheidung zu; er schrieb: *zurükwafen, groserhescht, angeschomen*. Als ich ihn bat, seine Fehlerwörter in Silben zu trennen, zu schwingen oder zu klatschen, war es ihm nicht möglich. Florin empfand weniger die gehörten Sätze, sondern seinen eigenen Satzbau als zusammenhängendes, nur schwer zu differenzierendes Klanggebilde. Er war nicht in der Lage, seine Sprache klar zu segmentieren und konnte sich auch die Wortabfolge nicht gut merken. Hierbei ging es weniger um Defizite bei der Fremdwahrnehmung, sondern bei der Eigenwahrnehmung von gesprochener Sprache.

Laien denken oftmals, diese Durchgliederungsschwierigkeiten seien allein grammatikalische Probleme oder ließen sich am besten durch analytische Grammatik beheben. Viele Schüler mit phonologischen Störungen schreiben befriedigende bis sehr gute Grammatikarbeiten. Sobald sie sich kognitiv – mit Erkenntnis, Wissen, logischem Denken – einer alleinigen grammatikalischen Analyse oder dem grammatikalischen Aufbau bestimmter Strukturen widmen können, tun sie dies problemlos. Sobald es um das eigene freie und spontane Schreiben geht und sie damit zwangsläufig auch auf ihr phonologisches Gedächtnis, ihre eigene phonologische Sprachbildung und -durchgliederung angewiesen sind, schreiben dieselben Schüler wiederum „ohne Punkt und Komma".

In der Vergangenheit sind wir bei auditiven Wahrnehmungsstörungen lediglich von einer gestörten Fremdwahrnehmung ausgegangen. Dabei wird von außen kommende gesprochene Sprache nicht störungsfrei wahrgenommen und/oder im Gehirn nicht richtig weiterverarbeitet. Bei der fehlenden phonologischen Bewusstheit spielt meines Erachtens – wie bei jungen Kindern mit phonologischen Störungen – auch die Eigenwahrnehmung eine wichtige Rolle. Dass es diese Unterschiede gibt, ist schon lange in der Logopädie bekannt und lässt sich bei bestimmten jüngeren Kindern diagnostisch nachweisen. Ich komme in nachfolgenden Kapiteln noch darauf zurück. Bei lese-rechtschreibschwachen Schülern sind diese Nachweise weniger eindeutig zu erbringen, viele Symptome weisen jedoch darauf hin.

Die gezeigten Fallbeispiele zeigen nur begrenzte Ausschnitte eines komplexen Störungsbildes. Dieses stellt sich keineswegs immer gleich, sondern bei verschiedenen Schülern in unterschiedlicher Weise dar. Dennoch gibt es Kernprobleme, die wir kennen und beseitigen müssen, wenn wir allen Schülern zu einem befriedigenden Schriftspracherwerb verhelfen wollen.

3.2.2 Exkurs: Visuelle Wahrnehmungsstörungen

Obwohl die Thematik des Buches im Schwerpunkt phonologischen Aspekten gewidmet ist, soll nicht darauf verzichtet werden, auch auf Störungen der visuellen Informationsverarbeitung einzugehen. Sie stand noch bis zu den achtziger Jahren im Mittelpunkt der Legasthenieforschung. Wissenschaftler arbeiten auch weiterhin daran und haben wichtige Erkenntnisse hinzugewonnen.

Demnach vollziehen legasthene Schüler wesentlich häufiger als andere Blicksprünge (Sakkaden) beim Lesen; nahezu 60 % haben Schwierigkeiten, ihren Blick beim Erfassen eines Textes präzise zu steuern. Es zeigt, dass von außen kommende visuelle Stimuli in Form von minimalen figürlichen Darstellungen, Buchstaben oder Wörtern nicht schnell genug und vor allem nicht störungsfrei von den Nervenzellen des Gehirns aufgenommen und weiterverarbeitet werden.

Früher war man sicher, typische Rechtschreibfehler für eine Legasthenie ohne Weiteres identifizieren zu können. Im Zentrum standen dabei sogenannte Inversionsfehler, wie *Bien* statt *Bein*, oder Reversionsfehler, wie *Laben* statt *Laden*. Diese Fehler können auf Schwächen bei der visuellen Wahrnehmung beruhen, ebenso können andere Ursachen dafür gelten. Auf welcher Seite ist der Strich und wohin geht der Bauch des Buchstabens, ist die Frage. Einzelne Schüler haben diese Zuordnungsprobleme und oftmals sind sie mit einer sogenannten „Raumlagelabilität", einem Defizit der eigenen Körperwahrnehmung, verbunden. So können oder konnten diese Kinder oder Jugendlichen rechts oder links am eigenen Körper nur schwer unterscheiden und sind vermutlich deshalb auch nicht fähig, die Strichlage bei Buchstaben klar nachzuvollziehen.

Zudem haben sie Probleme mit der Bestimmung der Uhrzeit, wenn eine Uhr Zeiger aufweist, die rechts oder links, oben oder unten stehen. Schwierigkeiten macht ihnen in diesem Zusammenhang auch das Umsetzen von Richtungen und einzuschlagenden Wegen aufgrund von Landkarten. Wie Untersuchungen beweisen, haben dieselben Personen jedoch keine Probleme, sich großräumig zurechtzufinden. Sie wissen oftmals besser als andere, welchen Rückweg sie in einer Großstadt einschlagen müssen, um zu einem Ausgangspunkt zu gelangen.

Heutzutage können wir ein weitaus breiteres Fehlerspektrum einer Lese-Rechtschreibstörung zuordnen. Ähnliche Fehler können auf Konzentrationsschwächen wie auch auf anderen Problemen basieren, was die Abklärung einer Legasthenie nicht einfacher macht. Es gibt keine legasthenietypischen Fehler, befindet die Wissenschaft. Außerdem kennen wir – mit Ausnahme von Lautscreenings für Vorschulkinder – noch keine standardisierten Testverfahren für die Schule, welche das Fehlen der phonologischen Bewusstheit gezielt ermitteln können. Nachweisbar ist jedoch, dass 60 % bis 80 % der Schüler mit einer Rechtschreibstörung lautsprachliche Entwicklungsprobleme hatten. Demzufolge gehen Wissenschaftler bei nahezu 80 % der legasthenen Schüler von einem Fehlen der phonologischen Bewusstheit aus. Bei einer wesentlich geringeren Zahl, etwa 5 % bis 10 %, werden visuelle Wahrnehmungs- und Verarbeitungsstörungen angenommen, die wir ebenso berücksichtigen müssen (Grimm 2011). Darüber hinaus können phonologische Störungen visuelle Probleme nach sich ziehen und umgekehrt. Andererseits können stabile visuelle Wahrnehmungsfunktionen helfen, phonologische Defizite zu kompensieren, oder umgekehrt.

Beim Lesen sind wir neben anderen komplexen Sinneswahrnehmungen und -verarbeitungen darauf angewiesen, in Bruchteilen von Sekunden Wörter und Sätze visuell zu segmentieren. Dabei werden anscheinend unterschiedliche Hirnareale, die „Lesenetzwerke" unseres Gehirns, aktiviert, wie Neurowissenschaftler festgestellt haben. Unabhängig davon, ob wir lesen oder schreiben, geht neben anderen wichtigen sensorischen Prozessen, wie zum Beispiel der semantischen Decodierung, die visuelle Wahrnehmung mit der phonologischen Sprachverarbeitung einher. Sie geschehen gleichzeitig und bedingen sich gegenseitig; die einen sind ohne die anderen nicht denkbar.

Ein Schüler, der einen Text laut lesen soll, muss über die Augen in Bruchteilen von Sekunden ein Wortbild und damit auch die Reihenfolge der Buchstaben oder Silben von Wörtern klar und deutlich identifizieren können. Erst wenn er dazu in der Lage ist, kann er die Wörter phonologisch und semantisch entschlüsseln und sie laut lesen. Ist eine Teilleistung wie die visuelle Wahrnehmung gestört, kann dies den Leseprozess erheblich verzögern. Das Gleiche geschieht, wenn der Lesende über keine stabile phonologische Bewusstheit verfügt, wenn es ihm nicht gelingt, in Bruchteilen von Sekunden Buchstaben phonemisch zu identifizieren und damit den Silben und Wörtern ihre Sprachklänge zuzuordnen.

Bei Diktaten oder beim freien Schreiben erfolgt der umgekehrte Weg. Wenn es funktionieren soll, müssen Schüler wiederum in Bruchteilen von Sekunden Wörter phonologisch segmentieren, um die entsprechenden Buchstaben, Silben und Wortbilder visuell zuordnen zu können. Das setzt nicht nur phonologische, sondern auch visuelle und orthografische Stabilität neben anderen Hirnleistungsprozessen voraus.

Sie könne die Schwierigkeiten ihres Kindes nicht ganz begreifen, erklärte mir Florins Mutter, denn bei ihr funktioniere Schreiben weniger phonologisch. Sie habe eine ganz klare Vorstellung, wie ein Wort aussehen müsse. Wenn sie unsicher sei, müsse sie es zuerst aufschreiben, dann könne sie entscheiden, ob es richtig oder falsch sei. Was sie ansprach, nennen wir das „kognitive Schreiben und Lesen", Endziel eines jeden schriftsprachlichen Lernprozesses. Wenn wir ein Wort schreiben wollen, signalisiert uns das visuelle Gedächtnis eine innere Vorstellung vom Wortbild. Dafür konnte unser Gehirn im Laufe unseres schulischen und außerschulischen Lebens einen „Wortbildspeicher" anlegen. Dieser gibt uns ein Feedback, ob wir ein Wort genau so oder anders gespeichert haben; danach empfinden wir es als richtig oder falsch.

Sie hätte schwören können, dass *Erger* (Ärger) genau so und nicht anders geschrieben würde, befand eine Schülerin im 8. Schuljahr. Ein anderer Schüler beharrte darauf, im Duden das Wort *Fernsehn* nachzuschlagen, welches sein Lehrer angestrichen hatte. Ein fehlendes „e" kam ihm höchst unwahrscheinlich vor. Die Schüler hatten aufgrund ihrer phonologischen Schwächen die Wörter immer wieder falsch geschrieben. Ihr visuelles Gedächtnis hatte diese Schreibungen so gespeichert und ihnen bisher kein korrektes Feedback geben können. Es sind Beispiele, welche die Komplexität von Schriftsprachprozessen deutlich machen und zeigen, wie wichtig ein von Anfang an korrektes Schreiben für die Stabilisierung von Wahrnehmungsprozessen ist. Phonologische Wahrnehmungs- und Gedächtnisprozesse sollten im Erwachsenenalter bei der Schriftsprache von untergeordneter Bedeutung und längst automatisiert sein. Dennoch behalten sie einen großen negativen Einfluss auf das Lesen und Schreiben derjenigen Menschen, welchen es nicht gelungen ist, im Kindesalter diese Basisprozesse auf stabile Weise zu erwerben oder sie später im Schulalter anzubahnen und zu festigen.

Wir können mit hoher Sicherheit davon ausgehen, dass in vielen Familien eine erblich bedingte Disposition für diese Defizite ursächlich ist. Andererseits können auch zahlreiche andere Faktoren im Laufe der kindlichen Sprachentwicklung negativen Einfluss nehmen. Bevor ich mich der

Frage widme, was man dagegen tun kann und wie den Betroffenen zu helfen ist, erscheint es mir wichtig, einige dieser Einflüsse im Sprachentwicklungsprozess aufzuzeigen. In diesem Zusammenhang stellt sich zunächst die Frage nach der Basis für das Zustandekommen einer stabilen phonologischen Bewusstheit bei jungen Kindern.

4
Frühkindliche Sprachentwicklung

Auf welche Weise sich der Spracherwerb vollzieht, beschäftigt schon lange Zeit Sprachforscher, Mediziner und Psychologen, aber auch Wissenschaftler anderer Fakultäten und hat in den letzten Jahrzehnten unterschiedliche Theorien hervorgebracht. Zwei theoretische Grundannahmen stehen sich gegenüber: Vertreter der „nativistischen Theorie" betrachten das Sprachvermögen als angeboren. Sie gehen davon aus, dass unsere Gene bereits den Bauplan der grammatischen Strukturen unserer Sprache enthalten, die sich naturgegeben mit dem wachsenden menschlichen Organismus entwickelt. Lernen und Umwelteinflüsse spielen eine untergeordnete Rolle. Vertreter der „epigenetischen Theorie" bewerten dagegen den Spracherwerb als eine aufeinander aufbauende und fortschreitende Entwicklung innerhalb des Organismus. Sie gehen davon aus, dass die Sprachentwicklung aufgrund des Zusammenwirkens von genetischer Veranlagung und Umwelteinflüssen erfolgt. Das Lernen, die Interaktion mit der Umwelt und die neuronale Sprachverarbeitung im Gehirn sind von großer Bedeutung (Szagun 2010, S. 267). Bisher konnten angeborene grammatische Strukturen nicht nachgewiesen werden; immer deutlicher wurde jedoch, dass sich die Sprache des jungen Kindes mit der neuronalen Ausreifung des Gehirns in der Interaktion mit der Umwelt entwickelt.

Unser Gehirn verfügt über geschätzte 100 Milliarden Nervenzellen und mehr. Sie nehmen unterschiedlichste Informationen auf und verarbeiten sie weiter. Sogenannte Synapsen bilden die Kontakte zwischen den Nervenzellen. Zugleich sorgen zentrale Schaltstellen dafür, dass vielfältige Wahrnehmungen aufgenommen und verarbeitet werden können. In diesem Zusammenhang gilt der Schläfen- und Stirnlappen im Bereich der bei den meisten Menschen dominanten linken Hirnhälfte als vorrangiges Zentrum für die Wahrnehmung, Verarbeitung und Produktion der gesprochenen und geschriebenen Sprache. Dabei gehen wir von zwei Kernzentren aus, die beide nach ihren Entdeckern benannt sind: Das „Broca-Zentrum" liegt im oberen Schläfenbereich unter der Stirnwindung und gilt als Koordinator für die Sprachproduktion. Das „Wernicke-Zentrum" ist für das Sprachverständnis zuständig. Es liegt ungefähr über dem linken Ohrbereich (Abb. 4.1).

Vieles, was in der Hirnforschung der Vergangenheit Gültigkeit besaß, konnten Neurowissenschaftler durch neue Einsichten besser bestimmen und weiterentwickeln. So stellten sich bestehende Annahmen über die Lage des Wernicke-Zentrums als ungenau heraus und mussten korrigiert werden. Dabei offenbarten die neuen bildgebenden Verfahren der Positronen-Emissions-Tomografie PET und Magnetresonanztomografie MRT den Forschern, dass die Sprachzentren zwar in ihren Kerngebieten die Hauptfunktionen übernehmen, aber nicht allein aktiv werden. Sie bilden mit anderen Hirnarealen komplexe Netzwerke. Neue Aspekte, die über Hirnaktivitäten beim Lesen her-

4 Frühkindliche Sprachentwicklung

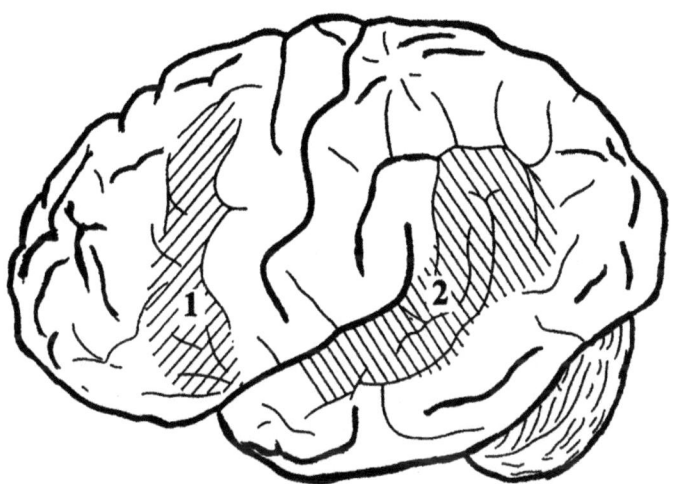

Abb. 4.1 Sprachzentren des Gehirns. Die Abbildung zeigt eine Ansicht auf die linke Hirnhälfte mit den Sprachzentren: 1=Broca-Zentrum, 2=Wernicke-Zentrum. (Abdruck mit freundlicher Genehmigung)

ausgefunden wurden, gelten auch für das Schreiben oder Sprechen: Wir können davon ausgehen, dass die Hirntätigkeiten weitläufiger sind als ursprünglich angenommen und sich bei Kindern, Jugendlichen und Erwachsenen – bei Legasthenikern oder schriftsprachlich stabilen Menschen – in unterschiedlicher Weise darstellen.

Der Sprachentwicklungsprozess ist ein hochkomplexes Geschehen und verläuft bei einzelnen Kindern ganz individuell. Grundsätzlich ist nicht anzunehmen, dass sich bei jedem Baby die Sprache gleich entwickelt. Nicht alle Kinder sprechen dieselben Wörter zur selben Zeit. Trotzdem kennen wir bestimmte Gesetzmäßigkeiten, nach denen sich der Spracherwerb vollzieht.

Zum phonetisch-phonologischen Sprachlauterwerb existieren ebenso unterschiedliche Theorien wie zur Sprachentwicklung insgesamt (Romonath 1991). Dabei hat sich in den letzten Jahrzehnten ein Wandel in der wissenschaftlichen Betrachtung vollzogen. Vor noch nicht allzu langer Zeit spielte die Phonetik und damit physiologische und lerntheoretische Erklärungen eine führende Rolle. Im Fokus stand die Bildung und Veränderung einzelner Sprachlaute, die mit der sprechmotorischen Entwicklung von Kindern einhergehen. So ging man davon aus, dass Babys die Sprachlaute ihrer Muttersprache erwerben, indem sie über auditive Prozesse ihre eigenen Laute an die der Umgebung angleichen. Dies ist inzwischen von untergeordneter Bedeutung.

Die sprechmotorische Lautbildung ist neben anderen Gesetzmäßigkeiten der Sprachentwicklung immer noch von großer Wichtigkeit, aber jetzt stehen kognitive Prozesse im Vordergrund, vornehmlich das Erkennen distinktiver Merkmale von Sprachlauten im Wortganzen. Inzwischen folgt man – wie auch in anderen Bereichen des Lernens – einer eher ganzheitlichen Betrachtungsweise des Sprachlauterwerbs. Im Mittelpunkt steht dabei der Erwerb unterschiedlicher phonologischer Sprachstrukturen im Interaktionsprozess mit der Umwelt (Jahn 2007).

4.1 Gelungener Spracherwerb

Prof. Gisela Szagun, eine der renommiertesten deutschen Spracherwerbsforscherinnen, hat wesentliche Erkenntnisse der Forschung zusammengestellt, bei denen es um die differenzierte Wahrnehmung von gesprochener Sprache und anderen umgebenden Lauten geht. Sie schreibt:

> „Babys sind von Geburt an in der Lage, sprachliche von nicht-sprachlichen Lauten zu unterscheiden. (…) Babys bevorzugen von Geburt an menschliche Stimmen und sprachliche Laute gegenüber anderen Geräuschen. (…) Neugeborene erkennen bereits die spezifischen melodischen, rhythmischen (…) Betonungsmuster ihrer Muttersprache. Eine plausible Erklärung dafür ist, dass prosodische Muster der Muttersprache pränatal gelernt werden." (Szagun 2010, S. 35 ff.)

Die Muttersprache ist somit im besten Sinne des Wortes der vorherrschende Reiz, den bereits Feten im Mutterleib verstärkt wahrnehmen. Sie wird auch fortan in der frühkindlichen Entwicklung vor anderen auditiven Fremdquellen bevorzugt, lange bevor der eigene Sprachgebrauch des Kleinkindes einsetzt. Gebunden ist diese Sprachwahrnehmung an die zwischenmenschliche Interaktion mit engen Bezugspersonen.

Wenn ein Baby schreit, nimmt es der Vater oder die Mutter auf den Arm, beruhigt es oder stillt seinen Hunger. Im Schreien und Lächeln sehen Sprachwissenschaftler die ersten Signalverhalten des Kleinkindes für zwischenmenschliche Kommunikation. Es drückt damit sein Bedürfnis nach Nähe zu anderen Menschen aus. Bezugspersonen wenden sich ihm zu, reagieren mit Bewegungen oder Gesten und sprechen mit ihm. Nach Szagun ist es

„oft ein Sprechen in einer bestimmten Modulation und Sprachmelodie. (…) So sprechen Erwachsene in einer niedrigen Stimmlage und in legato Tönen, wenn sie ein Baby beruhigen, dagegen in abrupten staccato Tönen, wenn sie warnen bzw. Verbote aussprechen. (…) Mütter wie Väter modifizieren ihre Sprachmelodie, im Vergleich dazu, wenn sie mit Erwachsenen sprechen, (…) machen längere Pausen und segmentieren die Wörter klar. Insgesamt ist die Sprechgeschwindigkeit langsamer als die Sprache, die an Erwachsene gerichtet ist" (Szagun 2010, S. 35 f.).

Eltern und andere Bezugspersonen sprechen somit instinktiv langsamer, weicher und melodischer mit Babys. Sie erhöhen die Tonlage und werden abrupter, wenn es um Verbote geht. Offenbar sind es genau diese ersten „prosodischen Muster", der Wechsel von Betonung, Rhythmus und Sprachmelodie, welche junge Babys zunächst wahrnehmen und unterscheiden lernen. Darüber hinaus sind Säuglinge Meister darin, Lautnuancen zu erkennen. Durch Messung der Saugrate sowie des längeren oder kürzeren Hinhörens stellten Forscher fest, dass Babys in der ersten Hälfte des ersten Lebensjahres Vokale und Konsonanten weitaus differenzierter unterscheiden können als Erwachsene. Diese können lediglich zwei Kategorien wahrnehmen, zum Beispiel stimmhafte und stimmlose Konsonanten, wie bei den Explosivlauten /d/ oder /t/, /b/ oder /p/.

Szagun berichtet über eine frühe Studie, in der Säuglingen die Silben *ba* und *pa* vorgesprochen wurden. Die Forscher variierten dieses Vorsprechen und gingen nur allmählich von *ba* zu *pa* über. Es zeigte sich, dass die Babys bereits geringfügige Veränderungen hinsichtlich Dauer und

Intensität der Stimmbandvibration oder Lippenöffnung – die sich in Millisekunden abspielten – über das Gehör wahrnahmen. Nach Szagun verfügen Säuglinge im Gegensatz zu Erwachsenen über eine „kategoriale" Wahrnehmung von Sprachlauten. Diese ist „universell"! Das bedeutet: Sie ist nicht an die eigene Muttersprache gebunden, sondern schließt alle anderen Sprachen mit ein, die um den Globus existieren (Szagun 2010, S. 43 f.).

4.1.1 Erste und zweite Lallphase

Ihr erstaunliches Hörvermögen ermöglicht es Säuglingen, ein breites Spektrum unterschiedlichster Laute wahrzunehmen. Dabei sind sie nicht nur in der Lage, sprachliche von nicht-sprachlichen Lauten über den Gehörsinn zu unterscheiden, sondern Sprachlaute ebenso universell selbst zu produzieren. Dies geschieht in der Regel ab dem zweiten Lebensmonat, also wesentlich früher, als sie beginnen, zusammenhängende Wörter oder Sätze zu sprechen. Sprachwissenschaftler nennen diesen Zeitabschnitt des Spracherwerbs „erste Lallphase". Zahlreiche Untersuchungen konstatieren jungen Säuglingen eine „lustbetonte Lautproduktion" – Babys aller Nationen produzieren eine Vielfalt von „Urlauten".

Diese Lautproduktion ist noch undifferenziert. Säuglinge jauchzen, knurren, krächzen, gurgeln oder brummen. Manchmal wiederholen sie ungewöhnliche Lautkontraste über einen begrenzten Zeitraum oder krähen, schnalzen und schmatzen abwechselnd. Ihr Lallpotential scheint unerschöpflich. Sämtliche physiologischen Artikulationsmechanismen kommen zum Einsatz. Am Anfang sind es die unkoordinierten Bewegungen der Ärmchen oder Beinchen beim Strampeln, auf deren Basis sich das spätere bewusste Bewegen entwickelt. Durch sein frühes Lallen legt das Kind genauso unbewusst und spielerisch die Grundlagen für seine spätere bewusste Artikulation. Dabei erweisen sich Kleinkinder bereits in der ersten Hälfte des ersten Lebensjahres als Meister der vielfältigen Wahrnehmung und Produktion von Sprachlauten.

In der zweiten Hälfte des ersten Lebensjahres verringert sich die universelle Lautproduktion. Die Sensibilität zur Unterscheidung fremder Lautkontraste, die in der eigenen Muttersprache nicht vorkommen, nimmt ab. Der Säugling beginnt sich zunehmend an den Lautkontrasten der eigenen Muttersprache zu orientieren. Wissenschaftler bezeichnen diese Phase des Spracherwerbs auch als zweite Lallphase, in der Babys sowohl auf Sprachlaute als auch auf Betonung, Melodie und Rhythmus der sie umgebenden Muttersprache reagieren und offenbar die Wörter bevorzugen, die sie am häufigsten hören. Szagun schreibt:

> „In der gleichen Altersspanne erkennen Babys Wörter ihrer Muttersprache in Isolation, aber auch in fortlaufender Rede. Sie reagieren dabei auf phonetische und phonotaktische Muster der Zielsprache. Häufige Muster bevorzugen sie gegenüber weniger häufigen. (…) Babys erkennen Wörter auch anhand der Betonungsmuster der Zielsprache." (Szagun 2010, S. 57)

Bei der Wiedererkennung, aber auch bei der Sprachproduktion scheinen zunächst die Betonungsmuster von Silben eine vorherrschende Rolle zu spielen. Man geht davon aus, dass Säuglinge den Silben der eigenen Muttersprache bevorzugt Aufmerksamkeit schenken und lernen, sie im sprachlichen Kontext als Einheiten wahrzunehmen. So wurde in wissenschaftlichen Experimenten belegt, dass neun Monate alte Babys, die mit der niederländischen Sprache aufwuchsen, vorgesprochenen Silben mehr Aufmerksamkeit und längeres Gehör schenkten, wenn sie ihrer Muttersprache entstammten. Die Aufmerksamkeit ließ nach, wenn es sich um Silben aus anderen Sprachen handelte (Szagun 2010).

Auch in der eigenen Sprachproduktion des jungen Babys dominieren inzwischen Silben. In sogenannten „Lallmonologen" bringt es seine Sprachlust zum Ausdruck. Es handelt sich dabei um Silbenverdopplungen, wie *dada* oder *baba*. Daraus werden die ersten Wörter abgeleitet, die eine ähnliche Silbenstruktur besitzen – die Konsonant-Vokal-Folge wird beibehalten: *Papa*, *Mama*. Der Zeitpunkt, mit dem Kinder beginnen, ihre ersten Wörter zu sprechen, variiert. Manche sprechen sie bereits mit acht oder neun Monaten, andere erst mit eineinhalb oder zwei Jahren. Diese individuelle Sprachentwicklung gilt als normal (Szagun 2010).

4.1.2 Die Phase der ersten 50 Wörter

Mit dem zweiten Lebensjahr folgt im Anschluss an die zweite Lallperiode übergangslos eine Phase, in welcher das Kind beginnt, seine ersten 50 Wörter zu sprechen. „Lallmonologe" spielen immer noch eine Rolle und Sprachlaute werden noch sehr instabil verwendet.

In der zweiten Lallphase haben sich neben dem Hören und Fühlen auch andere Sinneseindrücke weiterentwickelt.

Mit dem Sprechen der ersten Wörter beginnt das Kind, die phonetischen und phonologischen Strukturen seiner Muttersprache anzuwenden. Es ist immer mehr in der Lage, Sprachlaute und Silben unterschiedlich einzusetzen und die Bedeutung seiner Wörter zu begreifen. Der kognitive Spracherwerb setzt ein. Doch genauso wichtig ist in dieser Zeit das Erkennen phonotaktischer Satzstrukturen, zum Beispiel die Wahrnehmung von einzelnen Wörtern in ganzen Satzgebilden. Szagun erklärt:

„Als Sprecher einer Sprache haben wir den Eindruck, dass einzelne Wörter klar voneinander getrennt sind. (...) Eine Spektogrammanalyse gesprochener Sprache offenbart allerdings, dass einzelne Wörter oft nicht so klar getrennt voneinander gesprochen werden. Häufig machen wir keine Pausen zwischen einzelnen Wörtern, oder wir machen eine Pause in einem Wort. Dass Wörter beim Sprechen oft ineinander übergehen, wird uns vielleicht deutlich, wenn wir (...) eine Fremdsprache hören, die wir entweder gar nicht oder nicht sehr gut kennen. Dabei fällt es uns schon schwerer zu erkennen, wo die Grenzen zwischen den einzelnen Wörtern sind. In einer ähnlichen Lage befinden sich prälinguistische Kinder. Sie hören um sich herum sprechen. Aber woher wissen sie, was ein Wort ist und was nicht?" (Szagun 2010, S. 50)

Dabei scheint es einmal mehr von Bedeutung zu sein, wie junge Kinder gesprochene Sprache in ihrer Umgebung erleben, in welcher Weise sich Bezugspersonen ihnen zuwenden und wie langsam und deutlich sie mit ihnen sprechen.

Auch bei der Herausbildung grammatikalischer Strukturen spielen prosodische Merkmale und phonotaktische Regelhaftigkeiten neben anderen kognitiven Gesichtspunkten und komplexen Sinneswahrnehmungen eine Rolle. So senken wir beispielsweise die Stimme, wenn wir einen Aussagesatz beenden, oder wir heben sie am Ende eines Fragesatzes. Mit dem Heben und Senken der Stimme, mit Sprechpausen und unterschiedlicher Betonung kennzeichnen wir auch größere syntaktische Einheiten, einzelne Satzglieder und verschiedene Satzarten. Szagun bezeichnet den Grammatikerwerb als

„eine der erstaunlichsten Errungenschaften, die kleine Kinder bewerkstelligen. Innerhalb von zweieinhalb Jahren, im Alter von ca. eineinhalb bis vier Jahren erwerben die meisten Kinder die Grammatik ihrer Muttersprache fast vollständig. Und sie tun das mühelos und ohne irgendeine Instruktion. (...) Ganz anders ist das, wenn wir als Erwachsene eine Fremdsprache lernen. Wir machen uns die Regeln der Grammatik bewusst und wir brauchen wesentlich länger, sie zu lernen." (Szagun 2010, S. 59)

Inzwischen wissen wir, dass es durch das Voranschreiten der Hirnreifungsprozesse insbesondere im dritten und vierten Lebensjahr Kindern mit Leichtigkeit gelingt, ihre Sprache weiterzuentwickeln; das sprachliche Lernen erreicht einen Höhepunkt. Hirnforscher bezeichnen die Hirnaktivitäten während dieser Zeit als „Feuerwerk der Synapsen". Junge Kinder können sich ebenso die Phonologie und Grammatik fremder Sprachen spielerisch und ohne Mühe aneignen. All dies tun sie nicht bewusst. Was wir unter phonologischer Bewusstheit verstehen, ist ihnen in diesem Alter noch fremd.

Fazit: Dennoch sind die Grundlagen dafür gelegt. Bereits im frühesten Kindesalter, in der ersten Lallphase, lautieren und variieren Babys Sprachlaute und Silben universell. Im Vordergrund stehen sowohl die Herausbildung einer stabilen sprechmotorischen Koordination als auch die Stabilisierung und Entwicklung der Höreindrücke. Deshalb kommt nicht nur der auditiven, sondern auch der gleichzeitigen taktil-kinästhetischen Wahrnehmung, dem Erfühlen des unbewussten Zusammenspiels von Lippen, Zunge, Gaumen, eine führende Rolle zu.

Erst wenn die physiologische Bildung der Sprachlaute erfolgt ist, lernen Babys, Phoneme zunächst in Silben oder Silbenverdopplungen anzuwenden. Durch die Zuwendung und die Interaktion mit den Bezugspersonen entwickeln sich daraus spielerisch die ersten 50 Wörter. Wer immer Säuglinge in diesem Zeitraum beobachten kann, wird feststellen, dass die Lust an der eigenen Lautgebung ungebrochen ist. Babys brabbeln vor sich hin, wenn sie sich wohlfühlen, auch wenn niemand im Raum ist. Sie brabbeln beim Spielen, ohne dass sie dazu angeleitet werden. Damit stabilisieren sie spielerisch wichtige Hirnfunktionen und Wahrnehmungsprozesse.

Vermutlich sind es bereits diese sehr frühen Aspekte der ersten Sprachwahrnehmung und Verarbeitung, die bei jungen Kindern mit Wahrnehmungsstörungen nicht uneingeschränkt funktionieren. Wie bereits erwähnt, ist davon auszugehen, dass – beginnend mit den ersten Wochen der Sprachentwicklung – ungünstige genetische Dispositionen, Krankheiten, Hörstörungen, mangelnde Zuwendung der Bezugspersonen, aber auch schlechte Umweltbedingungen negativen Einfluss auf die Sprachaktivitäten und -verarbeitung des Kindes nehmen können. Damit fehlen dem Gehirn später wichtige Grundlagen, die für die Herausbildung der phonologischen Bewusstheit erforderlich sind. Obwohl es betroffenen Schülern wie allen anderen gelingt, ihre Sprache weiterzuentwickeln, können sie nur mit Mühe gesprochene Silben und Wörter in Sprachlaute zerlegen, die Lautabfolge erkennen oder Nuancen ähnlich klingender Laute unterscheiden.

Darüber hinaus wird deutlich, dass die Produktion einzelner Sprachlaute nur über einen sehr kurzen Zeitraum erfolgt. Betrachtet man die phonologischen Prozesse insgesamt, ist die erste Lallphase eher von untergeordneter Bedeutung und weist noch keine Systematik beim Sprachlauterwerb auf. Wichtige phonologische Prozesse schließen sich an, bei denen die Bildung größerer Klangeinheiten in den Vordergrund tritt: Sehr schnell bilden Säuglinge Lautkontraste, die sich in Silbenklängen manifestieren und über einen längeren Zeitraum produziert werden. Silben und Silbenverdopplungen gehen beim Sprachentwicklungsprozess den sinnhaften Wörtern und Sätzen voraus. Damit kommt den Silben von Anfang an eine große Bedeutung zu. Sie eröffnen sich Babys zuerst und bestimmen die Grundstrukturen unserer Sprache nachhaltig. Einzelne Phoneme spielen eine wichtige, aber in den Sprachklängen eher untergeordnete Rolle. So gesehen ist nachvollziehbar, dass ihre Bildung und ihr Klang gar nicht oder weniger stark bewusst werden. Doch warum fehlt diese Bewusstheit später nur den einen und den anderen ist sie stets präsent?

Von mangelnder Sprachbegabung können wir dabei grundsätzlich nicht ausgehen. Mervin verfügte beispielsweise über einen besseren Wortschatz, bessere Grammatik und damit über bessere sprachliche Ausdrucksmöglichkeiten als seine Altersgenossen. Wenn es jedoch um die Merkfähigkeit oder die Nachahmung von Sprachklängen ging, zeigte sich auch beim Englischlernen, dass ihm für die spezifische Phonologie die Begabung fehlte. Es fiel ihm schwer, die fremde Aussprache und Betonung in die eigene Artikulation zu übernehmen; viele Wörter erwiesen sich zu Beginn als „Zungenbrecher".

Menschen, die in umgekehrter Weise phonologisch begabt sind, verfügen nicht nur über ein sehr feines Gehör und eine stabile auditive Sprachverarbeitung, sondern auch über eine sehr gute Artikulationsvariabilität. Besondere Begabungen auf diesem Gebiet zeigen beispielsweise Stimmenimitatoren, Reimtexter oder alle, denen es leicht fällt, lange und komplizierte Wortstrukturen problemlos auszusprechen oder die spezifischen Aussprachen und Betonungen von Fremdsprachen ohne Mühe zu übernehmen. Es sind phonetisch-phonologische Begabungen, die neben anderen das Lernen fremder Sprachen erheblich erleichtern.

Das bedeutet jedoch nicht zwangsläufig, dass genau diese Menschen auch im Wortschatz und grammatikalischen Sprachgebrauch den anderen überlegen sind, sich inhaltliche Bedeutungen und sprachliche Zusammenhänge besser merken und darstellen können. Diese komplexen Sachverhalte der Sprachentwicklung basieren auf unterschiedlichen Variablen von Intelligenz und sind offenbar in der Lage, phonologische Defizite beim Spracherwerb zu kompensieren. Nicht kompensieren können sie das Fehlen der phonologischen Bewusstheit beim Lesen und Schreiben.

Luca

Während der Vorbereitung des Buches besuchte ich eine junge Grundschullehrerin zu einem informativen Gespräch. Kurz vor Ende unserer Besprechung erwachte ihr eineinhalbjähriges Kind aus dem Mittagsschlaf. Sie nahm den weinerlichen, noch schläfrigen Jungen auf ihre Arme. Da Luca scheinbar noch müde an der Brust der Mutter weiter vor sich hindöste, setzten wir unser Gespräch fort.

Allmählich wurde der Junge wacher und beobachtete mich neugierig. Sein kleines Stoffmännchen glitt ihm dabei zwei- oder dreimal aus der Hand und fiel auf den Boden. Während ich das Männchen aufhob, wandte ich mich ihm kurz zu und wir unterbrachen unser Gespräch. Daraufhin passierte etwas sehr Interessantes: Das Kind behielt mich weiter im Auge, warf plötzlich das Männchen auf den Boden und sagte: „O weh!" Luca hatte gelernt, dass er durch das Hinwerfen des Männchens unser Gespräch unterbrechen konnte, und signalisiert: Ich bin jetzt wach und möchte mitreden!

Junge Kinder lieben es, besonders im ersten Lebensjahr während ihrer Krabbelphase, die sie umgebenden Dinge anzufassen und auf den Boden zu werfen oder einfach nur umzustoßen. Diese für Eltern scheinbar destruktive Phase ist für die frühkindliche Entwicklung sehr wichtig. Sie trainiert nicht nur das erste Greifen und Erfahrungen mit der Schwerkraft, sondern bedeutet auch, über umgebende Gegenstände die Herrschaft zu gewinnen. Es ist eine Vorstufe zum Begreifen, wie sich Dinge anfühlen und funktionieren.

Der kleine Junge hatte seine Krabbel- und Wegwerfphase bereits hinter sich gebracht. Mit dem Beginn des Laufens wurde er konstruktiver. Er warf Dinge immer noch gerne auf den Boden, aber danach hob er sie wieder auf. Das Greifen hatte zum Begreifen und damit auch zum Einsetzen des ersten kognitiven Sprachgebrauchs geführt.

Danach animierte uns Luca zu einem lustigen Spiel mit den Stofffiguren. Es bereitete ihm Spaß, sie hinzuwerfen und hinterher wieder aufzuheben. Seine Mutter und ich beteiligten uns daran mit begleitenden Dialogen, die ihn zum Sprechen motivierten. Während wir in normalen Sätzen mit ihm sprachen – „Jetzt liegt das arme Männchen auf dem Boden. Es ist ganz traurig. Heb es wieder auf ..." –, kommunizierte das Kind mit Bewegungen, Gestik, Mimik und den fünf Wörtern *Bär, Bibi, haben, hoch, o weh*. Es waren bedeutungstragende Wörter: *Bär* war nicht nur der Name für den Teddybär, sondern auch für sein geliebtes Stoffmännchen und andere Stofffiguren, *Bibi* – abgeleitet vom Piepen der Vögel – war der Name für seinen Stoffvogel und die Vögel draußen. *O weh* mit der Überbetonung auf der zweiten Silbe hatte er von seinen Bezugspersonen übernommen. Mama, Papa oder die Großeltern hatten es vermutlich dann gesagt, wenn er wieder einmal hingefallen war und sich wehgetan hatte. Jetzt war es eines seiner Lieblingswörter und er blickte dabei vielsagend. Es bedeutete in diesem Fall: Mein Stoffmännchen ist hingefallen und es tut ihm *weh*. Dann wollte er es wieder *haben* und danach *hoch* auf den Stuhl.

Anschließend lief er im Zimmer umher und sprach ein Gemisch von Silben und Wörtern fröhlich vor sich hin: *dada, bibi, apo*. Obwohl er *o weh* sagte, benutzte er den gleichen Initiallaut bei *Opa* und *Oma* nicht, sondern nannte beide *Apo*. Solche Verwechslungen bei der Lautabfolge gelten im zweiten Lebensjahr als normal. Auch motorisch hatte sich Luca gut entwickelt. Das Kind hatte ausgedehnte Krabbelphasen hinter sich gebracht und erprobte jetzt das Laufen. Dabei erkundete es neugierig seine Umwelt und plapperte allerlei Monologe, eine normale kindliche Entwicklung. – Über ein Jahr später hatten sich alle Lautverdreher „spielend" aufgelöst, der Junge sprach artikulatorisch und grammatikalisch nahezu fehlerlos.

So gesehen stellte Luca den Idealfall einer gelungenen Sprachentwicklung dar. Diese war auch deshalb gelungen, weil er in eine intakte Familie hineingeboren wurde. Er war das erste Kind seiner Eltern, die stets auf seine Bedürfnisse achteten und ihm liebevolle Zuwendung schenkten. Das junge Kind war zum Lebensmittelpunkt der Eltern geworden, um den sich alles drehte. Sein Vater konnte wegen beruflicher Verpflichtungen wochentags nicht anwesend sein, beschäftigte sich aber an den Wochenenden intensiv mit ihm. Die Mutter hatte sich drei Jahre vom Schuldienst freistellen lassen. Wenn der Junge wach war, war sie für ihn da, andere Verpflichtungen und Termine waren nachrangig.

Aus sprachlicher Sicht waren Mutter und Kind im stetigen Dialog. Als Luca nach der Geburt noch nicht sprechen konnte, war es die liebevolle Ansprache der Eltern, die sein Interesse weckte und das Baby zum lustvollen Lallen motivierte. Später, als das Kind begann, sich für seine Umgebung zu interessieren, ging die Mutter auf seine Bedürfnisse ein. Sie wurde nicht müde, ihm sein Zuhause, die Dinge, die ihn umgaben, und seine Umwelt zu erklären: seine Spielsachen, die Vögel, die Blumen, die Autos, die Farben, die Sonne, den Regen. Wenn die Mutter mit ihm sprach, wandte sie sich ihm zu und blickte ihn an. Sie signalisierte damit ihre Zuwendung und ihr Interesse.

Luca lernte mit der Sprache seine Welt kennen und er lernte auch die Regeln des Dialogs. Er machte die Erfahrung, dass ihm seine Eltern oder Großeltern „aktiv" zuhörten, weil er ihnen wichtig war; ebenso lernte er selbst, seiner Mutter und seinem Vater zuzuhören. Heutzutage machen wir vielen Kindern den Vorwurf, sie seien deshalb in der Schule schlecht, weil sie nicht zuhören könnten. Etliche dieser Kinder tun es vermutlich deshalb nicht, weil man ihnen seit frühester Kindheit ebenso wenig zugehört hat. Ihre Eltern führten kaum einen Dialog mit ihnen, sie erfuhren nur geringe Zuwendung, beiläufiges Interesse und zu wenig Anreize, um ihre eigene Sprache zu aktivieren.

Ich erfuhr, dass Lucas Vater in der Schule Schreibschwierigkeiten gehabt hatte. Die Mutter wollte von mir wissen, wie dem vorzubeugen sei. Bisher hatte sie alles richtig gemacht und für das Kind günstigste Sprachbedingungen geschaffen, die einer eventuell vorhandenen genetischen Disposition entgegenwirken konnten. Sie selbst war dem Jungen ein gutes Sprachvorbild, sprach langsam und artikuliert. Luca übernahm ihre klare Aussprache. Außerdem ließ sie ihr Kind ausreden, korrigierte sehr einfühlsam, wenn es nötig war. Sie sang oft Lieder gemeinsam mit ihrem Kind. Singen vermittelt Kindern eine unverzichtbare Sprachwahrnehmung insbesondere auf der phonologischen Ebene. Auf die Gründe werde ich in nachfolgenden Kapiteln noch eingehen. Inzwischen liebte Luca offenbar das Singen, gelegentlich begleitete ihn die Großmutter dabei am Klavier. Sie schien begeistert, dass er im dritten Lebensjahr mit ihr *Sur le pont d'Avignon* singen konnte. Mehr konnten die

Eltern und Großeltern für das jetzt fast dreijährige Kind nicht tun.

Das Lernen junger Kinder ist dem der Erwachsenen nicht gleichzusetzen. Es folgt nicht dem Weg einer Einbahnstraße und der Input wird vom Gehirn nicht automatisch verarbeitet. Junge Kinder sind nachhaltig auf die Liebe, Zuwendung und die Interaktion mit Eltern und anderen Bezugspersonen angewiesen, wenn frühes Lernen und damit auch die Sprachwahrnehmung und -verarbeitung funktionieren soll. Nur wenige Thesen wurden von Neurowissenschaftlern, Lernpsychologen und -pädagogen übereinstimmender und nachhaltiger verifiziert als diese. Dennoch fehlen genau diese Lernvoraussetzungen in vielen Familien. Die gesellschaftlichen Institutionen, wie Kinderkrippen oder Kindergärten, sehen sich nur schwerlich in der Lage, rechtzeitig Hilfen anzubieten und Ausgleiche zu schaffen.

Bei allen Kindern, die diese Zuwendung nicht erhalten, bleiben wichtigste Jahre des Lernens und vor allem der sprachlichen Entwicklung ungenutzt. Bereits in den frühen Lebensjahren entstehen Defizite, die sich im schulischen Alter durch ebenso große Lerndefizite auch beim Lesen und Schreiben bemerkbar machen, insbesondere dann, wenn diese Kinder mit sprachlich ungünstigeren Genen ausgestattet waren.

Was die Sprachentwicklung von Kindern angeht, entsteht in unserer Gesellschaft eine immer größere Kluft mit zweifelhaften pädagogischen Extremen: Während Eltern der finanzkräftigen Oberschicht in New York, London, Paris oder Berlin nach neuesten Erkenntnissen über die optimale Sprachentwicklung bereits ihre dreijährigen Kinder durch ausländische Privatlehrer mehrsprachig erziehen lassen, bleiben Unterschichtkinder in der Sprachentwicklung weitgehend sich selbst überlassen und sind ungeschützt negativen soziokulturellen Einflüssen und Entwicklungen ausgesetzt.

Doch selbst unter günstigsten familiären Bedingungen verläuft die Sprachentwicklung nicht immer optimal. Glücklicherweise sind viele vermeintliche Störungen, über die sich Eltern junger Kinder zuweilen Gedanken machen, vorübergehende Erscheinungen. Sie haben deshalb auch keine Auswirkungen auf den späteren Lernprozess in der Schule.

Dazu gehören beispielsweise die bereits erwähnten Lautverdreher oder Ersatzlaute, die sich bei erst allmählich stabilisierenden Sprachlauten in den Wörtern bemerkbar machen. Darüber hinaus gibt es Kinder, die sich mit dem Sprachbeginn viel mehr Zeit lassen als andere. Bei manchen Drei- bis Fünfjährigen kann ein „Entwicklungsstottern" entstehen, wenn sie sich beim Sprechen besonders anstrengen und die Sprechatmung mit dem Redefluss nicht harmoniert. Ein wichtiger Ratschlag: Nicht beachten, nicht gezielt verbessern, sondern als gutes Sprachvorbild mit den Kindern im normalen Dialog bleiben.

Ob Sprachstörungen nur vorübergehend oder hartnäckiger sind, hängt von den Ursachen und Zusammenhängen ab, die – wie bei Lese- und Rechtschreibschwierigkeiten – meistens nicht auf Anhieb deutlich werden. Deshalb erfordern sie eine differenzierte diagnostische Abklärung durch den Arzt. Von größter Wichtigkeit ist dabei eine gründliche Untersuchung der Hörfähigkeit.

4.2 Gestörte auditive Prozesse

Die Sprache eines jungen Kindes kann sich nur auf Basis eines ungestörten Hörens bestmöglich entwickeln, genauso wie sich auch das spätere Lesen und Schreiben nur auf der Basis einer von Anfang an funktionierenden auditiven Sprachwahrnehmung und -verarbeitung entwickeln kann. Hatten Kinder beispielsweise in den ersten Lebensmonaten oder -jahren Hörstörungen, kann es bedeuten, dass wichtige im Vorhergehenden dargestellte Entwicklungsschritte bei der Sprachanbahnung nicht gründlich und nachhaltig genug vollzogen wurden. Das Fehlen einer phonologischen Bewusstheit ist neben anderen Symptomen als Folgeerscheinung im Schulalter nicht auszuschließen.

Nur wenn ein Kleinkind fähig ist, über das Gehör die prosodischen und phonotaktischen Muster, die Sprachmelodie, Silben und Wörter seiner Muttersprache ohne Beeinträchtigung wahrzunehmen, kann sich sehr langsam eine phonologische Bewusstheit entwickeln. Nur ein Säugling, der die Sprachlaute seiner Umgebung vorher ungestört auditiv wahrnehmen kann, lernt dabei, sie zu unterscheiden und zu klassifizieren. Erst dann ist er in der Lage, sie zu produzieren und später im Wortganzen korrekt anzuwenden (Weinrich und Zehner 2008).

Die Frage nach Hörstörungen im frühen Kindesalter ist deshalb bei der Anamnese von zentraler Bedeutung. Viele Eltern können sie später nicht mehr eindeutig beantworten, weil ihre schulpflichtigen Kinder die frühkindlichen Entwicklungsphasen längst überwunden haben. Das größte Problem: Ohne ein frühzeitiges Hörscreening durch den

Kinderarzt bleiben Hörschäden oft unentdeckt oder man erkennt sie erst viel zu spät.

Wenn ich Eltern von Schülern nach dem Sprachverhalten oder der Motorik ihres Kindes als junges Baby frage, können sich die meisten nicht mehr genau daran erinnern. Häufig höre ich folgende Antwort: „Unser Kind war ein pflegeleichtes Baby, kein Schreikind, eher still. Es war ein bisschen bewegungsfaul, es krabbelte wenig, es lief gleich. Auch das Sprechen setzte später ein, es dauerte nur etwas länger, bis es Wörter oder Sätze sprach, ansonsten war alles normal!" Allerdings berichten rund 20 % über mehr oder weniger häufige Mittelohrentzündungen oder Flüssigkeitsansammlungen durch „Paukenergüsse" im Mittelohr. Diese seien inzwischen ausgeheilt, heißt es, und hätten angeblich keine bleibenden Hörstörungen hervorgerufen. Trotzdem sind daraus resultierende Beeinträchtigungen für frühe auditive Wahrnehmungs- und Verarbeitungsprozesse nicht auszuschließen.

Die wichtigen Fragen für die Anamnese lauten deshalb: Wie lange und wie oft traten diese Erkrankungen im frühen Kindesalter auf? Wie lange und wie oft litt ein Baby unter Hörstörungen und versäumte unter Umständen deswegen die Stabilisierung wichtiger sprachlicher Grundlagen für das spätere Lesen und Schreiben?

4.2.1 Exkurs: Hörerfahrungen

Annerose Keilmann, Professorin und Fachärztin für Phoniatrie und Pädaudiologie, bezeichnet in ihrem Elternratgeber das Hören als „zentrale Sinneserfahrung und Grundlage der sprachlichen Kommunikation. Ist die Hörfähigkeit beeinträchtigt, wirkt sich dies auf Sprachentwicklung, Stimmbildung, aber auch auf psychische und soziale Entwicklung aus" (Keilmann 2007, S. 77).

Doch nicht erst von Geburt an, sondern bereits während der Schwangerschaft ist das Hörvermögen vorhanden. Inzwischen ist bekannt, dass der Fetus im Mutterleib hören kann. Die Hörfähigkeit setzt im Bereich der 24. und 28. Schwangerschaftswoche ein, wobei die Angaben einzelner Autoren darüber schwanken. Keilmann schreibt:

„Der menschliche Fetus hört schon während der letzten vier Monate der Schwangerschaft, wobei die Geräusche durch die Bauchdecke und die Gebärmutter gedämpft werden. (…) Die Hauptinformationsquelle für das ungeborene Kind sind die Stimme der Mutter und die Stimmen anderer Personen in der Umgebung. (…) In Experimenten wurden Mikrofone in die Gebärmutter eingebracht und die so entstandenen Aufnahmen erwachsenen Zuhörern vorgespielt. Diese Erwachsenen konnten Stimmen erkennen, hörten die Sprachmelodie und konnten auch Laute identifizieren." (Keilmann 2007, S. 26)

Nach Keilmann ist ein Säugling daher schon bei seiner Geburt mit wichtigen Hörerfahrungen ausgestattet. Fehlen diese Erfahrungen durch Komplikationen während der Schwangerschaft oder durch andere Beeinträchtigungen, ist ein Baby bereits von Geburt an gegenüber normal hörenden Kindern benachteiligt.

Während und nach der Geburt sind Babys im Vergleich zu älteren Kindern und Erwachsenen durch höhere Hörschwellen vor Lärm und anderen lauten Geräuschen relativ geschützt. So können Neugeborene zwar hören, wenn sich Erwachsene normal unterhalten, nicht aber, wenn sie flüstern.

„Da bei Neugeborenen die Hörverarbeitung und -wahrnehmung noch nicht wie bei älteren Kindern funktionieren, reagieren sie auf Schallereignisse erst bei höheren Lautstärken, zwischen 60 und 80 dB, obwohl das Innenohr schon normal arbeitet. Durch die Hörbahnreifung verändern sich die Hörschwellen, so dass Kinder mit einem halben Jahr bei 40 bis 50 dB, mit einem Jahr bei 30 bis 35 dB und mit zwei Jahren bei etwa 20 dB reagieren. (…) Kinder haben schon im Alter von sechs Monaten ein ebenso gutes Hörvermögen (…) wie Erwachsene." (Keilmann 2007, S. 27)

Keilmann zufolge können Kleinkinder in den ersten Monaten nach ihrer Geburt nicht erkennen, aus welcher Richtung ein Schall kommt; das Richtungshören entwickelt sich erst allmählich. Mit sechs Monaten können sie unterscheiden, ob ein Schall von rechts oder links kommt. Erst mit zwei Jahren können sie alle Richtungen wahrnehmen und ihr Hörvermögen ist zu diesem Zeitpunkt weit besser ausgeprägt als das eines Erwachsenen! Überprüft werden kann das Hörvermögen von Babys durch apparative „Hörscreenings" oder durch Verhaltensbeobachtungen bei den Vorsorgeuntersuchungen durch den Kinderarzt.

Keilmann bemängelt, dass alleinige Beobachtungen in der Arztpraxis nachweislich wenig geeignet seien, Hörstörungen bei Säuglingen rechtzeitig zu erkennen. Oft seien es die Eltern selbst, die eine Schwerhörigkeit vermuten, wenn sie bemerkt hätten, dass ihr Kind auf Geräusche nicht reagiere. Glücklicherweise seien die meisten Hörstörungen im frühen Kindesalter vorübergehend, nur ein geringer Teil sei bleibend.

Was entzündliche Mittelohrerkrankungen oder Paukenergüsse hinter dem Trommelfell angeht, sehe ich die Berichte von Eltern bestätigt. Positiv: Sie sind eine häufige, vorübergehende Erkrankung, glücklicherweise in den meisten Fällen ohne bleibende Hörschäden. Negativ: Sie gehen mit zeitweiligen Hörstörungen einher und bleiben oftmals unerkannt. Deshalb ist es später schwer nachvollziehbar, wie stark und wie lange das kindliche Gehör und damit auch der Spracherwerb beeinträchtigt war.

Wenn es um die Legasthenie-Diagnose geht, werden „periphere Hörstörungen" als Ursache ausdrücklich ausgeschlossen. Das bedeutet: Schüler mit Schreib- oder Leseproblemen aufgrund eingeschränkter akustischer Hörfähigkeit gelten nicht als Legastheniker. Dennoch kann ein Zusammenhang mit Hörstörungen im frühen Kindesalter bestehen, weil diese – obwohl später ausgeheilt – mehr oder weniger starke auditive Wahrnehmungsstörungen nach sich ziehen können.

4.2.2 Auditive Wahrnehmungsstörungen

Obwohl bestimmte Wissenschaftler das Fehlen der phonologischen Bewusstheit als eigenständigen und eher übergeordneten Indikator bewerten, wird es von anderen mit „Auditiven Verarbeitungs- und Wahrnehmungsstörungen (AVWS)" in Verbindung gebracht. Grundsätzlich besteht jedoch Uneinigkeit darüber, denn ein funktionaler Zusammenhang konnte noch nicht bewiesen werden (Schnitzler 2008). „Auditiv" bedeutet „das Gehör betreffend, zum Gehörsinn oder -organ gehörend" (Duden 5 2007, S. 106). Der Begriff richtet sich jedoch nicht auf das akustische Hörvermögen, den Gehörsinn selbst, sondern auf die Verarbeitung des Gehörten. In den Leitlinien der Deutschen Gesellschaft für Phoniatrie und Pädaudiologie von 2005 heißt es dazu:

> „Eine auditive Verarbeitungs- und/oder Wahrnehmungsstörung (AVWS) liegt vor, wenn zentrale Prozesse des Hörens gestört sind. (…) Es handelt sich dabei um ein Defizit der Informationsverarbeitung, das spezifisch für die auditive Sinnesmodalität ist. Das Ergebnis im Tonschwellen-Audiogramm ist dabei unauffällig."

Diese Erklärung ist für Laien schwer nachvollziehbar! Die meisten Eltern sind der Meinung, ihr Kind habe eine Hörstörung, wenn eine derartige Diagnose vorliegt. Streng genommen handelt es sich jedoch um spezifischere Störungen der Hörwahrnehmung und -verarbeitung. Die Symptome oder Folgen können sich bei einzelnen Kindern unterschiedlich darstellen. Beispielsweise können betroffene Kinder verschiedene Schallquellen oder Richtungen, aus denen Geräusche kommen, nur schwer unterscheiden. Andere haben Probleme mit dem „dichotischen Hören", einer sehr wichtigen Hörwahrnehmung. Diese Kinder können nicht gleichzeitig mit beiden Ohren unterschiedliche Informationen wahrnehmen. Auch Sprechen mit Hintergrundgeräuschen, schnelles oder unvollständiges Sprechen wird von ihnen nur mit Schwierigkeiten wahrgenommen. Selbst deutlich gesprochene Wörter oder Sätze können sie sich nicht vollständig merken.

Man spricht in diesem Zusammenhang auch von einer geringen „Hörmerkfähigkeitsspanne" oder einem „auditiven Kurzzeitgedächtnis". Gesprochene Sprache wird akustisch gehört, aber aus neurobiologischer Sicht von den Nervenzellen nicht richtig aufgenommen und im Gehirn weiterverarbeitet. Die Folgen: Sprachliche Inhalte werden nicht auf Anhieb verstanden, es kommt zu Missverständnissen in der Kommunikation und in der Schule zu mehr oder weniger gravierenden Lernproblemen.

So können betroffene Schüler ihren Lehrern bei Diktaten kaum folgen, wenn die Sprechgeschwindigkeit zu hoch ist und diesbezüglich auf sie keine Rücksicht genommen wird. Sie können den Ausführungen des Lehrers nicht mehr folgen, wenn andere gleichzeitig schwätzen, und beschweren sich häufig über die Störer – es quält sie förmlich, wenn diese direkt neben ihnen sitzen. Die Schüler können nicht folgen, wenn sie im Klassenverband oder zu Hause bei Hintergrundgeräuschen angesprochen werden, besonders wenn man schnell oder unverständlich mit ihnen spricht. Von Eltern höre ich oft den Satz: „Ich muss ihm oder ihr mehrmals etwas sagen, bis er/sie reagiert." Keine Lust oder auditiv nicht wahrgenommen – beides kann zutreffen.

In diesem Zusammenhang ist noch weitgehend unerforscht, wie der uns umgebende Lärm die Hörerfahrungen und die Sprachverarbeitung bereits im jungen Kindesalter beeinflusst und deshalb für auditive Wahrnehmungsstörungen mitverantwortlich ist. Dass er sich in den letzten Jahrzehnten vor allem durch das erhöhte Verkehrsaufkommen von PKW, LKW, Bahn und Flugzeugen vervielfacht hat, ist unumstritten. Ebenso begleiten uns die Geräusche von Baumaschinen und Presslufthämmern, hervorgerufen durch Baumaßnahmen, tagtäglich in den Innenstädten; sie fallen kaum noch auf.

Doch wie wirkt starker Lärm auf den Fetus einer schwangeren Frau oder auf die Hörerfahrungen junger Kinder? Wer immer in den Innenstadtbereichen von Großstädten lebt oder arbeitet, kann dies kaum ohne mehrfach verglaste Fenster tun. Die Fenster zu öffnen ist nur kurzzeitig möglich, weil der Lärm unerträglich ist. Viele Familien mit ihren jungen Kindern leben in den Innenstädten. Dort befinden sich ihre Spielplätze, Kindergärten und Schulen.

Mit diesen Beeinträchtigungen wachsen junge Kinder selbstverständlich auf. Sie haben keine Lobby und wehren sich nicht. Sie klagen nicht, wenn Flugzeuge über ihre Spielplätze hinwegdonnern, Züge vorbeirasen oder der Lärm wegen einer naheliegenden Baustelle unerträglich wird – sie spielen einfach weiter. Dagegen beklagen sich Anwohner häufig über weitaus geringeren Lärm, den Kinder in Tagesstätten oder auf Spielplätzen verursachen.

Haben Sie schon einmal versucht, auf dem Bürgersteig einer verkehrsreichen Straße in der Innenstadt ein Gespräch in normaler Lautstärke zu führen? Absurd! Genau diese Absurditäten sind es, unter denen viele Kinder heutzutage aufwachsen und gesprochene Sprache erleben. Sie erleben sie selten störungsfrei, eher als einen untergeordneten auditiven Reiz neben anderen stärkeren Sinneseindrücken, die sie in ihrer Vielzahl kaum selektieren und verarbeiten können. Wir können uns angesichts der steigenden Sprach- und Lernstörungen von Kindern und Schülern, die wir bisher eher den Familien anlasten, einer gesellschaftlichen Mitverantwortung nicht entziehen.

4.3 Gestörte Sprachentwicklung

Zu Beginn meiner Tätigkeit als Sprachheilpädagogin arbeitete ich in Bonn hauptsächlich mit sprachentwicklungsgestörten Kindern. Der damalige Landesarzt für Sprachgeschädigte Rheinland, Dr. Linck, Arzt für Neurologie sowie Arzt für Stimm- und Sprachstörungen, unterstützte später dankenswerterweise mein Bemühen um eine freie Niederlassung, die – im Gegensatz zu Logopäden – für Sprachheilpädagogen durch veränderte gesetzliche Bestimmungen erschwert worden war. Dr. Linck war einer der damals noch eher seltenen Fachärzte für Stimm- und Sprachstörungen; heute praktizieren bedeutend mehr „Phoniater". Der Landesarzt galt im Rheinland als wichtige Institution und zentrale Anlaufstelle zur Diagnose und Begutachtung von Kindern mit gravierenden Sprech- und Sprachstörungen, die in Familien, Kindergärten oder Schulen auffällig geworden waren. Er wies mir gelegentlich junge Kinder zu, von denen einige ein vergleichsweise breiteres und differenzierteres Störungsbild aufwiesen, und begutachtete den Therapieverlauf.

Darunter befanden sich Kinder mit phonetischen und phonologischen Sprech- bzw. Sprachstörungen. Eine phonetische Sprechstörung lag vor, wenn Kinder nicht fähig waren, entwicklungsgemäß bestimmte Sprachlaute sprechmotorisch zu bilden. Am meisten wird in logopädischen Praxen damals wie heute der Sigmatismus, das Lispeln, behandelt. Oft sind Fehlstellungen der Zähne der Grund dafür. Außerdem therapierte ich Kinder mit ausgeprägtem Dysgrammatismus, die nicht in der Lage waren, die spezifischen grammatikalischen Strukturen ihrer Muttersprache altersgerecht zu übernehmen. Häufig arbeitete ich mit jungen Kindern, die eine Sprachentwicklungsverzögerung aufwiesen, sogenannte „Late-Talkers".

Ende der achtziger und Anfang der neunziger Jahre war ein direkter Bezug zwischen diesen Sprachstörungen und einer damit einhergehenden Gefährdung für eine Lese-Rechtschreibstörung noch nicht so klar wie heute. Interessant erscheinen im Rückblick methodische Schwerpunkte, die man mir damals für den Unterricht mit Legasthenikern während meiner Praktika in klinischen Einrichtungen für sprachgestörte Patienten nahelegte – das Unisono-Lesen und das Abschreiben von Texten. Unisono-Lesen bedeutet ein gemeinsames lautes Lesen von Therapeut und Schüler, wobei der Schüler etwas leiser liest und sozusagen im phonologischen Schlepptau des Therapeuten versucht, die Wörter zu entziffern. In späteren Jahren betrachtete ich beide Methoden eher kritisch und verzichtete darauf. Die Gründe dafür ergeben sich aus den Darstellungen in den nachfolgenden Kapiteln.

Kenntnisse hatte man damals auch über die Anzahl rechtschreibschwacher Kinder in Sprachheilschulen: Ungefähr ein Drittel aller Schüler war betroffen. Die Zahlen haben sich bis heute eher erhöht und variieren in einzelnen Schulen auch in Abhängigkeit vom Anteil der Migrantenkinder. Diese stellen im Einwanderungsland Deutschland wie auch in anderen Ländern mit hohem Migrationsanteil eine besondere Problematik dar. Die größte Schwierigkeit ist ein zweisprachiges Aufwachsen bei oftmals nur geringen Deutschkenntnissen der Eltern. Berücksichtigen wir die Möglichkeiten einer optimalen Sprachentwicklung, so sollte nach Meinung von Wissenschaftlern das Lernen von zwei oder gar mehr Sprachen im frühen Kindesalter kein Problem sein.

Ein türkischer Vater fand das bei seinen Kindern bestätigt. In den ersten Lebensjahren lernten diese vornehmlich türkisch sprechen, wie es die Eltern zu Hause taten. Als sein Sohn mit drei Jahren in den Kindergarten gekommen sei, habe man sein sprachliches Defizit zunächst vonseiten der Erzieher heftig kritisiert, denn er sprach kaum deutsch. Im Nachhinein kritisiert der Vater die, wie er sie nennt, „von Vorurteilen überfrachtete Einstellung" der Erzieher, denn im vierten Lebensjahr erwarben seine Kinder ihre Deutschkenntnisse im Zeitraffer. Inzwischen besucht der Junge ein Gymnasium und ist einer der Klassenbesten, auch in Deutsch.

Der deutsch-türkische Vater ist allerdings Akademiker, hat in Deutschland Abitur gemacht und hier studiert. Sowohl er als auch die Mutter sprechen neben einem fehlerfreien Deutsch noch mehrere andere Sprachen. Ihre Kinder verfügen demnach über sehr gute sprachgenetische Voraussetzungen mit phonologischen Begabungen und einer ausgeprägten phonematischen Differenzierungsfähigkeit. Im Kindergarten lernten die Dreijährigen die deutsche Sprache sehr schnell von ihren Spielkameraden. Auch zu Hause sprachen die Eltern in dieser Zeit vornehmlich Deutsch, um ihre Kinder mehr zu unterstützen. Leider bringen nicht alle Kinder diese optimalen genetischen und familiären Voraussetzungen mit. Viele ausländische Eltern können ihre Kinder in der deutschen Sprache nicht unterstützen. In zahlreichen Migrantenfamilien lernen die Eltern Deutsch von ihren Kindern.

Zweisprachiges Aufwachsen fällt längst nicht allen Kindern leicht, auch wenn bestimmte Forschungsergebnisse diesen Eindruck erwecken. Zwar verfügen wir in den verschiedenen Sprachen über gleiche oder ähnliche Sprachlaute, aber die Phonologie insgesamt ist eine andere. So kennen wir neben anderen Faktoren unterschiedliche Betonungsmuster, unterschiedliche Silbenklänge sowie unterschiedliche Sprechgeschwindigkeiten, aus denen sich Bedeutungszusammenhänge und Grammatik ableiten lassen. Das junge Gehirn muss somit in der Lage sein, einer phonologischen Mehrfachbeanspruchung gerecht zu werden. Diese spezifischen neurobiologischen Prozesse stehen nicht zwangsläufig mit einer hohen Intelligenz in Zusammenhang. Sie sind besonders abhängig von einer nach der Geburt nachhaltig gewachsenen Lautsicherheit, verbunden mit einer sehr guten phonologischen Sprachwahrnehmung und -verarbeitung. Weder alle ausländischen noch alle deutschen Kinder verfügen darüber.

4.3.1 Phonologische Sprachstörungen

Phonologische Auffälligkeiten gelten nicht als Sprechstörungen im phonetischen Sinne, sondern als Sprachstörungen. Sieht man einmal von dem sehr häufig auftretenden Lispeln als phonetische Störung ab, überwiegen bei den anderen Lautgruppen eher phonologische Störungen. Kinder sind dabei zur physiologischen Lautbildung in der Lage, neigen aber zu Fehlbildungen im An-, In- oder Auslaut von Wörtern. Wie junge Kinder in der frühen Sprachentwicklung ersetzen sie beispielsweise Konsonanten, die im hinteren Bereich des Mund-Rachenraumes gebildet werden, durch vorgelagerte Konsonanten: *Tuchen* statt *Kuchen*, *Darten* statt *Garten*. Diese hartnäckigen meist über einen längeren Zeitraum anhaltenden Sprachdefizite sind nicht mit den natürlichen Fehlbildungen beim Spracherwerb zu verwechseln.

Heute gelten Kinder mit phonologischen Sprachstörungen als in hohem Maße anfällig für spätere Lese- und Schreibprobleme. Wie wissenschaftliche Längsschnitt-Untersuchungen der Universität München aus dem Jahr 2011 ergaben, bekamen etwa 75 % der untersuchten Kinder, welche im frühen Kindesalter wegen phonologischer Störungen in logopädischer Behandlung waren, im späteren Schulalter eine Lese-Rechtschreibstörung. Von Interesse wäre in diesem Zusammenhang, Genaueres über die betroffenen Laute und die Schwere der phonologischen Störung zu erfahren, wie auch über das therapeutische Vorgehen der behandelnden Logopäden. Diese Aspekte waren in der Untersuchung nicht berücksichtigt worden.

Laien gehen manchmal davon aus, dass eine logopädische Behandlung im Vorschulalter ein umfassendes Sprachlauttraining darstellt und damit die phonologische Bewusstheit stabilisieren könnte. Logopäden gehen in der Regel jedoch sehr zielorientiert vor. Im Falle phonetischer und phonologischer Störungen notieren sie bei der Diagnose exakt diejenigen Laute oder Lautgruppen, die von einer Fehlbildung betroffen sind. Nur diese gelten im Therapieplan als zu korrigierende und stabilisierende Ziellaute. Ein umfassendes Lauttraining bekommen die meisten Kinder nicht. Bei manchen Kindern sind nur ganz wenige Laute betroffen, bei anderen sind es mehr.

Während meiner Arbeit mit jungen sprachgestörten Kindern verfolgte ich deren spätere schulische Entwicklung nicht genauer. Nur in einzelnen Fällen kamen die Mütter wegen Lese-Rechtschreibschwächen im Schulalter noch einmal zu mir. Die meisten der Kinder hatte ich über einen eher kurzen Zeitraum wegen phonologischer Störungen behandelt. Eine interessante Erfahrung machte ich bei einer Familie mit zwei Söhnen unterschiedlichen Alters. Der jüngere Sohn hatte gravierende Sprechstörungen, er konnte zahlreiche Phoneme nicht sprechmotorisch bilden und ersetzte sie in Wörtern durch andere Laute. Nach sehr umfassenden phonetischen und phonologischen Therapiemaßnahmen im Vorschulalter war seine Rechtschreibung später in der Schule befriedigend bis ausreichend. Beim älteren Sohn hatten sich in der Kindheit nur sehr geringe phonologische Störungen bemerkbar gemacht, die keiner logopädischen Behandlung bedurften. Allerdings wies er in der Schule eine starke Lese-Rechtschreibstörung auf. Es ist zu vermuten, dass beide Kinder genetisch beeinträchtigt waren. Offenbar konnte die grundlegende und umfassende logopädische Behandlung beim jüngeren Kind spätere Lese-Rechtschreibschwierigkeiten verhindern oder zumindest minimieren.

4.3.2 Exkurs: Auditive Wahrnehmungsdifferenzen

Ein Therapeut, der wichtige Perspektiven für die die logopädische Behandlung von Kindern und Erwachsenen aufzeigte, war der 1994 verstorbene Amerikaner Charles Van Riper. Ähnlich wie Sigmund Freud therapeutische Entwicklungen in der Psychologie begünstigte, brachte Van Riper die Logopädie voran. Er gilt als Begründer einer wissenschaftlich fundierten und in der Forschung äußerst erfolgreich arbeitenden amerikanischen Logopädie. Selbst als Kind mit dem Stottern belastet, unterrichtete er als Erwachsener an der Western Michigan University in Kalamazoo und gründete dort später eine Klinik.

Sein Therapiekonzept legte er erstmals 1939 in seinem Buch „Speech correction: principles and methods" vor, das in vielen Ländern Aufmerksamkeit erregte. Er ergänzte es später durch weitere Buchveröffentlichungen, die auch ins Deutsche übersetzt wurden. Van Riper beschäftigte sich nicht nur mit der Stotterertherapie, sondern auch mit der Dyslaliebehandlung. Dyslalie gilt als Oberbegriff sowohl für phonetische Sprechstörungen als auch für phonologische Sprachstörungen. Auch der ältere Begriff „Stammeln" ist darin eingeschlossen. Die aus dem Griechischen abgeleitete Silbe *dys=gegen* steht für eine Unfähigkeit oder Normabweichung; wir finden sie bei sehr vielen Krankheitsbezeichnungen. Sinngemäß könnte man Dyslalie auch mit Sprechunfähigkeit übersetzen.

Inzwischen existiert – wie in vielen anderen Therapie- und Lernbereichen – eine Methodenvielfalt bei der Behandlung einer Dyslalie. Die Weiterentwicklung schreitet ständig voran. Van Ripers Methode gilt jedoch noch heute als Grundlagentherapie für phonetische Störungen. Sein Konzept ist äußerst effizient, aber auch aufwendig. In der logopädischen Praxis hat es inzwischen einige Veränderungen erfahren. Dennoch hat Van Riper mit seinen therapeutischen Erkenntnissen neue Wege in der logopädischen Behandlung aufgezeigt. Man habe „viele Elemente der heutigen Sprechtherapie (...) von Van Riper übernommen, häufig auch ohne ihn als Urheber zu kennen", befinden die Autoren eines aktuellen logopädischen Lehrbuchs (Weinrich und Zehner 2008, S. 64).

Nach Van Riper sollte ein Kind am Ende der logopädischen Behandlung in der Lage sein, einen Laut sowohl als Einzellaut als auch im An-, In- und Auslaut von Wörtern „in allen Sprechsituationen, also auch in Eile, in Wut und kurz vor dem Einschlafen, korrekt zu bilden" (Weinrich und Zehner, S. 64). Diese hohe Zielsetzung muss ebenso für die phonologische Bewusstheit gelten. Erst wenn sich ein Schüler oder eine Schülerin der Lautbildung in allen Positionen, als Einzellaut und im Wort, auch in schulischen Stresssituationen bewusst ist, kann der Lese- und Schreibprozess problemlos funktionieren.

Darüber hinaus gehörte Van Riper zu den ersten Therapeuten, die auf das Vorhandensein sowohl einer auditiven Fremdwahrnehmung als auch einer auditiven Eigenwahrnehmung von gesprochener Sprache verwiesen und vorhandene Wahrnehmungsdifferenzen bei jungen Kindern mit phonetisch-phonologischen Störungen hervorhoben. In seinem phonetischen Therapiekonzept stellte er deshalb die Stabilisierung sowohl der Fremd- als auch der Eigenwahrnehmung in den Mittelpunkt der Behandlung (Van Riper und Irwin 1994).

Eine solche Sichtweise und das therapeutische Vorgehen waren damals neu. Heutzutage gelten diese Erkenntnisse in der Sprech- und Sprachtherapie als selbstverständlich. Kein Logopäde wird bezweifeln, dass es derartige Wahrnehmungsunterschiede gibt. Allerdings sind wir dabei oftmals auf Vermutungen angewiesen; diagnostisch lässt sich der Nachweis nur gelegentlich bei Kindern mit phonologischen Störungen erbringen. Wir sprechen dabei auch von einem unterschiedlichen „Eigenhören" und „Fremdhören".

Vor längerer Zeit berichtete mir eine Mutter über einen häuslichen Konflikt mit ihrem vierjährigen Sohn Jakob. Dieser habe nur geringe Sprachprobleme, meinte sie: „Er verwechselt einige Sprachlaute, am meisten /k/ und /t/. Wir hatten gehofft, es würde sich mit der Zeit von alleine beheben. Aber Jakob hat seinen Namen noch nie richtig aussprechen können." Gefragt, wie er heiße, antworte er grundsätzlich *„Jatob"*.

Einige Familienmitglieder hätten sich daraufhin einen Spaß mit ihm erlaubt und begonnen, ihn ebenfalls *Jatob* zu nennen, in der Hoffnung, der kleine Bruder werde dadurch eher auf seinen Fehler aufmerksam. Jakob habe daraufhin sehr verletzt reagiert. „Er kam zu mir gerannt und weinte", berichtete die Mutter. „Sie sagen *Jatob* zu mir, das ist falsch", beschwerte er sich. „Wie heißt du denn richtig?", wollte die Mutter wissen. „Sie sollen *Jatob* sagen", antwortete das Kind.

Bei der Diagnose zeigte ich dem Jungen Bilder, darunter auch „Gegensatzpaare", die er benennen sollte: *Kanne – Tanne, Katze – Tatze* und andere. Jakob artikulierte sämtliche Begriffe mit einem /t/ im Anlaut. Danach machte ich eine Gegenkontrolle. Das Kind durfte jetzt Lehrer spielen und sollte meine Aussprache korrigieren. Ich legte ihm die Bilder noch einmal vor und nahm seine falsche Aussprache auf. Zur *Kanne* sagte ich *Tanne*. Jakob lachte mich an. „Du sagst das falsch", meinte er. „Das ist keine *Tanne*, das ist eine *Tanne*." Der Junge konnte eine Fehlartikulation bei Außenstehenden klar erkennen, nicht aber bei sich selbst. Logopäden kennen dieses Phänomen auch unter dem Namen „Fis-Syndrom". Das Kind erkennt die falsche Aussprache des Begriffes *Fisch* als *Fis* nur beim Therapeuten, nicht aber bei sich selbst (Jahn 2007, S. 9).

Eine wichtige Folgerung aus diesem Phänomen: „In der Regel sind Kinder in der Fremdwahrnehmung sicherer als in der Eigenwahrnehmung" (Jahn, S. 16). Sie sind durchaus in der Lage, in der sie umgebenden Sprache Laute phonemisch korrekt wahrzunehmen und zu differenzieren. Dies ist jedoch keine Garantie für eine stabile Übernahme von Sprachlauten in das eigene Sprechen und für eine genaue Lautwahrnehmung und Unterscheidung beim eigenen Selbst. Allerdings rate ich Eltern und Erziehern dringend, Kinder niemals mit ihrer falschen Aussprache zu konfrontieren oder zu provozieren, sondern stets korrekt zu artikulieren und ein gutes Sprachvorbild abzugeben.

Auditive Wahrnehmungsstörungen bei Legasthenikern bewertete man in der Vergangenheit eher als gestörte Fremdwahrnehmung und ging davon aus – von außen kommende Sprache werde nicht richtig gehört oder auditiv weiterverarbeitet. Dieses einseitige Verständnis wird meines Erachtens der komplexen Problematik nicht gerecht. Eine gestörte auditive Eigenwahrnehmung sollte gleichermaßen berücksichtigt werden. Der Sachverhalt lässt sich zwar bei älteren Schülern weder eindeutig belegen noch diagnostisch nachweisen. Belegen lässt sich jedoch das Fehlen einer phonologischen Bewusstheit, deren Zusammenhänge mit phonetisch-phonologischen Störungen immer offensichtlicher zu Tage treten.

Die betroffenen Schüler sind schließlich in der Lage gewesen, sich die gesprochene Sprache und damit auch die zugrunde liegenden Sprachlaute anzueignen. Die Mehrheit von ihnen artikuliert sie innerhalb eines Wortklangs korrekt. Wir können ihnen daher auch eine Störung der auditiven Fremdwahrnehmung nicht sicher nachweisen – sie lässt sich ebenfalls nur vermuten. Dennoch ist es den Schülern nur schwer möglich, Silben- oder Wortklänge zu zergliedern, ähnlich klingende Laute präzise zu unterscheiden oder artikulatorisch auf einzelne Sprachlaute zurückzugreifen. Ich betrachte dieses Fehlen der phonologischen Bewusstheit bei vielen – zwar nicht ausschließlich, aber in hohem Maße – als ein Defizit der Eigenwahrnehmung, und dies nicht nur im Bereich der auditiven, sondern auch der taktil-kinästhetischen Sinneswahrnehmung, dem Ertasten und Erfühlen der eigenen Sprechorgane in Sekundenbruchteilen.

Die grundlegenden Erkenntnisse Van Ripers, die therapeutisch nicht nur auf eine Stabilisierung der Fremd-, sondern auch der Eigenwahrnehmung abzielen, haben deshalb mein methodisches Vorgehen sowohl mit jungen Kindern als auch mit Schülern beeinflusst. Die auditive Fremdwahrnehmung kann in unterschiedlicher Weise durch von außen kommende Höreindrücke stabilisiert oder auch destabilisiert werden. Die Eigenwahrnehmung stabilisiert sich ausschließlich über die Empfindungen des eigenen korrekten Sprechens. Es bedarf für Eltern oder Pädagogen keiner Ausbildung zum Sprachtherapeuten, auch dafür Sorge zu tragen. Als Erwachsener selbst ein gutes Sprachvorbild sein, aber dennoch Kinder zum eigenen Sprechen zu motivieren, ihnen dafür Zeit zu geben und ihnen zuzuhören, schafft die

Basis für eine gesunde Sprachentwicklung und ein stabiles Sprech- und Sprachempfinden.

4.3.3 Der Fall Selina

An die meisten Fälle, mit denen ich konfrontiert wurde – es sind mehrere Hundert im Laufe meines Berufslebens –, erinnere ich mich nicht mehr. Was jedoch in Erinnerung bleibt, sind oftmals Kinder und ihre Familien mit einem besonderen Schicksal und einem schweren oder ungewöhnlichen Störungsbild vor allem zum Beginn der sprachtherapeutischen Tätigkeit, wenn man noch nicht auf langjährige Erfahrungen zurückgreifen kann.

Mit einer vermeintlich nicht ganz einfachen Störung sah ich mich in meinen ersten Berufsjahren bei Selina konfrontiert. Sie stand kurz vor der Vollendung ihres dritten Lebensjahres, als ich sie kennenlernte. Es war ein sehr aufgewecktes Mädchen, das mit wachem Blick seine Umgebung beobachtete, aber bis zu diesem Zeitpunkt kaum sprechen gelernt hatte. Sie kommunizierte mit anderen am liebsten durch Gestikulieren, Lächeln, Weinen, Zupfen an der Kleidung, Nicken für „ja", Kopfschütteln für „nein". Sie spreche etwa 20 bis 30 Wörter, darunter viele Silbenverdopplungen, berichtete die Mutter. So war „Dodo" gleichermaßen die Bezeichnung für ihre Puppe, das Auto und für den Namen des Bruders. Doch selbst diese geringen sprachlichen Äußerungen verwendete sie nur dann, wenn es nicht zu vermeiden war. Meistens schwieg das Mädchen. Seine Sprachentwicklung befand sich auf dem Level eines eineinhalbjährigen Kindes, das gerade zum Sprechen ansetzt.

Es gab nach medizinischem Befund keine neurologischen Faktoren, keine Probleme bei der Geburt, keine geistige Behinderung oder nachweisbare Hörstörung, die ihre Sprachentwicklungsverzögerung hätten begründen können. Einzig genetische Faktoren offenbar auf der Seite des Vaters schienen eine Erklärung für die Ursache zu geben. Angeblich hatte er ebenso Probleme mit dem Sprechenlernen gehabt. Es stellte sich heraus, dass er auch Lese- und Schreibschwierigkeiten hatte. Als ich darum bat, einen Fragebogen durchzulesen und auszufüllen, musste es die Mutter machen, weil der Vater Schwierigkeiten damit hatte.

Die Eltern waren anfänglich besorgt und hatten sogar eine geistige Behinderung vermutet, weil sie das Sprachverhalten ihres Kindes befremdete. Doch es gab deutliche Anzeichen für Selinas Intelligenz: Sie beobachtete ihre Umgebung sehr aufmerksam und hörte zu, wenn andere sprachen. Dabei wurde erkennbar, dass die kognitive Sprachentwicklung im Bereich der rezeptiven, von außen kommenden Sprachwahrnehmung und -verarbeitung längst eingesetzt hatte. Der sprachliche Input erreichte ihr Gehirn. Selina konnte auf Bildern sämtliche Gegenstände aufzeigen, die man ihr nannte. Zu Hause befolgte sie Anweisungen ihrer Mutter, holte benötigte Dinge herbei oder legte sie wieder an die richtige Stelle – nur tat sie es stets sprachlos. Meine anfänglichen Befürchtungen, mit einem besonders schwierigen Fall konfrontiert zu werden, erwiesen sich schnell als unbegründet. Ich hatte ein Kind vor mir, dass meine Aktivitäten äußerst aufmerksam verfolgte und augenscheinlich glücklich darüber war, dass sich ihm jemand zuwandte und intensiv mit ihm beschäftigte.

Selina hatte bisher ihren Mund-Rachen-Bereich zum Atmen, Essen und Weinen benutzt, aber noch nicht zum Sprechen entdeckt. Es war meine Aufgabe, ihr zunächst die Sprechwerkzeuge spielerisch durch Erfühlen und lautmalerische Übungen bewusst zu machen. Für eine derartige Sprachanbahnung, die bei Null beginnt, gibt es keine im Voraus entwickelten Lernprogramme. Wir können keine exakten Lernschritte im Vorhinein festlegen und sicher sein, dass wir damit bestimmte Lernziele in einem festgesetzten Zeitraum erreichen. Die Interaktion zwischen Kind und Therapeut bestimmt die Lernschritte und das weitere Vorgehen, wobei nicht nur das Kind vom Therapeuten, sondern auch der Therapeut vom Kind lernt. Womit ein Kind besondere Schwierigkeiten hat und in welchen Bereichen seine Stärken liegen, können wir am Anfang nur vermuten. Genaueres erfahren wir erst im Verlaufe einer Therapie. In meinem Beruf als Therapeutin habe ich es immer als spannende Herausforderung empfunden, die einzelnen Facetten eines Kindes kennenzulernen, seine Schwierigkeiten, aber auch seine Begabungen auszuloten, denn Letztere können helfen, die Probleme zu kompensieren. Es setzt voraus, dass wir Kindern offen und unvoreingenommen gegenübertreten.

Leider funktionieren Therapie sowie Erziehung und Bildung in Kita und Schule völlig unterschiedlich. Vornehmlich das Interesse am einzelnen Kind und die Bereitschaft mit ihm zu arbeiten sind auch ausbildungsbedingt in unseren Erziehungs- und Bildungsinstitutionen oftmals gering. Vielleicht sind Kindergärten und Schulen deshalb schnell geneigt, besonders Kinder mit einem anfänglich scheinbar schwerwiegenden Störungsbild von vornherein in die

Behindertenschublade zu stecken oder sie nach negativen medizinischen Befunden als nur schwer therapierbar oder später als schwer beschulbar einzustufen.

Selinas Therapie war weniger kompliziert, als zunächst vermutet. Nachdem sie ihre ersten Erfahrungen mit der eigenen Lautproduktion gemacht hatte, wurde sie geradezu sprechbegierig. Sie lernte sehr schnell, anhand von Figuren und Gegenständen, mit denen wir spielerisch arbeiteten, vorgesprochene Wörter nachzusprechen und später auf die gleiche Weise Sätze zu bilden. Die phonologischen Probleme, die sie dabei hatte, waren weniger schwerwiegend. Für das Kind problematische Laute ließen sich relativ leicht mit „Lautgebärden" anbahnen, im Wortganzen damit unterstützen und korrigieren; dabei wird der zu bildende Laut durch eine Handbewegung symbolisiert.

In den Therapiemonaten lernte das Mädchen im Zeitraffer, was sie in den Jahren zuvor an Sprachentwicklung versäumt hatte. Ähnlich positive Erfahrungen machen auch andere Logopäden mit Late-Talkers, sofern es sich lediglich um Entwicklungsverzögerungen und nicht um krankhafte Erscheinungen handelt. Es sollte denjenigen Eltern Zuversicht geben, deren junge Kinder sich ebenfalls mit dem Sprechen Zeit lassen.

Häufig entwickelt sich die Sprache auch ohne therapeutische Hilfen einige Monate später. Durch liebevolles Sprechen und sensiblen Umgang mit dem Kind schaffen es Eltern oder andere Bezugspersonen, Kinder allmählich oder sogar ganz plötzlich zum Sprechen zu motivieren. Keinen Erfolg bringt es, selbst den Sprachtherapeuten spielen zu wollen, sich immer wieder monologisierend vor ein Kind zu stellen und es aufzufordern: „Sag mal *Opa!*" – oder *Oma*,

Tisch, Stuhl ... In dieser oder ähnlicher Weise hatten es die Eltern von Selina versucht, ohne Erfolg!

An den Fall des Mädchens erinnere ich mich jedoch nicht alleine wegen ihrer Sprachentwicklungsverzögerung, sondern weil ich die Therapie damals in der Wohnung der Familie durchführte. Dies tat ich auch bei anderen Familien, da ich zu Beginn meiner sprachtherapeutischen Tätigkeit noch nicht über eigene Praxisräume verfügte. Aus heutiger Perspektive halte ich es für eine wichtige berufliche Erfahrung, die unterschiedlichen Erziehungspraktiken von Eltern im eigenen Zuhause kennenzulernen. Bonn war in den achtziger Jahren noch Bundeshauptstadt und bis 1999 Regierungssitz. Ich lernte deshalb die Sprachschwierigkeiten von zweisprachig erzogenen Kindern aus Diplomatenfamilien ebenso kennen wie die von Kindern aus Beamten- oder Arbeiterfamilien. Die Gemeinsamkeiten bestanden in der Sorge um die Sprachprobleme des Kindes, die Unterschiede bestanden im Umgang mit den Kindern und ihren Problemen.

Viele Eltern von Late-Talkers wenden sich ihren Kindern liebevoll zu. Sie geben sich größte Mühen, sie zum Sprechen zu bewegen, aber der Erfolg bleibt aus. Die Ursachen für eine verzögerte Sprachentwicklung liegen in der Regel nicht im Elternverhalten, sondern es gibt vielfältige Gründe. Als ich das alltägliche Leben in Selinas Familie besser kennenlernte, konnte ich jedoch nachvollziehen, warum dem Mädchen die Motivation zum Sprechen fehlte.

Es gab in der Familie noch zwei weitere Kinder, einen zehn- oder elfjährigen Sohn und ein jüngeres Baby. Schnell stellte sich heraus, dass Selina eine gute Zuhörerin und Helferin für die anderen war. Umgekehrt hielt es niemand für nötig, sich intensiver mit ihr zu beschäftigen. Die Mutter machte es mir bei den ersten Zusammenkünften im familiären Umfeld deutlich. Mit angehobener Stimme in leichtem Staccato sagte sie: „Selina, bringe mir den Zucker, er steht in der Küche auf dem Tisch!" Selina tat es. „Heb' das Tuch auf, das Baby hat es hingeworfen." Selina hob es auf. Jetzt schaltete sich der Bruder ein: „Selina, hole das Buch aus meinem Zimmer!" Selina holte es. Ich fragte die Mutter: „Nehmen Sie das Kind manchmal in den Arm und sprechen mit ihm, blättern Sie zusammen in einem Bilderbuch und erzählen ihm darüber?" Die Mutter schaute mich daraufhin irritiert an. „In den Arm nehme ich sie, aber man kann sich ja nicht mit ihr unterhalten. Sie spricht ja nicht, wir haben schon alles versucht."

Offenbar liebte es Selina, dabei zu sein, wenn der große Bruder Freunde nach Hause mitbrachte. Sie saß still daneben und beobachtete das muntere Treiben der anderen. Der Bruder schickte sie nicht weg, aber er bezog sie auch nicht in das Spiel ein. Sie war zum Außenseiter geworden, zum pflegeleichten familiären Mitläufer, dem man Aufträge erteilen konnte, die das kleine Mädchen gerne ausführte. Gab man ihr doch damit das Gefühl dazuzugehören.

Passiv-Fernsehen

Wann immer ich nachmittags die Wohnung betrat, wurde ich lautstark empfangen. Oft hatte der Sohn Freunde oder Nachbarskinder mitgebracht, die in der Wohnung herumtobten, zusammen Fernsehen guckten oder beides gleichzeitig machten. Nach kurzer Zeit hatte sich ein Ritual entwickelt: Wenn ich kam, machte der Junge den Fernseher aus, wie es die Mutter befohlen hatte. Noch bevor ich die Wohnung verlassen hatte, wurde er wieder eingeschaltet.

Auch die Mutter selbst verrichtete augenscheinlich gerne häusliche Tätigkeiten vor dem Fernsehapparat, insbesondere das Bügeln. Das Baby befand sich dann meistens in seinem Krabbelstall, der auch im Wohnzimmer stand. Für den Sohn gab es die Regel: Fernsehen nur nach Erledigung der Hausaufgaben. Für die jungen Kinder gab es keine Regeln. Ihre Bedürfnisse waren denen der anderen untergeordnet, als „Passiv-Fernseher" waren sie dem stetigen Input von Bildern und der sie umgebenden Geräuschkulisse wehrlos ausgesetzt.

Die Mutter berichtete mir, dass der Vater beruflich sehr beansprucht sei und sich eher abends um die Kinder kümmere. „Mein Mann muss oft Überstunden machen und ist müde, wenn er heimkommt", sagte sie. „Aber er kuschelt gerne mit den Kindern vor dem Fernseher." Der Fernsehapparat war offenkundig zum beherrschenden sechsten Familienmitglied geworden. Ohne ihn anzuschalten, konnte und wollte man in der Familie nicht leben.

Wie andere Dreijährige beobachtete Selina fasziniert und voller Konzentration die Bilder, die auf sie einströmten. Sie wandte sich auch wieder davon ab und spielte dabei, wenn es ihr zu viel wurde. Man habe gehofft, ihr Sprechen könne sich vielleicht durch die Kindersendungen verbessern, wurde mir gesagt. Ich fragte die Mutter, ob ihr Kind dabei jemals irgendetwas gesprochen habe. „Manchmal hat sie *da da* gesagt und auf etwas hingedeutet, sonst nichts", antwortete sie.

Beim Fernsehen hören junge Kinder in den ersten Lebensjahren die gesprochene Sprache beiläufig, sie wird zum untergeordneten Aspekt der Wahrnehmung. Was das kindliche Gehirn eher erreicht, sind die sich bewegenden Bilder, ihre Zusammenhänge und Bedeutungen. Die Dialoge erreichen die Wahrnehmung nur eingeschränkt. Allein durch die oftmals hohe Sprechgeschwindigkeit der agierenden Personen ist es jungen Kindern kaum möglich, sich beispielsweise den Satzbau zu merken oder ihn sich anzueignen.

Auch im späteren Vorschulalter fördert Fernsehen in erster Linie die rezeptive Sprachentwicklung und damit das Sprachverständnis. Die Entwicklung des eigenen Sprachgebrauchs und die damit verbundene auditive Selbstwahrnehmung fördert es viel weniger. Darauf kommt es jedoch an, wenn es um die Stabilisierung des eigenen Sprechens als Basis für die sich später herausbildende phonologische Bewusstheit geht. Selina hatte vor dem Fernsehapparat nicht das Sprechen, sondern das schweigende Zuhören gelernt, sie verhielt sich ruhig und störte nicht. Genau dieser Sachverhalt ist es, den manche Erwachsene bewusst oder unbewusst einkalkulieren.

Stundenlang vor dem Fernseher zu sitzen, entspricht jedoch nicht den kindlichen Bedürfnissen nach Kommunikation und Bewegung. Diese werden anschließend ebenso extrem nachgeholt. Viele dieser Kinder leben danach oft unter lautem Geschrei ihren Bewegungsdrang aus. Scheinbar chaotisch rennen sie durch die Räume, um für ihr schweigendes Stillsitzen Ausgleiche zu schaffen.

Inzwischen finden Kinder – sogar bereits im Vorschulalter – den eigenen Fernsehapparat zum Geburtstag oder an Weihnachten auf dem Gabentisch. Ergänzt wird er durch Spielkonsolen wie Gameboy, Nintendo, Wii und zahllose andere Varianten von Computerspielen. Die Industrie hat Kinder und Jugendliche als Konsumenten in den verschiedensten Bereichen längst entdeckt und verdient daran Milliarden.

Wenn es um Computerspiele geht, wird von den Machern besonders die Konzentrationsförderung hervorgehoben: Visuelle Reize erfordern schnelle und ganz bestimmte Entscheidungen und Reaktionen. Ein Punktesystem belohnt und suggeriert damit Erfolgserlebnisse, die in anderen Bereichen nicht so unkompliziert zu haben sind – insgesamt ein süchtig machender Lernprozess, der nur geringste sprachliche Aktivitäten hervorruft. Der Computer gilt inzwischen als das Kulturgut unseres Jahrhunderts per se. Computerspiele gehören für Kinder und Jugendliche zur liebsten Freizeitbeschäftigung. Wir kommunizieren global und schriftlich, vorzugsweise in Kürzeln, schnell und unkompliziert. Was auf der Strecke bleibt, ist die gesprochene Sprache. Kinder und Schüler, die keine ausreichende Praxis darin bekommen, werden keine zufriedenstellende schulische Lernentwicklung aufweisen.

Er habe ein tolles Wochenende bei einem Freund verlebt, erzählte mir kürzlich ein Zehnjähriger. „Er hat alles, sogar den neusten Flachbildschirm von seinem Vater. Wir haben die ganze Zeit in seinem Zimmer Computerspiele gespielt und Filme geguckt, super cool!", sagte er. „Meine Eltern sind doof, sie wollen nicht, dass ich alleine in meinem Zimmer fernsehe!" Als ich ihm entgegnete, er habe absolut tolle und sehr verantwortungsbewusste Eltern, wusste er nicht so recht, was er mit dieser Beurteilung anfangen sollte. Als ich es ihm erklärte, war er ein wenig stolz.

Wenn Eltern ihren Kindern – welchen Alters auch immer – den eigenen Fernsehapparat ins Zimmer stellen, geschieht dies auch im Eigeninteresse der Erwachsenen. Kinder, die in ihrem Zimmer fernsehen oder am Computer spielen, sind aus dem Verkehr gezogen. Die Eltern können sich ungestört ihren eigenen Interessen widmen. Doch zu viel Fernsehen verhindert genauso wie Computerspielen wichtige zwischenmenschliche Kommunikation in der Familie. Es verurteilt zum Schweigen und vernachlässigt über Jahre den aktiven Sprachgebrauch. Inzwischen stellen wir eine immer größer werdende Diskrepanz zwischen dem impressiven oder rezeptiven und dem expressiven Sprachgebrauch fest. Das Sprachverständnis von Kindern und Schülern ist zufriedenstellend, aber nicht ihre eigenen sprachlichen Ausdrucksmöglichkeiten; das gilt für den Wortschatz ebenso wie für die Grammatik. „Learning by Doing" ist ein wichtiger Grundsatz für die Weiterentwicklung gesprochener Sprache von Kindern und Heranwachsenden. Darüber hinaus weisen Mediziner mit Nachdruck auf die krankmachenden Aspekte hin, die unkontrolliertes Fernsehen und Computerspielen hervorrufen können.

Reizüberflutung

Kinder, die andauernd damit leben, werden einer stetigen Überflutung mit optischen und akustischen Reizen ausgesetzt, ohne dass sich die Eltern über die Folgen im Klaren sind. In solchen Fällen sind die Nervenzellen des sich noch entwickelnden kindlichen Gehirns nicht mehr in der Lage, die von außen kommenden Impulse nacheinander geordnet aufzunehmen und weiterzuverarbeiten. Es kann zu

Störungen kommen, die unterschiedliche Reaktionen und Verhaltensweisen hervorrufen.

Am nachdrücklichsten warnen Ärzte davor, Babys ungeschützt dem Fernsehen auszusetzen. Junge Kinder reagieren mit deutlichen Stresssymptomen auf visuelle und akustische Reizüberflutung. Nachts bekommen sie Schlafstörungen und Albträume, tagsüber werden sie schnell müde, reagieren gereizt oder werden aggressiv. Sie beteiligen sich nicht mehr an gemeinsamen Spielen oder beginnen aus unersichtlichen Gründen zu weinen. Neben der gestörten Sprachverarbeitung sind im zunehmenden Alter steigende Konzentrationsschwächen und Lernstörungen die Folgen. Auch ADHS, das Aufmerksamkeits-Defizit-Hyperaktiv-Syndrom, wird im Zusammenhang mit Reizüberflutung in der frühen Kindheit diskutiert.

Amerikanische Studien haben Zusammenhänge mit dem negativen Lernverhalten von Grundschulkindern und ihrem überhöhten Fernsehkonsum in den ersten drei Lebensjahren nachgewiesen. Nicht nur amerikanische, sondern auch deutsche Kinderärzte empfehlen daher, Kleinkinder im Alter von ein bis zwei Jahren nicht dem Fernseher auszusetzen. Geradezu Horrormeldungen gingen um die Welt, als Ende der neunziger Jahre die Zeichentrickserie „Pokemon" bei angeblich Hunderten von Kindern in Japan epileptische Anfälle auslöste. Die Serie wurde zunächst aus dem Programm genommen. Allerdings gilt eine durch visuelle Reize in Verbindung mit Lichtempfindlichkeit ausgelöste sogenannte „fotosensible" Epilepsie als genetisch bedingt und äußerst selten. Eltern sollten sich darüber keine Gedanken machen.

Gelegentlich verschließt sich das Gehirn auch zum Selbstschutz, die Nervenzellen hören auf, einströmende Reize weiter aufzunehmen, und verarbeiten sie nicht mehr. Ein einfaches Beispiel: Stellen Sie sich vor, Sie wären gezwungen, morgens, mittags und abends Ihr Lieblingsgericht zu essen. Irgendwann wird es Ihnen zu viel. Es ist bald nicht mehr Ihr Lieblingsessen, weil es Ihnen nicht mehr schmeckt. Danach verweigern Sie es gänzlich, weil Ihnen schlecht wird, wenn Sie nur daran denken. Ihr Gehirn hat die körperlichen Gefahren, die davon ausgehen, erkannt. Die Nervenzellen verschließen sich diesem Reiz, weil eine dauerhaft einseitige Ernährung Ihrer Gesundheit schaden würde. Der zunächst positive Reiz, Ihr Lieblingsgericht, wird bald zum negativen Reiz und abgewehrt, um den Körper zu schützen. Ähnlich ergeht es Kindern, die täglich stundenlang fernsehen oder mit Computerspielen beschäftigt sind. Ihr Gehirn verschließt sich irgendwann auch positiven Reizen. Visuelles und auditives Lernen – und damit auch die Sprachentwicklung – kommen zum Stillstand.

Als ich Selinas Eltern die Auswirkungen des Fernsehkonsums deutlich machte, reagierten sie betroffen. Allerdings bedeuten diese Gefahren nicht, dass wir Kindern das Fernsehen grundsätzlich verbieten sollten. Ein völliges Fernsehverbot halte ich für ebenso übertrieben und deshalb pädagogisch für wenig hilfreich. Inzwischen lassen sich die verantwortlichen Redakteure eine Menge für Kinder und Jugendliche einfallen. Neben interessanten Filmen präsentieren witzige Moderatoren unterhaltsame und lehrreiche Sendungen; einzelne haben sogar Kultcharakter, wie „Die Sendung mit der Maus". Verantwortungsbewusste Eltern müssen den Fernsehkonsum ihrer Kinder jedoch unbedingt kontrollieren und einschränken. Wunschsendungen sollten vor Wochenbeginn gemeinsam ausgesucht und festgelegt werden. Ab dem dritten Lebensjahr ist gegen eine halbe bis eine Stunde fernsehen täglich nichts einzuwenden. Sprachfördernd ist es, wenn es in Anwesenheit der Eltern geschieht und sie mit dem Kind anschließend darüber sprechen: „Erzähle mir, was dir gefallen hat!" In späteren Jahren, vor allem im Schulalter, gilt die Regel: Ein bis maximal zwei Stunden nach Erledigung der Hausaufgaben fernsehen oder am Computer spielen, mehr nicht!

Fehlender Dialog mit Kindern

Es beschäftigte Selinas Mutter, warum ihre Tochter diese Sprachentwicklungsverzögerung hatte und wie man ihr helfen könnte. Bei Gesprächen mit Besuchern der Familie standen oftmals die Kinder und deren Probleme im Vordergrund. Auch am Telefon konnte sie sich intensiv und lange mit anderen darüber unterhalten. Allerdings bemerkte ich eine Diskrepanz, die mir im Laufe meines Berufslebens immer wieder begegnet ist: Ich habe verschiedene Mütter wie Väter kennengelernt, die sehr ausführlich über ihre Kinder sprachen, aber kaum mit ihnen! Andere Eltern waren subjektiv der Meinung, dass sie viel mit ihren Kindern sprächen, doch sie neigten zum Monologisieren, hielten endlose Vorträge und bemerkten es gar nicht.

Kindliches Lernen und die damit verbundene Sprachentwicklung von Kindern zu fördern, bedeutet nicht, alltägliche Bitten, Aufforderungen, Befehle, Fragen und Antworten an sie zu richten: „Hast du Hunger? – Was möchtest du trinken? – Lauf nicht weg! – Pass auf, das du nicht hinfällst!", sondern den Einstieg in einen Dialog, in eine

Kommunikation, die sich an kindlichen Bedürfnissen und Interessen orientiert, nicht an den Interessen der Erwachsenen. Kinder müssen sich oft genug anhören: „Hör mir zu, wenn ich mit dir rede!" Doch nehmen wir uns selbst die Zeit, ihnen zuzuhören? Interessieren wir uns tatsächlich für sie und akzeptieren wir sie als Gesprächspartner?

Selinas Mutter hatte in der Regel den etwas angehobenen Befehlston, wenn sie zu ihren Kindern sprach. Ihre harsche Redeweise verwies die Kinder in ihre Schranken und wirkte abweisend, sodass sie sich von der Mutter zurückzogen. Dagegen schafft eine weichere und melodische Sprache, integriert in kindliche Wahrnehmungen von körperlicher Nähe, Zuwendung, Liebe und Geborgenheit, wichtige Grundvoraussetzungen für kindliches Lernen und die Motivation zum eigenen Sprechen.

Obwohl Selina Sprachschwierigkeiten hatte, wäre eine Kommunikation zwischen Mutter und Kind möglich gewesen. Hätte sie das Kind in den Arm genommen, mit ihm ein Bilderbuch betrachtet und etwas dazu erzählt, so hätte sie sein Interesse für die Bedeutung der Bilder und damit auch für das Sprechen geweckt und signalisiert: Du bist mir wichtig, ich habe dich lieb und nehme mir Zeit für dich. Was den Vater anging, vertrat er die Meinung, dass es hauptsächlich die Angelegenheit seiner Frau sei, sich um das Baby oder die dreijährige Selina zu kümmern. „Worüber soll ich mit ihnen reden, wenn sie noch so klein sind?", fragte er. „Mein älterer Sohn interessiert sich schon für Autos und Fußball, mit ihm kann ich mich unterhalten!"

Obwohl sich in unserer Gesellschaft gerade die Haltung von Vätern ihren Kindern gegenüber in den letzten Jahrzehnten sehr zum Positiven verändert hat, repräsentiert

Selinas Vater diejenigen Eltern, welche erst dann den Dialog mit ihren Kindern sucht, wenn diese älter sind und sie sie als Gesprächspartner für würdig befinden. Wir begegnen diesen Vätern und Müttern verstärkt, aber keineswegs ausschließlich in den an Bildung weniger interessierten Familien. Diese Erwachsenen orientieren sich in erster Linie an ihren eigenen Bedürfnissen, ihrer eigenen Themenwelt. Kindliche Interessen und Bedürfnisse sind denen der Erwachsenen untergeordnet und unbedeutend. Sie werden gar nicht wahrgenommen.

Familien schaffen die Bedingungen, unter denen sich Sprache positiv oder negativ entwickelt, unter denen ungünstige genetische Vorbedingungen besser kompensiert werden können oder nicht. In Selinas Fall trafen schlechte genetische Voraussetzungen auf ungünstige familiäre Bedingungen. Die Beratung gerade ihrer Eltern war daher von größter Wichtigkeit, um Verbesserungen herbeizuführen. Ob sich später auch Lese- und Rechtschreibschwierigkeiten bei dem Mädchen einstellten, ist mir nicht bekannt. Nach positivem Abschluss der Therapie hatte ich, wie in den meisten Fällen, keinen Kontakt mehr mit der Familie.

Heute wissen wir, dass rund 25 % der Late-Talkers später eine Lese-Rechtschreibstörung aufweisen, was neuere wissenschaftliche Untersuchungen belegen. Im Gegensatz zu Kindern mit phonologischen Sprachstörungen hat offenbar der Großteil der Kinder mit einer lediglich verzögerten Sprachentwicklung glücklicherweise im Schulalter keine Lese- und Rechtschreibschwierigkeiten.

5
Vorschulische Prävention

Die meisten Lerndefizite erkennen wir zwar erst im Schulalter, aber viele Ursachen liegen in der früheren Kindheit, insbesondere dann, wenn es sich um Wahrnehmungsstörungen handelt. Jegliche Wahrnehmung gründet auf neurobiologischen Prozessen, die sich nach der Geburt mit den Reifungsprozessen des Gehirns langsam entwickeln. Gene und Umwelteinflüsse können sie begünstigen, aber auch beeinträchtigen. Tatsächlich machen wir uns die Sprache, wie auch andere Fähigkeiten, niemals über nur einen einzigen Sinneskanal zu eigen. Unser Gehirn erreichen unterschiedlichste Sinneseindrücke, die es verbinden und weiterverarbeiten muss. Wir hören, sehen, schmecken, riechen, fühlen – und das alles oftmals gleichzeitig; Wissenschaftler nennen es die „sensorische Integration". Die mit ihrem Therapiekonzept für Kinder mit Entwicklungsstörungen bekannt gewordene amerikanische Psychologin und Beschäftigungstherapeutin Jean Ayres schreibt:

„Die Integration der Sinne ist das Ordnen der Empfindungen, um sie gebrauchen zu können. (…) Wenn Empfindungen in einer gut organisierten, d. h. gut integrierten Weise dem Gehirn zufließen, kann es diese Empfindungen nutzen, um daraus Wahrnehmungen, Verhaltensweisen und Lernprozesse zu formen." (Ayres 2002, S. 7)

Besonders in der frühkindlichen Entwicklung ist es daher für die Wahrnehmung, das Verhalten und Lernen insgesamt von Bedeutung, ob ein reibungsloser Integrationsprozess im Gehirn zustande kommt oder ob dieser Prozess nachhaltig gestört wird. Dabei ist es wichtig, dass sowohl im familiären Umfeld als auch in der Umwelt Bedingungen herrschen, die eine ungestörte sensorische Integration möglich machen. Ist beispielsweise eine „Teilfunktion" wie die auditive Wahrnehmung gestört, sprechen wir auch von einer „sensorischen Integrationsstörung" oder „Teilleistungsstörung" (Graichen 1979). Der größte Störfaktor in unserer heutigen modernen Gesellschaft ist vermutlich die Überflutung von Kindern sowohl mit optischen als auch mit akustischen Reizen. Alle jungen Kinder, die einem Übermaß an Fernsehen, Spielmaterialien, Lärm, häufig wechselnden Bezugspersonen und permanenten Aktivitäten ausgesetzt sind, die über keine Ruhephasen, keine liebevolle Zuwendung ihrer Eltern oder Betreuer verfügen, laufen Gefahr, einströmende Eindrücke im Gehirn nicht verarbeiten zu können. Das Gleiche gilt für junge Kinder, die aufgrund genetischer Dispositionen oder Krankheiten schlechter sehen, hören oder mit anderen eingeschränkten Wahrnehmungsfunktionen geboren werden.

Prävention ist daher unverzichtbar, wenn wir in unserer Gesellschaft für die nachwachsende Generation Verantwortung übernehmen wollen. Dazu gehört, Kinder zu schützen, für ihr ungestörtes Aufwachsen Sorge zu tragen, ihre Bedürfnisse und Defizite zu erkennen und sie mit Interesse, Zuwendung und Anreizen spielerisch zu fördern. Wie bereits dargestellt, wachsen viele Kinder weder unter optimalen familiären Bedingungen noch unter günstigen Umweltbedingungen auf.

Prävention bei Kleinkindern beginnt in Deutschland mit regelmäßigen verbindlichen medizinischen Kontrolluntersuchungen, welche helfen, Krankheiten und andere Entwicklungsstörungen frühzeitig zu erkennen und ihnen entgegenzusteuern. Priorität haben zudem Hilfestellungen für die Mütter während der Schwangerschaft und in den ersten Monaten nach der Geburt, gemeinsam mit der begleitenden Aufklärung der Eltern. Sie sei bereits in ihrem Schwangerschaftskurs auf Gefahren des Fernsehens für junge Babys aufmerksam gemacht worden, berichtete mir eine Mutter. Prävention bedeutet auch gesunde Ernährung der Kinder vom Babyalter an. Die kindliche Bewegung sollte ebenso im Mittelpunkt stehen. Kinder brauchen Möglichkeiten, ihren Bewegungsdrang auszuleben. Junge Kinder, die in ihrer Motorik eingeschränkt sind, benötigen therapeutische Hilfe. Motorik und Sprachentwicklung bedingen sich gegenseitig, sie sind ohne einander kaum möglich. Aufschlüsse über Hirnaktivitäten machen deutlich, dass motorisches Zentrum und Sprachzentrum vernetzt arbeiten, wie Neurowissenschaftler schon vor langer Zeit aufgedeckt haben.

Neben einer gesunden Ernährung und Bewegungsförderung hat die Erkennung und Förderung von Kindern mit Sprachstörungen bei der Familien- und Bildungspolitik der Kommunen mittlerweile besonderes Gewicht erhalten. Städte mit hohem Ausländeranteil, wie Offenbach am Main, haben „Sprachscreenings" durchgeführt und in den Kitas Sprachförderung angeordnet. Kommunale Einrichtungen oder soziale Verbände kümmern sich besonders um bedürftige Kinder. So wurden in Städten wie Hanau ältere Einwohner angeschrieben und eingeladen, sich als „Großeltern auf Zeit" für bedürftige junge deutsche und ausländische Kinder zu engagieren und einen Teil ihrer Freizeit mit ihnen zu verbringen.

Von einem wunderbaren deutschen „Hilfsgroßvater" für ihre beiden Mädchen wurde mir von einer türkischen Familie aus der Nähe von Aschaffenburg in Nordbayern berichtet. Die dreizehnjährige ältere Tochter lebt mit einer Behinderung und war vor einigen Jahren bei mir zur Therapie. Der ältere Herr macht mit den Kindern Hausaufgaben, liest mit ihnen, macht Spaziergänge und erklärt ihnen dabei die heimatliche Umgebung und Natur. Er spricht mit ihnen über ihre großen und kleinen Sorgen, wie es Großväter tun. Es ist eine für beide Seiten befriedigende und gelungene Zusammenführung bei gleichzeitiger Überwindungen von gegenseitigen Vorurteilen und kulturellen Barrieren.

5.1 Optimierung pädagogischer Konzepte

Auch in den vorschulischen Erziehungseinrichtungen stehen die Beobachtung von Sprachstörungen oder Verhaltensauffälligkeiten und die damit verbundene Aufklärung der Eltern an erster Stelle der Prävention. Verschiedene Kitas werden regelmäßig von Logopäden besucht, die ein- oder zweimal pro Woche Kinder mit Sprachentwicklungsstörungen therapieren. Mit zusätzlich bereitgestellten Geldmitteln von Kommunen können Kitas studentische Helfer oder Praktikanten einstellen, welche die hauptamtlichen Erzieher auch bei der Spracherziehung unterstützen. Doch wie ist es um die pädagogischen Konzepte der Kindertagesstätten bestellt? Ist beispielsweise Sprachförderung ein wichtiger Aspekt, den gut ausgebildete Erzieherinnen und Erzieher als einen Schwerpunkt ihrer eigenen pädagogischen Arbeit begreifen oder bedeutet sie ein grundsätzliches Delegieren von Förderung an Therapeuten und Hilfskräfte?

Obgleich es vielen Kitas in der Vergangenheit an pädagogisch ausgebildetem Personal mangelte, beschloss der Gesetzgeber einen verbindlichen Rechtsanspruch auf einen Kindergartenplatz für jedes Kind ab dem dritten Lebensjahr. Seit dem 1. August 2013 gilt dieser Rechtsanspruch auch für Kleinkinder ab dem ersten Lebensjahr. Die damit angestrebte Zielsetzung, Eltern zu entlasten, Müttern die schnelle Rückkehr in die Berufstätigkeit zu ermöglichen und durch frühzeitige Betreuung und Förderung Chancengleichheit zu gewährleisten, scheint in hohem Maße ethisch und sozial gerechtfertigt. In der Realität hatte dieser Rechtsanspruch zu einem immer größer werdenden Dilemma geführt: Zu wenige Erzieher sahen sich einer steigenden Anzahl von Kindern und einer stetig erweiterten Aufgabenstellung gegenüber. Soziale Verbände warnten vor einer Verschlechterung der pädagogischen Situation. Überforderte und von den Arbeitsbedingungen frustrierte Erzieher können erfahrungsgemäß keine optimale Arbeit leisten. Was unter negativen Bedingungen auf der Strecke bleibt, sind in erster Linie die Kinder!

Auf welche Weise sich frühkindliche Betreuung auswirken kann, erfuhr ich im Freundes- und Familienkreis. Zwei junge Mütter wollten zurück in eine Teilzeit-Berufstätigkeit und suchten einen Krippenplatz für ihre Kinder, ein und zwei Jahre alt. Trotz anfänglicher Schwierigkeiten wurden beide im Rhein-Main-Gebiet fündig. Mutter A erfuhr nach Absagen in städtischen Einrichtungen über eine Kinderfotografin von einem freien Platz bei einer Tagesmutter in einem ländlichen Außenbezirk von Bad Homburg vor der Höhe. Die Betreuungstätigkeit der Tagesmutter wird von der Stadt koordiniert und bezuschusst. Die Eltern sind inzwischen nicht nur mit dem finanziellen Zuschuss der Stadt, sondern auch mit der Arbeit der Tagesmutter sehr zufrieden. Diese ist Ende vierzig, hat selbst bereits erwachsene Kinder und arbeitet mit einer Gruppe von maximal fünf Kindern. Ihre pädagogische Arbeit – auch die Größe der Kindergruppe – unterliegt der Aufsicht und Kontrolle durch das Jugendamt. Die junge Mutter beschreibt die Tagesmutter als „in sich ruhende Person" mit einem sehr herzlichen und liebevollen Umgang mit den Kindern. Die Räumlichkeiten in einer mittelgroßen Wohnung samt angrenzendem Hof bieten den Kindern im Baby- und Kleinkindalter ähnliche überschaubare und vertrauenerweckende Verhältnisse wie zu Hause.

Der einjährige Nicklas gewöhnte sich problemlos bei der Tagesmutter ein. Die gemeinsame Betreuung mit anderen Kindern hat inzwischen seine Entwicklung begünstigt – sowohl im sozialen Umgang als auch im eigenen Sprachgebrauch, der sich zunehmend ausprägt. „Er geht morgens sehr gerne zur Tagesmutter und liebt es, mit seinen Spielkameraden und -kameradinnen zusammen zu sein. Er plappert vor sich hin, benutzt immer mehr neue Wörter und ist dabei fröhlich und unkompliziert." So beschreibt ihn seine ebenfalls zufriedene Mutter.

Nicht ganz so unkompliziert hat Mutter B die Eingliederung ihres Jungen in eine Kinderkrippe erlebt. Eltern und Kind wohnen in einem von jungen Familien sehr frequentierten Stadtrandbezirk von Frankfurt am Main. Sie mussten etliche Absagen hinnehmen und wesentlich länger suchen. Als der Mutter nach einer längeren Wartezeit ein Krippenplatz angeboten wurde, hatte ihr kleiner Sohn fast das zweite Lebensjahr vollendet. Umso erfreuter waren die Eltern, dass sie endlich Erfolg hatten.

Die Kinderkrippe liegt im Parterre einer größeren Kita. Die Gruppe des kleinen Bastian ist auf zehn Kinder angelegt und wird von zwei Erzieherinnen, Mitte fünfzig und Ende zwanzig, betreut. Die Mutter beschreibt sie als entgegenkommend und engagiert. Eine weitere Hilfskraft steht ebenfalls zeitweise zur Verfügung. Die Sprache des Jungen hatte bereits vor dem Krippenbesuch beträchtliche Fortschritte gemacht. Sein Umgang mit anderen Kindern schien unproblematisch. Er spielte gerne mit ihnen und fügte sich reibungslos ein. Dennoch brachte die Eingewöhnung in die Kita häusliche Probleme mit sich: Abends fiel es dem Jungen schwer einzuschlafen, in der Nacht wachte er öfters auf. Einen Hauptgrund für die Schwierigkeiten sieht die Mutter in der engen Bindung des Kindes zu ihr und die daraus folgenden Ablösungsprobleme bei der Hinwendung zu anderen Bezugspersonen. Doch war es hauptsächlich die Trennung von der Mutter, die zu offensichtlichen Stresssymptomen führten?

Ein erst zweijähriger Junge besitzt noch keine Kindergartenreife. Er kommt aus der vertrauten und überschaubaren

Umgebung des Elternhauses in ein für seine Wahrnehmung riesig erscheinendes Gebäude einer Kindertagesstätte mit zahlreichen Stockwerken und unüberschaubaren Räumen – vielfältige Eindrücke, für ihn kaum selektierbar. Er wird mit einer Vielzahl von Kindern und Erwachsenen konfrontiert, die für ihn zunächst Fremde und daher wenig vertrauenerweckend sind. Ältere Kinder kommen ihm entgegen zuweilen hastig rennend oder aus Versehen schubsend, wie es Kinder normalerweise tun. Für ein Kleinkind ist dies eine zunächst beängstigende neue Situation, die nicht auf Anhieb verkraftet werden kann.

Darüber hinaus musste Bastian den häufigen Wechsel von Kindern in seiner Gruppe erleben. Hatte der Zweijährige einen vermeintlichen Spielkameraden gefunden, verließ dieser die Gruppe wieder; neue jüngere Kinder kamen hinzu. Vermutlich profitierten diese vom Umgang mit Bastian und seinen sehr guten Sprachfähigkeiten. Doch für ihn selbst gab es zunächst keine beständig anwesenden Spielkameraden, die etwa gleichaltrig waren und mit denen er mehr anfangen konnte.

Was am Anfang half, war die Anwesenheit der Mutter in der Eingewöhnungsphase. In den ersten Monaten sei sie sich nicht sicher gewesen, ob die Entscheidung für eine Kinderkrippe die richtige war, erzählte sie mir. Erst nach einem Jahr konnte sie eine positive Bilanz ziehen. Der anfänglich schwierige Integrationsprozess hatte sich stabilisiert. Zwar seien die meisten Krippenkinder jünger als ihr Sohn, aber die Erzieherinnen hätten sich Mühe gegeben, ihn gut einzubinden. Inzwischen habe er sich mit einzelnen Kindern anfreunden und engere Beziehungen entwickeln können. Darüber hinaus zeige der Junge jetzt auch eine stärkere Bindung zu seiner „Lieblingserzieherin". Sie ist in der Kinderkrippe die Bezugsperson seines Vertrauens geworden, ein zeitweiliger Elternersatz, für ein Kleinkind sozial und emotional unverzichtbar.

Mit der Quantität der zur Verfügung gestellten Plätze steigt nicht automatisch die Qualität der Betreuung, aber genau darauf legen Eltern ebenfalls Wert. Wenn das Personal einer Kinderkrippe die Eltern von einer effizienten Betreuung überzeugen kann, werden sich positive Erfahrungen herumsprechen und freie Plätze schnell belegt sein.

Im Gegensatz zu den neuen Bundesländern verfügen viele Kitas in den alten Ländern noch nicht lange über Krippengruppen. Separate Krippeneinrichtungen wurden aufgrund der veränderten Gesetzgebung erst in den zurückliegenden Jahren geschaffen. Während die privaten Tagesmütter offenbar vom Jugendamt kontrolliert werden und aus gewichtigen Gründen bestimmte Vorgaben – wie eine kleine Gruppengröße bei Kleinkindern – einhalten müssen, entscheiden Kitas allein nach ihren eigenen pädagogischen Konzepten.

Dabei wird es in öffentlichen, aber auch in vielen privaten Krippen oder Kindergärten offenbar als gleichwertig angesehen, fünf Kinder von einer oder zehn Kinder von zwei oder mehr Erzieherinnen in einem größeren Raum betreuen zu lassen. Was die Gruppengröße angeht, sind kaum Unterschiede zwischen Krippenkindern und Kindergartenkindern festzustellen. Die kleinste Gruppe habe neun, die größte Gruppe 20 Kleinkinder, berichtete mir eine in einer Kinderkrippen-Einrichtung tätige Erzieherin; ähnlich verhält es sich bei den Kindergartengruppen. Die Auswirkungen der Gruppengröße werden vermutlich weniger mitreflektiert. Viele Krippen und Kitas in Deutschland werben mit „Kleingruppen". In der Realität werden oftmals größere Einheiten gebildet und diesen entsprechend mehr Erzieher/innen und Hilfskräfte zugeteilt. Die Argumente der Kitaleitungen: Zu wenig Personal, größere Flexibilität bei der Aufsicht der Kinder, die Räume sind auf größere Gruppen angelegt und so weiter. Bei allen sicherlich nachvollziehbaren Argumenten ist die Effizienz der pädagogischen Arbeit jedoch in hohem Maße abhängig von der Gruppengröße. Bei 20 Kindern in einer Gruppe scheint sie mir eher gering und individuelle Förderung kaum möglich.

Haben Sie schon einmal einen Kindergeburtstag besucht, bei dem viele Kinder unterschiedlichen Alters plus Erwachsene anwesend waren, und konnten die Lautstärke, das Gewusel, das Geplapper, die Vielfalt an akustischen und optischen Eindrücken miterleben, die eine solche Kindergruppe und ihre Mütter mit sich bringen? Nicht jedes Kleinkind kann diese Eindrücke auf Dauer verkraften und sich gleichzeitig dabei wohlfühlen. Sensiblere Kinder haben damit Probleme. Ein hoher Lärmpegel ist in großen Gruppen auch von den älteren Kindergartenkindern und den Erziehern selbst nur schwer zu verkraften. Für Kleinkinder bedeutet es eine stressige und zuweilen als bedrohlich empfundene Situation.

Ein Kleinkind ist noch in hohem Maße auf individuelle Zuwendung und eine enge emotionale Bindung zur Betreuungsperson angewiesen. Nur sie kann das durch die Eltern-Kind-Beziehung erzeugte Urvertrauen festigen und das zeitweilige Fehlen der Eltern ersetzen. Mütterlichkeit und liebevolle Zuwendung sind noch mehr gefragt als bei älteren Kindern. Ebenso gilt es für die Kleinsten, nach und nach zu anderen Kindern Vertrauen zu gewinnen und soziale Bindungen allmählich aufzubauen. Dies ist nur in einer für das Kind überschaubaren Gruppe möglich. Dort sind die Empfindungen sensorisch integrierbar. Deshalb sollte es bei größeren Krippengruppen zumindest eine Hauptbezugsperson, einen „Mutter- oder Vaterersatz" für eine kleine Anzahl von bestimmten Kindern geben und die Möglichkeit bestehen, sich mit ihnen in ruhigere Spieloasen zurückzuziehen. Besonders bei Erzieherinnen und Erziehern von Krippenkindern ist deshalb ein hohes Maß an pädagogischem Können und verantwortungsvollem Handeln gefragt, wenn die Jüngsten unserer Gesellschaft angstfrei und unbelastet aufwachsen sollen.

Inzwischen wird Eltern von der Bildungspolitik vermittelt, der frühzeitige Besuch von öffentlichen Erziehungseinrichtungen biete Möglichkeiten zur Frühförderung und damit zum Chancenausgleich. Dies kann aber nur geschehen, wenn nach einem größeren Angebot an Plätzen und Erziehern auch die Qualität der Betreuung und Förderung eine Nachbesserung erfährt. Es käme einem Desaster gleich, wenn durch vorgegebene Quotenregelung bei gleichzeitiger Fehlbesetzung überforderte Hilfskräfte, Erzieherinnen und Erzieher diese Überforderung bereits an die Kleinsten weitergäben.

Neben der Gruppengröße sollten auch die spezifischen Fähigkeiten, Erfahrungen und Neigungen von Bezugspersonen, Erziehern und Erzieherinnen im pädagogischen Konzept der Kita eine Rolle spielen. Welche Erzieher passen zu welchen Kindern am besten? Welche Personen fühlen sich zu Kleinkindern eher hingezogen, verfügen über genügend Erfahrung und können ihnen die wichtige Zuwendung geben? Diese und andere wichtige Überlegungen müssen von der Leitung einer Kindertagesstätte sorgfältig gelöst werden und sind ebenso Teil von Vorsorgemaßnahmen. Prävention – für welches Lernen auch immer – beginnt bereits bei den Kleinsten. Wenn Kinderkrippen und Kindertagesstätten effiziente pädagogische Arbeit leisten wollen, die über eine bloße Beaufsichtigung, Begutachtung und Grundversorgung von Kindern hinausgeht, benötigt jede Krippe und jede Kindertagesstätte ein gut durchdachtes und schlüssiges pädagogisches Konzept.

5.2 Erzieher/innenausbildung und Rollenverständnis

Was wir heute an schreienden, tobenden und hyperaktiven Kindern oder Schülern vorfinden, ist zu Teilen auf dem Rücken einer Reformpädagogik entstanden, die sich in den sechziger und siebziger Jahren die Abschaffung einer autoritären Erziehung in Familien und Erziehungsinstitutionen zum Ziel gesetzt hatte. Selbst noch Leidtragende einer solchen Erziehung, war ich mit anderen meiner Generation einig darüber, dass unsere Gesellschaft Kindern ein freies Aufwachsen ohne Zwang und permanente Reglementierung ermöglichen müsse. Diese Entwicklung war nach der Stöckchen-Pädagogik, die frühere Generationen erlebt hatten, bitter nötig, um junge Menschen von Drill, Zwang und Unterdrückung zu befreien.

Entstanden war die Reform aus der studentischen Protestbewegung Ende der sechziger Jahre, in deren Umfeld

Mütter in Berlin, Frankfurt oder anderen Großstädten Kinderläden gegründet hatten, um an den Protestmärschen teilnehmen zu können. In den siebziger Jahren schrieb ich meine erste Examensarbeit über das Thema „Projekte repressionsfreier Erziehung in Frankfurt am Main" unter Leitung des Gießener Pädagogen Prof. Horst Widmann. Im Fokus standen 16 Einrichtungen, darunter zwölf Kinderläden und drei Kitas, wie beispielsweise der Kinderladen Lehrbachstraße, einer der ersten Frankfurter Kinderläden, oder die Kita Zeilsheim. Letztere gehörte zu den am Anfang wenigen Frankfurter Kitas, die sich ebenfalls einer repressionsfreien Erziehung verpflichtet fühlten und sich an der Kinderladen-Erziehung zu orientieren begannen.

Welche besonderen pädagogischen Konzepte liegen den neuen Einrichtungen zugrunde? Wo sehen Erzieher/innen die Schwerpunkte ihrer Arbeit mit den Kindern? Bringen sie sich wie früher mit ein oder ziehen sie sich zurück? Dies waren einige wichtige Fragestellungen meiner Arbeit, die ich in Interviews sowie bei der Teilnahme an Erzieherbesprechungen und Hospitationen in den Einrichtungen abzuklären versuchte.

Sehr häufig wurde in meinem Beisein in den Kinderläden die Erzieherrolle diskutiert, und es begann sich bereits damals abzuzeichnen, was wir bis heute vorfinden: Die meisten Erzieher/innen sahen ihre Rolle in der Versorgung der Kinder mit Essen, im Bereitstellen von Spielmaterialien, als mögliche Ansprechpartner oder als Helfer bei Konfliktlösungen; ansonsten zog man sich eher auf eine Beobachterposition zurück. In ähnlicher Weise betrachten immer noch viele Erzieher und Erzieherinnen ihre Berufsrolle. Schon damals schien das Erzieherverhalten und damit auch die Kindergarten-Pädagogik zu kippen, weniger von einer autoritären zur antiautoritären, sondern eher zu einer Laissez-faire-Pädagogik, dem Gewährenlassen von Kindern. Nicht alles, wofür die studentischen Reformer damals standen, hat sich in der Folgezeit bewährt. Kinder brauchen Grenzen, sie brauchen einen geregelten Tagesablauf, Zuwendung, Lernimpulse und Hilfen, um sich entfalten zu können. Dies sind pädagogische Erkenntnisse der heutigen Zeit. Doch wie sehr bringen sich die Erzieher/innen selbst ein?

Die 19-jährige N. hat vor nicht langer Zeit ihre Ausbildung als Erzieherin beendet. Ihre dreijährige Schulung sei höchst anspruchsvoll gewesen, berichtet sie mir und es sei für sie überhaupt kein Problem gewesen, eine Anstellung in der von ihr bevorzugten Kita zu bekommen. Ihre mir vorliegenden Ausbildungsunterlagen weisen eine Vielfalt an entwicklungspsychologischen, lernpädagogischen, medizinischen und sozialpädagogischen Themenstellungen auf. Sie betreffen die Kindergartenerziehung, die schulische Erziehung, die Elternarbeit und die eigene Berufsrolle.

Sowohl die theoretischen Grundlagen als auch gezeigte Fallanalysen haben nahezu Hochschulcharakter. Ein Schwerpunkt der Ausbildungsinhalte und der Prüfung fällt besonders auf. Er betrifft die Darstellung und komplexe Analyse von unterschiedlichen Verhaltensauffälligkeiten von Kindern, die auch einer therapeutischen Ausbildung gerecht werden könnten. Ebenso komplex erörtert wird die Thematik Sprachförderung am Beispiel junger Kinder, die nicht nur Sprachstörungen, sondern in der Folge auch erhebliche Verhaltensauffälligkeiten aufweisen. Vermisst habe ich das Thema „Prävention": Was kann die Kita-Erziehung leisten, um Verhaltensauffälligkeiten oder Sprachstörungen rechtzeitig entgegenzuwirken und den Kindern einen optimalen Schulstart zu ermöglichen? Die gesamten Ausbildungsunterlagen machen deutlich, dass mittlerweile eine „Akademisierung" von Erzieherinnen und Erziehern angestrebt wird.

Ich fragte N., ob man in der fachschulischen Ausbildung auch die Anforderungen der Praxis erörtert habe: Wie gehe ich in realen Situationen mit den Kindern um? Wie kann ich in der Realität zu einer nachhaltigen Konfliktlösung beitragen oder bestimmte Kinder individuell fördern? Ihre Antwort lautete: „Jein." Man sei kaum auf diese Fragen eingegangen, denn dies sei keine Angelegenheit der Schule gewesen; vielmehr sollte man es in der praktischen Arbeit in den verschiedenen Kindertagesstätten lernen, in denen sie mehrwöchige Praktika absolviert hatte.

N.'s Antwort auf die Frage, ob sie es dort gelernt habe, kann man wie folgt zusammenfassen: „Ich habe die Erfahrung gemacht, dass Theorie und Praxis weit auseinanderklaffen, dass Kindertagesstätten von ihren Leitungen sehr unterschiedlich geführt werden, dass in einem Kindergarten Geschrei und Chaos herrschen und im anderen nicht." Mit dieser Beurteilung steht die Erzieherin nicht allein da. Sie hatte sich gut überlegt, in welcher Kita sie künftig arbeiten wollte, und war der Meinung, ihre fachschulische Ausbildung habe sie in die Lage versetzt, das Verhalten von Kindern besser beurteilen zu können. Wie sie deren Sprache, ihr Lernen insgesamt, konkret fördern und sie damit in ihrem Entwicklungsprozess voranbringen konnte, war ihr weniger klar. Man habe Sprachförderung in der Fachschule auf einem sehr theoretischen Niveau erörtert, die Sprache als einen Teilaspekt von komplexen Interaktionsprozessen bewertet, erklärte sie. Nur Weniges sei exemplarisch dargelegt worden.

Gefallen hätten ihr konkrete Anregungen zu einem „Multi-kulti-Sprechen": Was heißt *Guten Morgen* auf Türkisch, Spanisch oder Italienisch? Das sei „witzig, sozial fördernd und sprachbildend", sei ihr in der Ausbildung vermittelt worden. Darüber hinaus finde sie eine frühe zweisprachige Erziehung in einem Kindergarten für die Erzieher herausfordernd und sehr anspruchsvoll. Natürlich mache sie auch die Erfahrung, dass einzelne Migrantenkinder keine zwei Sprachen gut bewältigten und nur sehr schwer Deutsch sprechen lernten. Aber auch die Sprache einzelner deutscher Kinder sei fehlerhaft. Sie sei sich daher im Zweifel, ob bei diesen Kindern eine zweisprachige Erziehung angebracht sei. Andere Kinder sprächen dagegen ausgezeichnet. Die noch junge Erzieherin hatte die reale Situation in den Kitas sehr pragmatisch analysiert und richtig bewertet.

Kinder mit stabilen sprachlichen Genen lernen – unabhängig von ihrer Herkunft – mehrere Sprachen spielerisch. Deutsche und ausländische Kinder, denen der Erwerb ihrer eigenen Muttersprache nicht auf eine unkomplizierte und stabile Weise gelingt, werden kaum von einer sehr frühen zweisprachigen Erziehung profitieren können. Erst wenn sich der Gebrauch der eigenen Muttersprache stabilisiert hat, kann auch die Übernahme einer fremden Sprache gelingen. Dies gilt sowohl für das Sprechen als auch für das Lesen und Schreiben. Kinder mit phonologischen Beeinträchtigungen, wie sie bei der gesprochenen und geschriebenen Sprache auftreten können, werden meines Erachtens durch den sehr frühen Erwerb einer zweiten Sprache noch mehr benachteiligt. Wenn es Schülern mit fehlender phonologischer Bewusstheit im 1. Schuljahr nur mit Mühe gelingt, Laute und Buchstaben ihrer eigenen Muttersprache einander zuzuordnen, ist beispielsweise ein frühes Englischlernen eine zusätzliche Erschwernis, von der dringend abzuraten ist. Leider werden die Grenzen oder negativen Konsequenzen einer frühen zweisprachigen Erziehung weniger diskutiert und allenfalls bei bestimmten Migrantenkindern wahrgenommen.

Besonders während N.'s praktischer Ausbildung war deutlich geworden, dass konkrete Fördermaßnahmen eine untergeordnete Rolle spielten. Als Praktikantin war ihr einige Male die Aufgabe zugekommen, mit fünf- und sechsjährigen Kindern vor deren Einschulung nach eigenem Gutdünken sprachlich zu arbeiten. Bei den jüngeren Kindern habe man keine gezielte Sprachförderung für notwendig erachtet. Viele Fünfjährige hätten sich schon sehr für Buchstaben interessiert, berichtete N. Die damals 16-jährige Praktikantin erklärte ihnen die Buchstaben genauso, wie sie diese selbst gelernt hatte, mit der alphabetischen Aussprache. Am meisten führe man inzwischen das Förderprogramm „Hören, lauschen, lernen" durch, weil die Kitas von der Stadt zur Sprachförderung verpflichtet seien. Es handelt sich dabei um ein bekanntes Förderprogramm für Fünf- und Sechsjährige, das besonders auf die Stabilisierung der phonologischen Bewusstheit ausgerichtet ist (Küspert und Schneider 2008).

Meine Frage, ob sie ihre erzieherische Arbeit in der Kita als herausfordernd und anspruchsvoll empfinde, beantwortete N. nicht eindeutig. Auf jeden Fall liebe sie ihre Arbeit mit den Kindern, sie wolle keinen anderen Beruf, befand sie. Die Ausbildung sei zweifellos anspruchsvoll gewesen, die Praxis weniger. Meistens erschöpfe sich die Arbeit im Alltäglichen, nicht im Besonderen. Durch die Lautstärke und das zuweilen chaotische Verhalten von Kindern finde sie ihre Arbeit manchmal körperlich herausfordernd und gelegentlich stressig. Ein weitergehender Berufswunsch sei es, später weniger als Erzieherin, sondern eher als Beobachterin und Gutachterin von Kindern zu arbeiten.

N. hatte bewusst einen pädagogischen Beruf gewählt, eine anspruchsvolle Ausbildung und anstrengende Prüfung dafür bewältigen müssen. In der Praxis vermisste sie die „anspruchsvolle Arbeit". Dabei ergeht es ihr vermutlich genauso wie anderen Erziehern und Erzieherinnen. Dem sollte dringend abgeholfen werden. In vielen Berufen wird die Arbeit zum Alltäglichen. Viele Menschen sind dabei strengen Regeln und Leistungsvorgaben unterworfen, die sie als mehr oder weniger anspruchsvoll empfinden. Das mag zu Teilen auch in Kitas der Fall sein.

Naturgemäß geht es in den Krippen und Kindertagesstätten in erster Linie um die Grundversorgung und Beaufsichtigung der Kinder. Doch dafür allein bedarf es keiner mehrjährigen anspruchsvollen fachschulischen Ausbildung. Wenn diese in der Praxis wenig Umsetzung findet, keine berufliche Zufriedenheit hervorruft, sondern eher als Sprungbrett für weiterführende Berufe angesehen und dafür benutzt wird, hat sie ihre Ziele verfehlt. Darüber hinaus wird jungen Erzieherinnen und Erziehern offenbar bereits durch ihre Ausbildungsschwerpunkte suggeriert, die Beobachtung und Beurteilung von Kindern sei einer der wichtigsten Aspekte der Kita-Pädagogik. Doch welchen Stellenwert hat die konkrete Förderung von Kindern? Wie soll sie innerhalb der Gruppe und individuell geschehen?

N. hatte während ihrer praktischen Ausbildung dafür wenig Anregungen bekommen. Sie hatte keine Mentorin gehabt, an der sie sich diesbezüglich hätte orientieren können. In pädagogischen Berufen steht das persönliche kreative und einfühlsame Handeln des Erziehers, seine pädagogisch-psychologischen Interventionen, sein methodisch-didaktisches Vorgehen im Mittelpunkt seiner beruflichen Leistungen. Ob diese Optionen Gewicht erhalten, ist in hohem Maße nicht nur von der theoretischen, sondern auch von der praktischen Ausbildung abhängig. Ob eine pädagogische Tätigkeit als alltäglich oder anspruchsvoll erlebt wird, hängt in hohem Maße davon ab, was jede einzelne Erzieherin, jeder Erzieher daraus machen kann.

Ich betrachte es als Lehrerin und Sprachheilpädagogin mit einigen Jahrzehnten Praxiserfahrung immer noch als eines der schwierigsten Unterfangen, die Auffälligkeiten und Probleme von Kindern angemessen zu beurteilen. Voraussetzung dafür ist, ihre oftmals nicht auf Anhieb ersichtlichen Ursachen und komplexen Zusammenhänge aufdecken zu können. Einblicke in diese Zusammenhänge schafft kein Beobachterstatus, sondern eine jahrelange praktische Erfahrung in der Arbeit mit Kindern, das pädagogische Interesse am individuellen Kind, der feste Wille, sich auf ein Kind einzulassen und es voranzubringen.

Verhaltensauffällige Kinder stellen in den Kitas und Schulen große Störfaktoren dar. Angehende Erzieherinnen und Erzieher müssen in ihrer Ausbildung auf schwierige Situationen eingestellt werden. Wer jemals mit Kindern gearbeitet hat, weiß, dass bereits ein einziges verhaltensauffälliges Kind in einer Gruppe genügt, um nicht nur die gesamte pädagogische Arbeit zunichte zu machen, sondern auch die anderen Kinder permanent zu beeinträchtigen. Elternberatung, die gegebenenfalls eine Weiterleitung dieser Kinder an Mediziner und Therapeuten zum Ziel hat, ist eine wichtige Aufgabe der Kita. Doch damit erschließt sich die wesentliche pädagogische Arbeit in den Krippen und Kindertagesstätten noch nicht.

5.3 Intensivierung der Sprachförderung

Eine pädagogisch anspruchsvolle Arbeit sah ich vor längerer Zeit in einem Fernsehbeitrag über einen französischen Kindergarten. Die Sprachförderung stand keineswegs im Vordergrund der Berichterstattung und fiel vermutlich auch nicht jedem Zuschauer auf. Worum es ging, war das Lernverhalten junger Kinder in ihrer natürlichen Umgebung. Eine Erzieherin machte mit einer kleineren Gruppe von sieben oder acht relativ altershomogenen Kindergartenkindern im Herbst einen Waldspaziergang. Jedes hatte eine Tüte dabei, um verschiedene Blätter, Kastanien oder kleine Zweige zu sammeln. So gesehen nichts Besonderes, deutsche Erzieherinnen machen das auch mit ihren Kindergruppen. Interessant war jedoch, was die Kindergärtnerin sprachlich aus diesem Vorhaben machte.

Zunächst war jedes Kind eifrig dabei, die Utensilien zu suchen. Natürlich entdeckte die Gruppe noch andere höchst interessante Dinge: einen verlassenen Ameisenhaufen, einen Holzstapel mit einem leeren Vogelnest darin, einen Igel, Steine – alles Entdeckungen, über die man sich hervorragend unterhalten konnte. Die Erzieherin ließ die Kinder ihre Funde untersuchen, aber auch beschreiben: „Toll, zeig doch mal, was du gefunden hast und beschreibe es den anderen!" Ein Junge hielt begeistert seinen Stein hoch und beschrieb ihn: „Oben ist er ganz glatt und schimmert wie Silber, unten ist er graugrün und ganz rau." Die Erzieherin unterstützte ihn beim Finden neuer Begriffe, etwa bei den Mischfarben. Sie war selbst ein gutes Sprachvorbild, redete klar und deutlich. War sich ein Kind im Gebrauch von Wortarten oder der Grammatik nicht ganz sicher, korrigierte sie sehr einfühlsam.

Bei manchen Kindern wiederholte sie deren Sätze gelegentlich noch einmal korrekt und die Kinder wiederholten ebenso, spielerisch und unaufgefordert. Wenn ein Kind den richtig vorgesprochenen Satz noch einmal sagte, lobte sie es: „Du sagst das sehr gut!" Die Kinder lächelten sie stolz an. Offenbar kannten sie dieses Ritual, noch einmal richtig zu sprechen und dafür ein Lob zu bekommen, es motivierte sie geradezu ihr Sprechen zu korrigieren. Es war ein komplexes Lernen mit einer gelungenen Sprachförderung.

Der Spaziergang und die Funde boten eine Fülle von inhaltlichen Themen, die Kinder und Erzieherin ausführlich erörterten. Warum sind die Blätter bunt? Warum ist der Ameisenhaufen verlassen? Wohin sind die Vögel geflogen? Was macht der Igel im Winter? Ich hatte als Zuschauerin nicht das Gefühl, einer für das Fernsehen inszenierten Lernvorstellung intelligenter Vorschulkinder beizuwohnen; vielmehr handelte es sich um junge Kinder, die spontan und vertrauensvoll mit ihrer Erzieherin umgingen. Allerdings waren sie mit den Regeln eines wechselseitigen Dialogs in einer Gruppe vertraut: Sie hatten gelernt zu schweigen und anderen zuzuhören; dafür waren sie sich ihrer besonderen Rolle bewusst, wenn sie vor der Gruppe sprechen durften und andere zuhören mussten.

Zurück im Kindergarten galt es, mit den gesammelten Gegenständen etwas Kreatives zu machen, ein Bild zu malen oder Papier mit Blättern und Zweigen zu bekleben, Kastanienmännchen zu stecken und zu kleben. Es gab einen großen Tisch, an dem alle Kinder Platz hatten. Die Erzieherin gesellte sich unter sie und half bei Bedarf individuell. Sie gab den Kindern Anregungen und ließ sich auch deren Ideen für das Bild genau schildern. Zum Schluss durfte jedes Kind einzeln vor die Gruppe treten und sein Bild vorstellen. Es beschrieb den anderen detailliert, was darauf zu sehen war, was es gemalt oder geklebt hatte: die einzelnen Kastanienfiguren, die Art der Blätter oder Blumen, ihre genauen Formen und Farben ... Mit Zwischenfragen motivierte die Erzieherin, noch mehr darüber zu sagen. Sie vermittelte damit jedem Kind nicht nur ein besonderes Erfolgserlebnis, sondern auch das Gefühl von Wichtigkeit des eigenen Sprechens.

Die Sprache hatte dabei einen beschreibenden Charakter und eignete sich aus sprachtherapeutischer Sicht nicht nur für die Erweiterung der Begriffsbildung und inhaltlichen Bedeutung, sondern auch für die Stabilisierung der Grammatik insgesamt. Die Kindern bekamen beispielsweise Übung im Gebrauch von Adjektiven – rund, eckig, oval, rotbraun – oder von Präpositionen – auf dem Bild, unter dem Blatt, an der Kastanie. Ebenso wurde die Beugung von

Nomen und Verben stabilisiert, die im Vorschulalter von einzelnen Kindern noch instabil verwendet werden.

Der Fernsehbericht zeigte eine sehr anspruchsvolle erzieherische Arbeit mit einer starken Sprachförderung im Kindergarten. Außerdem wurde deutlich, dass die Erzieherin bei einer Gruppe von sieben oder acht vier- und fünfjährigen Kindern sowohl auf individuelle Bedürfnisse als auch auf die Gruppe eingehen konnte. Jedes Kind hatte die Möglichkeit, selbst zu sprechen, und seine Arbeit vorzustellen. Mit einer größeren Gruppe wäre dies kaum zu verwirklichen. Die Präsentationen würden sich unangemessen in die Länge ziehen und andere Kinder langweilen.

Sprache müssen wir nicht neu erfinden, sie ist lebendiger Bestandteil von Interaktionsprozessen. Die Frage ist, welches Gewicht ihr Erzieher in der täglichen Arbeit mit Kindern geben. Geht sie – so wie in vielen Familien – im Alltag unter, im Toben und Schreien von Kindern, in der Erteilung von Ermahnungen und Befehlen, im Monologisieren der Erziehenden? Oder zeigen Erzieherinnen und Erzieher wirkliches Interesse am individuellen Kind, haben sie die Bereitschaft, sich auf seine Bedürfnisse einzulassen, sich mit ihm zu unterhalten und sprachliche Hilfestellungen zu geben?

Die Fähigkeit zur Empathie, zum Einfühlen in die Kinder, und das Erkennen ihrer Bedürfnisse ist Voraussetzung für jede Ebene der Zusammenarbeit mit ihnen, auch für die Sprachförderung. Laut N. gehört empathisches Verhalten selbstverständlich zur Kita-Erziehung, deshalb habe man es in der Fachschule gar nicht mehr besonders herausgestellt. Das ist richtig – Erzieherinnen und Erzieher nehmen Kinder in den Arm und trösten sie, wenn ihnen etwas wehtut und sie sich verletzt haben; aber damit erschöpft sich Empathie noch nicht. Obwohl gerade ausgebildete Erzieherinnen im Anschluss häufig einen logopädischen Beruf anstreben, legen viele auf Sprachförderung in den Kitas selbst weniger Wert. Stattdessen wird sie eher den schlechter ausgebildeten Praktikanten und Hilfskräften überlassen. Darüber hinaus gebe es für vorschulische Einrichtungen viel zu wenig geeignete „Lernprogramme", wird bemängelt.

Sprachliches Lernen beginnt nach der Geburt. Wenn es funktionieren soll, sind emotionale Zuwendung und Anregung vonseiten der Bezugspersonen notwendig. „Kinder lernen von Kindern" gilt mittlerweile als unumstößliches Prinzip. Kinder interessieren sich füreinander, motivieren sich gegenseitig und lernen voneinander, doch das allein begünstigt noch nicht ihre generelle Entwicklung. Besonderes im Sprachgebrauch sind sie auf die Interaktion mit guten Sprachvorbildern angewiesen. Dies können nur ältere Bezugspersonen leisten, ältere Geschwister, Eltern, Großeltern oder Erzieher und Erzieherinnen. Das „Lernen am Modell" erhält durch die Vorbildfunktion der Bezugsperson ein besonderes Gewicht.

Bei der Entwicklung des kindlichen Sprachgebrauchs müssen vielfältige und komplexe neurobiologische Wahrnehmungs- und Verarbeitungsprozesse im Gehirn aktiviert werden und sich zunehmend stabilisieren. Das kann nur bei sprachaktiven Kindern geschehen. Für die phonologischen Prozesse ist alles von Vorteil, was die eigene und die fremde Wahrnehmung von Lauten und allen anderen Sprachklängen stabilisiert. Das Singen mit Kindern kann dabei gar nicht genug hervorgehoben werden, da es ein besonderes Erlebnis der Klangbildung und Lautgebung darstellt.

Beim Singen verläuft die Atmung über das Zwerchfell anhaltender und deswegen auch stabiler. Wir „vokalisieren", ziehen Vokale in die Länge, artikulieren auch die Konsonanten deutlicher, was insgesamt eine komplexe und intensive Wahrnehmung der fremden und eigenen Stimme und Lautbildung ermöglicht. Ähnliches gilt in abgeschwächter Form für das Aufsagen von Kinderreimen. Auch das kann helfen, die phonologische Stabilität allmählich zu festigen. Doch Vorsicht ist geboten – nicht allen Kindern gelingt es problemlos.

Leider ist unserer Gesellschaft eine Kultur des Erzählens zunehmend verloren gegangen. Großeltern, Eltern oder Erzieher, denen es gelingt, Geschichten selbst zu erfinden oder nachzuerzählen, vermitteln den kleinen Zuhörern nicht nur ein riesiges Vergnügen, sondern auch mehr sprachliche Klarheit. Eltern, aber auch andere Bezugspersonen, richten sich in der Regel instinktiv nach dem Sprachvermögen ihrer Kleinkinder. Sie benutzen einen kürzeren und daher besser von den Kindern nachzusprechenden Satzbau. Sie variieren mit der Stimme, sprechen deutlich und langsam. Kinder lieben es, Geschichten erzählt oder vorgelesen zu bekommen.

Inzwischen wird in den Familien das Vorlesen favorisiert. Wie das Erzählen ist es in erster Linie auf die Wahrnehmung und Verarbeitung des impressiven Sprachgebrauchs, der von außen kommenden Sprache gerichtet. Durch das Zuhören wird die auditive Fremdwahrnehmung gefestigt. Gleichzeitig fördert es das inhaltliche Sprachverständnis, Wortschatz, Satzbau und andere Aspekte, sofern die kleinen Zuhörer tatsächlich alt genug sind, um das Gehörte zu verarbeiten. Das Vorlesen von bebilderten Geschichten erscheint auch für jüngere Kinder sinnvoll, wenn der kognitive Sprachgebrauch einsetzt. Wichtig ist, die Geschichten nicht zu schnell, mit deutlicher Aussprache und guter Betonung zu präsentieren. Babys im ersten Lebensjahr profitieren beim Vorlesen weniger von den Inhalten, sondern eher von den Sprachklängen, die ihnen zunehmend vertrauter erscheinen und später übernommen werden. Dabei sind die körperliche Nähe und emotionale Zuwendung der Eltern oder anderer Bezugspersonen wesentliche Voraussetzungen für den Anstoß und die Entwicklung ihres Sprachgebrauchs.

Eine Erzieherin berichtete mir von einem lustigen Rollenspiel, das sich nach wiederholtem Vorlesen durch eine studentische Aushilfskraft in einer Kita entwickelt hatte. Einige Gruppenkinder spielten daraufhin „Vorlesen". Ein Kind setzte sich in den Kreis, nahm ein Buch und tat so, als ob es vorlese. Tatsächlich erzählte es die Geschichte. Die anderen halfen, wenn es nicht weiterkam. Die Erzieherinnen nahmen es amüsiert zur Kenntnis. In der Realität bietet ein solches Rollenspiel durch das Nacherzählen der vorgelesenen Geschichte die Möglichkeit zu einem komplexen Sprachtraining, das sich den Erzieher/innen als solches nicht eröffnete. Indem die Kinder den Inhalt noch einmal erzählen oder die Geschichte nachspielen, lernen sie, wesentliche Bedeutungsinhalte einer gehörten Erzählung herauszufiltern und diese chronologisch richtig wiederzugeben. Gleichzeitig stabilisieren sie mit ihrem eigenen Erzählen die Selbstwahrnehmung und -verarbeitung auf der semantischen, grammatikalischen und phonologischen Ebene.

Rollenspiele eignen sich hervorragend, Sprechen und Sprache zu trainieren. Erzieher können die Kinder dabei sich selbst überlassen oder sich in die Lernprozesse einbringen. Sie können selbst eine Rolle übernehmen und damit ein gutes Sprachvorbild geben. Dabei haben sie Gelegenheit, auch diejenigen Kinder miteinzubeziehen, denen ihr Sprechen noch Probleme bereitet. Auf diese Weise gelingt ihnen eine spielerische und auf die Bedürfnisse der jungen Kinder abgestimmte Förderung. Dazu sind nicht immer Lernprogramme nötig. Dennoch betreiben nach Aussagen von Erzieherinnen die meisten Kitas Sprachförderung weniger mit jüngeren Kindern, sondern erst mit Vorschulkindern ab dem Alter von fünf Jahren. Wenn wir der Wissenschaft Glauben schenken und das sprachliche Lernen bei Kindern im Alter von drei Jahren seinen Höhepunkt erreicht, vergeuden wir damit wertvolle Zeit, die sich Jahre später nur schwer aufholen lässt. Daher sollte jeden Tag mindestens eine Stunde Sprachförderung mit jeder Altersgruppe realisiert werden. Mittlerweile verpflichten einzelne Kommunen ihre Kitas auch deshalb zur Sprachförderung, weil sie ansonsten nicht regelmäßig durchgeführt wird.

Wenn es um fehlende phonologische Bewusstheit geht, können wir allerdings nicht mit ganz jungen Kindern, sondern erst mit Fünf- oder Sechsjährigen programmatisch arbeiten. Jüngere Kinder verfügen zwar über mehr oder weniger stabile Lautsicherheit und können Phoneme in der Regel altersgerecht anwenden. Ein Bewusstsein darüber erlangen sie jedoch erst kurz vor oder mit dem Schuleintritt. „Hören, lauschen, lernen" ist bisher eines von wenigen Trainingsprogrammen, welches für die Stabilisierung der Lauterkennung bei Vorschulkindern entwickelt wurde.

Es wird schon einige Jahre erfolgreich in deutschen Kitas angewendet. Darüber hinaus lassen sich mit dem „Bielefelder Screening zur Früherkennung von Lese-Rechtschreibschwierigkeiten" (BISC) (Jansen et al. 2002), aber auch mit dem „Psycholinguistischen Entwicklungstest" (PET) (Angermeier 1977) diejenigen Kinder frühzeitig diagnostisch erfassen, die im Vorschulalter über gar keine oder nur geringe phonematische Bewusstheit verfügen. Für das Üben eignen sich diese diagnostischen Verfahren allerdings nicht. Verschiedene Universitäten beschäftigen sich mit der Weiterentwicklung von vorschulischen Förderprogrammen auf metaphonologischer Basis, sodass Kitas in Zukunft damit noch besser ausgestattet sein werden. Es handelt sich dabei um spezifische Präventivmaßnahmen, die – zusammen mit der dargestellten allgemeinen Sprachförderung – einer Lese-Rechtschreibstörung frühzeitig entgegenwirken können.

Fazit: Unsere Gesellschaft hat in den letzten Jahrzehnten einen erheblichen Strukturwandel erfahren. Deutschland ist zum Einwanderungsland geworden. Berufstätige sind einem steigenden Leistungsdruck ausgesetzt, der im privaten Bereich nur schwer zu kompensieren ist und zu Konflikten führt. Die Scheidungsraten steigen. Großfamilien, in denen sich die Großeltern ehemals um den Nachwuchs kümmern konnten, sind kaum noch vorhanden. Dafür steigt der Anteil von Single-Haushalten und Alleinerziehenden. Immer mehr Familien haben nicht mehr genug Geld zur Verfügung, sie leben an der Armutsgrenze. Wer am meisten darunter zu leiden hat, sind die Kinder – viele leiden seelisch und körperlich. Ohne Unterstützung und Hilfe durch die Gesellschaft sind ihre Existenz, ihre Bildungsmöglichkeiten und damit ihr gesamter Lebensweg eingeschränkt.

Die Erzieher/innen in Kinderkrippen und -tagesstätten sind die Ersten, die sich mit diesen negativen Auswirkungen des Strukturwandels auf die nachwachsende Generation befassen müssen. Sie haben sich mit einer Fülle von Problemen auseinanderzusetzen, die tagtäglich durch bestimmte Kinder und deren Familien auf sie zukommen. Gesellschaft und Bildungspolitik müssen sie dabei unterstützen. Der Erziehermangel in den Einrichtungen ist seit Jahrzehnten ein in allen Bundesländern auftretendes Problem, das von den Ländern und Kommunen beseitigt werden muss, wenn eine Optimierung der vorschulischen pädagogischen Betreuung und Förderung gelingen soll.

Das Herausstellen von Inklusion, Förderkonzepten und Millioneninvestitionen für Bildung mag sich in Wahlkampfzeiten als visionäre Bildungspolitik gut verkaufen lassen, doch was den Erziehungseinrichtungen hilft, sind Realpolitiker mit Augenmaß, Realitätssinn und Sachverstand. Gefragt sind Kommunalpolitiker, die sich auch nach dem Wahlkampf für die Verbesserung der personellen und pädagogischen Situation in den Krippen und Kitas einsetzen, mit ihnen Kontakt halten und ein offenes Ohr für die entstehenden Probleme haben. Wir können Erziehern keine Prävention durch effizienteres pädagogisches Arbeiten abverlangen, wenn nicht genügend Kräfte zur Verfügung stehen. Ebenso wenig können wir ihnen allein die Lösung der durch die veränderte Gesetzgebung geschaffenen Schwierigkeiten aufbürden. Ad hoc lässt sich die gegenwärtige pädagogische Situation vorschulischer Einrichtungen nicht optimal verbessern – dafür wird mehr Zeit benötigt.

Während dieser Phase der Konsolidierung dürfen wir die wesentlichen Ziele der neuen Gesetzgebung nicht aus den Augen verlieren: Es gilt, nicht nur die Eltern beruflich zu entlasten, sondern Krippen- und Kindergartenkinder in einer für ihre Entwicklung bedeutenden Phase stärker zu fördern und damit Vorsorge für ihr schulisches und berufliches Weiterkommen zu leisten. Verzichten Kitas dagegen auf Förderung, aus welchen Gründen auch immer, werden sprachliche Defizite nicht kompensiert, sondern konserviert. Das trägt nicht zur Verbesserung, sondern eher zu einer Verschlechterung der schulischen Lernsituation bei.

6
Ein phonetisch-phonologisch initiiertes Lesen- und Schreibenlernen

Die Entwicklung der gesprochenen und der Erwerb der geschriebenen Sprache wurden bisher als zwei sehr komplexe, aber voneinander unabhängige Lernprozesse betrachtet. Dass bei Schuleintritt der Spracherwerb vollzogen sein muss, galt und gilt als selbstverständlich. Jeder Erstklässler sollte über eine korrekte Artikulation, einen angemessenen Wortschatz und einen guten grammatikalischen Satzbau verfügen, so die Kriterien für die Schulreife. Als nicht weniger selbstverständlich gilt in der Grundschule das Vermögen, Sprachlaute und Buchstaben einander zuordnen zu können. Spätestens im 1. Schuljahr sollte es jedem Schüler und jeder Schülerin vermittelbar sein. Die Fähigkeit zur Synthese einzelner Buchstaben und zur Analyse von Buchstabenfolgen gilt nach wie vor als wichtiges Merkmal von Intelligenz. Diese sprachlichen Basiskriterien sollen in den Grundschulen einen reibungslosen Lese- und Rechtschreiblernprozess ermöglichen. Dennoch zeigt die Realität, dass bei vielen Kindern nicht alle Lernvoraussetzungen gegeben sind, obwohl sie über eine durchschnittliche bis sehr gute Intelligenz verfügen.

„Die gängigen Entwicklungsmodelle des Schriftspracherwerbs gehen davon aus, dass Lesen und Rechtschreiben im Erwerb eng miteinander verbunden sind und sich gegenseitig beeinflussen" (Moll und Landerl 2011, S. 11). Bei den theoretischen Modellen sind in diesem Zusammenhang weniger phonologische, sondern morphologische Sachverhalte von Bedeutung. Das geschriebene Wort als Ganzes, seine Formen und Veränderungen stehen im Zentrum der Theorien. Wissenschaftler gehen davon aus, dass sich Kinder zunächst Wörter in ihrer Ganzheit aufgrund visueller Merkmale einprägen und sie wiedererkennen. Diesen ersten Lernschritt bezeichnet Frith in ihrem Stufenmodell als erste, „logografische Stufe", die mit oder sogar schon vor dem Schulbeginn wirksam wird (Frith 1985).

Mit dem Lesebeginn wird Schülern zunehmend bewusster, dass Wörter aus unterschiedlichen Lautfolgen bestehen, die verschiedenen Buchstaben zugeordnet sind. Der beginnende Schreibprozess fördert die Sprachverarbeitung der „alphabetischen Stufe" und stabilisiert den Leseprozess. Wörter werden nicht mehr allein in ihrer Ganzheit, sondern Buchstabe für Buchstabe in Zuordnung zu den korrespondierenden Sprachlauten zu Papier gebracht und „zusammengelautet". Dies geschieht zunächst durch „lauttreue Schreibungen". Orthografische Markierungen, wie sie beispielsweise das Dehnungs-h oder Doppelkonsonanten darstellen, sind noch nicht sicher im Gedächtnis verankert, was Schreibungen wie *Zal* statt *Zahl*, *baken* statt *backen* zeigen. „Mit zunehmender Leseerfahrung wird davon ausgegangen, dass häufig ‚erlesene' Wörter (…) im Gedächtnis abgespeichert werden (…). Für die Rechtschreibentwicklung ermöglicht erst der orthografische Abruf von Gedächtniseinträgen für Schriftwörter eine korrekte Rechtschreibung" (Moll und Landerl 2011, S. 12). Damit ist nach Frith die dritte, „orthografische Stufe" erreicht. Diese gilt als letzte Stufe beim Erwerb des kognitiven Lesens und Schreibens: Buchstaben von Wörtern werden nicht mehr mühevoll zusammengelautet, sondern Wortbilder auf Anhieb erkannt und benannt.

Diese Annahmen wurden durch Forschungsergebnisse belegt und treffen auch in der Realität weitgehend zu. Dennoch handelt es sich um theoretische Ansätze, und wie bei anderen Stufenmodellen können wir davon ausgehen, dass nicht alle Schüler exakt in dieser Weise lesen und schreiben lernen. Die Übergänge zwischen den einzelnen Stufen sind fließend und lassen auch andere Gewichtungen zu. So stellen wir im Kindergarten fest, dass sich Vorschulkinder nicht nur für Wörter, sondern auch schon für die Lautung einzelner Buchstaben interessieren. Dabei sind es nicht allein die logografischen, sondern auch die phonologischen Aspekte, die ihr Interesse wecken. In der Regel wird diesen Kindern von ihren Eltern oder Erziehern die alphabetische Aussprache vermittelt. Beim Schreiben können wir davon ausgehen, dass die meisten Kinder die Wörter „abmalen", aber einige dennoch in der Lage sind, verschiedene Buchstaben zu identifizieren und sie den Sprachlauten zuzuordnen. Insbesondere visuell und phonologisch begabte Frühleser sind auch vor Schuleintritt schon zu lautierenden Strategien fähig.

Ganz anders ergeht es denjenigen Kindern, welchen die phonologische Bewusstheit fehlt. Mervin konnte sich weder vor noch nach dem Schuleintritt irgendein Wort, geschweige denn irgendeinen Buchstaben problemlos merken. Er malte alles ab, weil er keinen Zugang zu Sprachlauten hatte. Die mit der Legasthenieforschung befassten Wissenschaftler warnen daher vor ganzheitlichen Methoden des Lese- und Schreibenlernens, die auf synthetische oder lautierende Strategien keinen Wert legen. Sie zwingen Schüler mit phonologischen Defiziten geradezu zum gedankenlosen Abmalen und verhindern damit von Anfang an ein effizientes Lesen- und Schreibenlernen.

Wenn es um das erste lautierende Schreiben von Wörtern geht, können Eltern und Lehrer bei Erstklässlern oftmals ein Mitflüstern oder Mitsprechen der Buchstaben erleben. Die jungen Schüler verhalten sich instinktiv richtig. Sie rufen beim Schreiben ihr phonologisches Gedächtnis ab und stabilisieren damit ihre Buchstaben-Laut-Merkfähigkeit. Schulanfänger ohne phonologische Bewusstheit bleiben bereits in dieser frühen Lernphase auf der Strecke, weil ihnen eine stabile Buchstaben-Laut-Zuordnung gar nicht oder nur unzureichend gelingt. Umso schwieriger wird es für sie, die letzte orthografische Stufe des Lese-Rechtschreibprozesses zu erreichen.

Wir alle sind geprägt von unseren ganz persönlichen positiven oder negativen Lese- und Schreiberfahrungen und der Art und Weise, wie wir es gelernt haben. Wenn wir Schüler mit Lese- und Rechtschreibstörungen jedoch wirklich verstehen und ihnen helfen wollen, müssen wir von unseren eigenen Erfahrungen Abstand nehmen. Sie sind nicht der Bewertungsmaßstab für den Erfolg oder Misserfolg anderer. Auch die Tatsache, Lesen und Schreiben ohne jegliche Schwierigkeiten gelernt zu haben, lässt nicht den Schluss zu, jeder Schüler sei von geringer Intelligenz oder massiv gestört, der es nicht ebenso problemlos lernt.

Als Laien, die damit niemals Schwierigkeiten hatten, glauben wir, gerade bei intelligenten Schülern den analytisch-kognitiven Weg einschlagen zu können. Wir erklären ihnen auf Basis unserer eigenen stabilen Wahrnehmung die Sprachlaute – beispielsweise mit dem Wortanlaut /b/ wie *Baum* – und denken, jetzt müssten sie es kapieren. Eine Grundschullehrerin sagte mir, sie habe mit der Anlauttabelle einem Schüler den Laut erklärt und ihn mindestens 25-mal den Buchstaben lautieren lassen – ohne Erfolg. Der Weg, den sie eingeschlagen hatte, war nicht falsch. Aber dieses Lauttraining war nicht effizient genug, um dem Schüler gezielt helfen zu können.

Die Methodenvielfalt ist sowohl auf dem Gebiet der Sprachtherapie als auch bei Anbahnung oder Förderung des Lesens und Schreibens in den letzten Jahrzehnten immer mehr gewachsen. Neben den Lehrern und Eltern nimmt sich inzwischen ein Heer von Therapeuten unterschiedlicher Fachrichtungen, Förderlehrer und -helfer lese- und rechtschreibschwacher Schüler an. In der Regel wählen sie alle ihre Methoden abhängig von der eigenen Berufsausbildung und den eigenen beruflichen oder privaten Erfahrungen.

Mit Interesse habe ich in der Vergangenheit festgestellt, dass methodische und inhaltliche Aspekte der Sprachtherapie zunehmend Eingang in die Arbeit mit lese-rechtschreibschwachen Schülern gefunden haben, insbesondere „Lautgebärden", „Pseudowörter" oder phonetische Therapiekonzepte wie die bewegungsunterstützte Lautanbahnung (BULA). Am meisten setzte man auf metaphonologische Konzepte, auf Analyse, Identifikation und Training von Lauten oder Silben im Wortganzen. Ursprünglich konzipiert wurden all diese Methoden für junge Kinder mit Sprech- oder Sprachschwierigkeiten. Zielsetzung dieser Therapiekonzepte ist das phonetisch und phonologisch korrekte Sprechen. Die gleiche Zielsetzung ist bei Schülern mit Lese-Rechtschreibstörung nicht gegeben, denn sie sprechen – von Ausnahmen abgesehen – phonetisch und phonologisch richtig. Es gilt daher, nicht das Sprechen anzubahnen oder zu korrigieren, sondern ein Bewusstsein dafür zu entwickeln und zu stabilisieren. Sprachtherapeutische Methoden können dabei hilfreich sein. Sie können jedoch ebenso wirkungslos bleiben oder sogar Erschwernisse für Schüler bedeuten und Verwirrung stiften, wenn wir sie unreflektiert anwenden.

Erwähnenswert ist, dass – parallel zur Grundschulpädagogik – auch in der Sprachtherapie zwar keine gänzliche Abkehr von Einzellautstrategien der Phonetik, aber eine Hinwendung zu Ganzwortstrategien der metaphonologischen Therapieansätze vollzogen wurde. Das bedeutet: Zu korrigierende Ziellaute werden nicht mehr zunächst als Einzellaut und danach im An-, In- und Auslaut von Wörtern gefestigt, sondern von Beginn an durch die Gegenüberstellung bestimmter Wörter innerhalb eines Wortklangs korrigiert und stabilisiert. In den Grundschulen gibt es seit Jahrzehnten die Diskussion: synthetische Methode gegen Ganzwortmethode. In der Sprachtherapie heißt es inzwischen: phonetische gegen phonologische Therapiekonzepte. Diese Diskussionen bringen uns meines Erachtens nicht weiter.

Die Entscheidung für eine bestimmte Methode – sei es in der Schulpädagogik oder in der Sprachtherapie – ist für Berufsanfänger wichtig und hilfreich. Besonders Sprachtherapeuten wird jedoch mit zunehmender beruflicher Erfahrung deutlich, dass wir den Nutzen einer Methode vom

Grad und den Eigenschaften der Störung abhängig machen, die es effizient zu behandeln gilt. So erreichen Logopäden bei Kindern, die bestimmte Phoneme lediglich innerhalb eines Wortes falsch bilden, aber zur Artikulation der Einzellaute fähig sind, ihr Ziel mit metaphonologischen Therapien schneller. Anders ist es bei zahlreichen Fehlbildungen von Sprachlauten in Sinne einer multiplen Dyslalie. Dabei kommen wir nicht umhin, auch auf phonetische Therapieansätze zurückzugreifen.

Phonologie ist ohne Phonetik nicht denkbar, sie bedingen sich gegenseitig. Nur ein Kind, das zur physiologischen Lautbildung fähig und sich seines Sprechapparates bewusst ist, kann Phoneme im Wortganzen den Regeln entsprechend bilden und darüber Bewusstheit erlangen. Ähnlich verhält es sich beim schulischen Lernen mit Synthese und Ganzwortmethode: Ein Schreiben und Lesen von kurzen oder langen Wortstrukturen setzt voraus, dass ein/e Schüler/in sowohl zur Buchstaben-Laut-Zuordnung als auch zu einem Zusammenlautieren und damit zur Synthese und Analyse von Buchstaben und Silben fähig ist. Sind diese Basisfähigkeiten nicht gegeben – aus welchen Gründen auch immer –, müssen wir zuerst daran arbeiten!

6.1 Mervins Sprech- und Schreibunterricht

Zu Beginn der Therapie vermittelte mir Mervin einen ähnlichen Eindruck wie Selina, das kleine sprachentwicklungsgestörte Mädchen: Er war intelligent, motiviert und interessiert, aber wir begannen bei Null! Sprachklänge, egal ob Silben oder Wörter, waren für ihn ein untrennbares Ganzes. Im Gegensatz zu den meisten anderen Schülern hatte er nicht klar herausfinden können, dass Wörter aus bestimmten Sprachlauten bestanden. Dass andere und vor allem er selbst sie beim Sprechen ständig produzierten, war ihm nicht bewusst. Er konnte allenfalls erkennen, dass seine Stimme Vokale produzierte; dass ein Zusammenspiel von Atmung, Lippen, Zähnen, Zunge etc. bestimmte Konsonanten hervorbrachte, schien ihm geradezu abwegig.

Da er keine Sprachlaute erkannte, waren auch Silben für ihn nicht erfassbar. Aus phonetischer Sicht stellen Silben Lautkontraste dar; aus phonologischer Sicht sind sie maßgeblich für die Phonotaktik, aber auch für die Wortbedeutung. Sie bestimmen nicht nur Lautabfolge, Betonung und Rhythmus, sondern haben ebenso wie Phoneme auch distinktiven Charakter. Silben bilden die Grundstrukturen unserer Sprache. Bisher sind wir davon ausgegangen, dass jeder Sprecher einer Sprache, jeder Erwachsene und jedes Kind in der Lage ist, Silben und damit auch die Phonotaktik intuitiv zu erfassen. Aus dieser Sicht schien es Wissenschaftlern und Schulpädagogen in der Vergangenheit nahezu überflüssig und anspruchslos, beim Erwerb des Lesens und Schreibens damit zu arbeiten.

Für Schüler mit fehlender phonologischer Bewusstheit sind Silben diffuse Sprachklänge, die sich ihnen oftmals nur vage oder gar nicht erschließen. Wenn ich Mervin zur Schriftsprache verhelfen wollte, musste ich ihm daher einen Zugang zuerst zu Sprachlauten und danach zu Silben ermöglichen; ihre Bedeutung und Sinnhaftigkeit sollte ihm klar werden. Dafür schien mir zu Beginn ein phonetisch initiiertes Lernen im Sinne Van Ripers angemessen zu sein. Mehr noch als die auditive Fremdwahrnehmung wollte ich dabei Mervins Eigenwahrnehmung stärken.

Nicht nur in diesem, sondern in den allermeisten Fällen, die ich behandelte, kam erschwerend hinzu, dass sich die betroffenen Schüler bereits im 3. Schuljahr befanden. Der Basisprozess des Lesen- und Schreibenlernens galt in Mervins 3. Klasse längst als abgeschlossen; mithalten konnte er nur in Rechnen, nicht in den anderen Fächern. „Schreibe einfach, wie du denkst", hatten ihm seine Lehrer gesagt. Dieser Rat sei blödsinnig, meinte der Junge: „Ich kann nicht schreiben, wie ich denke. Niemand kann es lesen, ich nicht und meine Lehrer nicht." Daher konnte ich mit dem Schüler nicht mehr ausschließlich sprachtherapeutisch arbeiten, wenn ich sein Lesen und Schreiben möglichst schnell anbahnen und voranbringen wollte. Ich entschied mich für einen „therapeutischen Unterricht", eine Kombination aus klassischer Sprachtherapie und schulischen Aspekten bei der Vermittlung des Lesens und Schreibens.

Die Buchstaben und Silben, die ich am Anfang für Mervin auswählte, waren nicht an Sprachinhalten orientiert, sondern vielmehr an phonetischen und phonologischen Gesichtspunkten, die in der Theorie des Spracherwerbs von Bedeutung sind. Wenn Kinder oder Schüler lediglich mit bestimmten Lauten oder Buchstaben Schwierigkeiten haben, können wir diese diagnostisch eingrenzen; es erleichtert uns die Arbeit. Doch bei Mervin waren sämtliche Konsonanten betroffen, auch verschiedener Vokale war er sich nicht sicher.

„Welche Laute sind schwierig, welche nicht? Warum machen bestimmte Buchstaben Schülern größere Probleme und andere weniger?", werde ich hin und wieder gefragt. Dies ist nicht einfach zu beantworten, denn wir können Buchstaben und Laute nicht einfach nach „schwirig" oder „leicht" kategorisieren. Wie beim Sprachentwicklungsprozess bereits deutlich wurde, ist nicht bei allen Kindern von einem gleich gearteten Sprachlauterwerb auszugehen – es gibt bei jedem Kind individuelle Unterschiede. Deshalb existiert keine allgemeingültige Theorie, die allen Aspekten der phonetisch-phonologischen Entwicklung junger Kinder gerecht wird oder Sprachlaute von leicht nach schwer gewichtet. Noch weniger existieren bisher gültige Theorien über die fehlende phonologische Bewusstheit, deren genauere Erforschung Wissenschaftlern noch vor mannigfaltige Aufgaben stellt. Auch davon sind nicht alle Schüler gleichermaßen betroffen und nicht jeder hat mit denselben Sprachlauten oder Silben Probleme. Trotzdem gibt es in breiter angelegten Rechtschreibtests Auffälligkeiten, die beispielsweise auf die Häufigkeit von Ableitungsfehlern bei den Plosivlauten – g/k, d/t, b/p – oder andere problematische Lautgruppen hinweisen. Dieses deutet auf Parallelen zu Erschwernissen beim Sprachlauterwerb.

Wie in vielen wissenschaftlichen Bereichen existieren auch für die kindliche Sprachentwicklung unterschiedliche Theorieansätze, die mehr oder weniger Gültigkeit haben. Eine universalistische Theorie über den kindlichen Sprachlauterwerb wurde 1969 von Roman Jakobson aufgestellt, die neben anderen Theorieansätzen existiert (Jakobson 1969, Romonath 1991). In Russland geboren, emigrierte der Sprachwissenschaftler zunächst nach Tschechien, später nach Amerika und lehrte dort zuletzt als Professor an der bekannten Harvard Universität von Cambridge/

Boston. Inzwischen liegen zwar Ergebnisse verschiedener empirischer Untersuchungen über den Lauterwerb vor, die Jakobsons Theorie teilweise widerlegen (Grohnfeldt 1980, Romonath 1991, Fox und Dodd 1999), dennoch haben seine Grundannahmen in der Sprachlautforschung immer noch Gültigkeit.

Brauchen wir überhaupt eine Lauterwerbstheorie, wenn sie nicht zu 100 % gültig ist?, werden sich Laien fragen. Wir benötigen sie unbedingt, denn Jakobsons Theoriemodell bietet beispielsweise eine grundlegende Orientierung für das therapeutische Vorgehen bei der Arbeit mit sprachgestörten Kindern. Mir bot sie zudem eine Orientierung für die Arbeit mit Mervin. Wir können Kinder und Schüler mit gravierenden Störungen nicht allein nach unserem eigenen Gutdünken behandeln. Darüber hinaus ist die Theorie auch für junge Eltern interessant, welche die Laut- und Sprachentwicklung ihres jungen Kindes mitverfolgen. Pädagogen lässt sie erahnen, warum bestimmte Sprachlaute/Buchstaben oder Lautfolgen mehr oder weniger große Schwierigkeiten bereiten können.

6.1.1 Exkurs: Jakobsons Kontrast- und Stufenprinzip

Im vorigen Kapitel zur Sprachentwicklung habe ich bereits die erste und zweite Lallphase von jungen Kindern beschrieben. Jakobson betrachtet die erste Lallphase als vorsprachliche Phase, die für einen systematischen Sprachlauterwerb noch keine Bedeutung hat. Erst ab der zweiten Lallphase geht er von einem universellen Sprachlauterwerb bei jungen Kindern aus, dem er zwei grundsätzliche theoretische Annahmen zugrunde legt: Der Sprachlauterwerb folgt „dem Grundsatz des maximalen Kontrasts und schreitet vom Einfachen und Ungegliederten zum Abgestuften und Differenzierten vor" (Jakobson 1969, S. 93). Was ist damit gemeint?

Der Grundsatz des maximalen Kontrasts oder der „maximalen Differenzierung" ist ein Lernprinzip, das Pädagogen in ihrer Ausbildung auch in der Umkehrform unter dem Begriff „Ranschburgsche Hemmung" kennenlernen. Formuliert hatte es derselbe ungarische Psychiater und Lernpsychologe Pál Ranschburg, der auch den Legasthenie-Begriff begründete. Es gilt inzwischen als eines der wichtigsten Lerngesetze, das sich nicht nur auf den Sprachlauterwerb, sondern auf alle anderen Bereiche des Lernens übertragen lässt. Es gilt für Sprachlaute wie für Zahlen, mathematische Gesetze oder andere Sachverhalte. Im Kern bedeutet es, dass wir uns Gegensätzlichkeiten oder Unähnlichkeiten jeglicher Art schneller und wesentlich nachhaltiger merken können als aufeinanderfolgende ähnliche Sachverhalte. Yin und Yang, groß und klein, schwarz und weiß prägen sich unserem Gehirn offenbar am schnellsten ein. Das gilt umso mehr für Säuglinge, deren sprachliches Lernen erst am Beginn steht.

Die am ehesten von Babys gesprochene Silbe *da*, aber auch *ba* oder *ma* bilden in der Konsonant-Vokal-Abfolge einen maximalen phonetischen Kontrast. So werden beim stimmhaften Konsonanten /m/ zunächst die Lippen ganz verschlossen, wir summen, wobei die Luft durch die Nase entweicht. Der anschließende offene Vokal /a:/ bildet sowohl in der Artikulation als auch im Klang einen starken Gegensatz dazu. Die Lippen springen auf eine weit geöffnete Stellung, die Luft entweicht durch den Mundraum.

Es entsteht ein heller Sprachklang, den Babys von ihrem Schreien her kennen. Dies sind Lautoppositionen, die – wie oben erwähnt – universell gelernt werden.

Die kontrastierende Lautbildung von Kleinkindern entwickelt sich nach Jakobson weiter und folgt einem „Stufenprinzip" in aufeinander aufbauenden Entwicklungsstufen vom Einfachen zum Differenzierteren. Die Lautkontraste vermehren sich. Die folgenden stufenartigen Lauterwerbsprozesse gelten in der zweiten Lallphase, neben anderen, als relativ gesichert (vgl. auch Weinrich und Zehner 2008, S. 10 f.).

- Zuerst wird der Lautkontrast konsonantisch-vokalisch erlernt: *da*. Der Vokal wird erst später als Initiallaut von Silben verwendet.
- Der Erwerb der Vokale erfolgt vom offenen zum geschlossenen Vokal oder von breit nach eng, zunächst /a/, danach /i/, später die dazwischenliegenden, z. B. /e/, und schließlich die geschlossenen Vokale /o/, /u/ usw.
- Ein junges Kind erwirbt die Konsonanten von vorne nach hinten, zunächst also die Konsonanten des vorderen Artikulationsbereichs:
  die Plosivlaute (Verschlusslaute, Explosivlaute) /b/, /p/ vor /d/, /t/ sowie
  die Nasale (die Luft entweicht durch die Nase) /m/ vor /n/.
- Später erfolgt der Erwerb von Konsonanten des mittleren Artikulationsbereichs, wobei der vordere Bereich bei einigen Konsonanten auch noch eine Rolle spielt:
  der Laterallaut (Zungenlaut) /l/,
  die Frikative (Reibelaute, Engelaute, Zischlaute) /f/, /v/, /s/, /z/, /x/, /h/ usw.

- Danach erwirbt das Kind die Konsonanten des hinteren Artikulationsbereichs, z. B.
die Plosive /g/, /k/ sowie
die Vibranten (Schwingelaute) /r/, /R/ („Zäpfchen-*R*").
- Erst zum Schluss erwirbt das Kind die Mehrfachkonsonanten, genannt Affrikaten (Verschluss-, Engelaute) /pf/, /ts/ usw.

Die Kritik an Jakobsons Theorie basiert vornehmlich auf Beobachtungen, dass längst nicht alle Kinder die Sprachlaute in der dargelegten Stufenabfolge erlernen; daneben ergeben sich noch andere spezifische Kritikpunkte. Trotzdem hat es sich in empirischen Studien und in der Praxis bestätigt, dass viele seiner Annahmen zutreffen.

Phonetiker erklären den sich von vorne nach hinten entwickelnden Lauterwerb auch mit frühen Ausbildungs- und Wahrnehmungsaspekten des Sprechapparates. So kann das Saugen und Schreien des jungen Babys am Anfang zu einer besseren Ausbildung und deshalb auch besseren Wahrnehmung der Lippen und vorderen Kieferbereiche führen. Beim Schreien gehen Lippen und Kiefer jedes Mal weit auseinander. Das Schlucken und die Bewegung der Zunge verhelfen jungen Kindern zwar auch zu einem Ertasten und Erfühlen der mittleren und hinteren Artikulationsbereiche, die in der ersten Lallphase zu einem intensiven Einsatz kommen. Doch dieser unbewusste sehr frühe Einsatz ist für Jakobsons Modell der in der zweiten Lallphase anschließenden Sprech- und Sprachbildung noch nicht maßgebend. Seine Theorie zeigt nicht nur eine Abfolge der spezifischen Lautbildung, sondern lässt auch Schlüsse auf die unterschiedlich ausgeprägte Wahrnehmung von Sprachlauten zu, die offenbar im vorderen Artikulationsbereich wesentlich stabiler erscheint als in den übrigen Bereichen.

Jakobsons Theorie macht deutlich, warum Kinder sowohl beim Spracherwerb als auch bei phonologischen Störungen beispielsweise die Plosivlaute der hinteren Artikulationszone /g/ und /k/ in Wörtern durch die ähnlich klingenden Plosivlaute der vorderen Zone /d/ und /t/ ersetzen: *Tatze* statt *Katze*, nicht umgekehrt! Ähnliches gilt für andere vorgelagerte Konsonanten, die bevorzugt gebildet und eingesetzt werden. Bei den offenen Vokalen stellen wir in der Sprachtherapie kaum Fehlbildungen fest, wohl aber bei den geschlossenen /o/ oder /u/. In der Sprachentwicklung ersetzen die offenen Vokale oftmals die geschlossenen, wenn es um Initiallaute geht: *Apo* statt *Opa*. Diese Lautverdreher werden später korrigiert. Die landläufige Annahme, dass sämtliche Vokale grundsätzlich vor den Konsonanten erworben werden und daher alle leichter wahrnehmbar sind, ist demnach falsch: Vokale werden in kontrastierenden Silben zusammen mit den Konsonanten erworben, wobei der Erwerb der offenen Vokale zuerst erfolgt.

Fazit: Legt man Jakobsons Modell zugrunde, können wir zusammenfassend davon ausgehen, dass die offenen Vokale leichter wahrzunehmen sind als die geschlossenen und die Konsonanten der vorderen Artikulationszone leichter wahrgenommen werden als die der mittleren und hinteren Zone. Als besonderes anfällig bei der Lautbildung und demnach auch als schwieriger wahrzunehmen gelten die *Affrikate* (Mehrfachkonsonanten) und die *Frikative* – die Zisch-, Reibe- und Engelaute –, aber auch die Plosivlaute der hinteren Artikulationszone.

Damit lässt sich die Frage nach leichten oder schwierigen Sprachlauten „ungefähr" beantworten. Allerdings kann man diese Auffälligkeiten bei Lautbildung und Lautwahrnehmung nicht 1:1 auf Buchstaben übertragen. Bei der Rechtschreibung ist neben den phonologischen Aspekten die gesamte orthografische Komplexität mit ihren vielen Sonderregelungen zu beachten, welche die Schreibung wesentlich schwieriger macht. Dennoch lassen sich partielle Übereinstimmungen von Erschwernissen bei der Lautbildung mit Fehlerhäufungen bei bestimmten Buchstaben erkennen.

Auch bei Schülern erweisen sich die Buchstaben der Plosivlaute in hohem Maße als fehleranfällig, wobei neben den Artikulationsbereichen besonders die geringe phonemische Trennschärfe eine Rolle zu spielen scheint. Sehr oft verwechselt werden beispielsweise g/k/(ck*)* sowie b/p oder d/t im An-, In- oder Auslaut von Wörtern; gebeugte Verben erweisen sich dabei als häufige Fehlerquellen. Ebenso schwierig sind Buchstaben der Zisch-, Reibe- und Engelaute. Verwechselt werden oft s/z, ch/sch, scht/st etc. Daneben ergeben sich noch eine Fülle anderer Fehlerzusammenhänge.

Deutlich wird außerdem, warum beispielsweise das sogenannte „lauttreue Schreiben" Schulanfängern leichter fällt. Es beruht im Wesentlichen ebenfalls auf der Analyse wechselnder Lautkontraste, wobei konsonantisch-vokalische Silben das Erkennen von Lautabfolgen erleichtern: *Dose, Gabel, Banane*. Orthografische Markierungen – wie z. B. das Dehnungs-h oder die Konsonantenverdoppelung – werden zunächst nicht berücksichtigt. Allerdings ist der Begriff „lauttreu" keineswegs klar definiert und kann sehr subjektiven Empfindungen unterliegen. Ein Mensch mit stabiler Lautsicherheit und Lautbewusstheit ist erfahrungsgemäß eher geneigt, auch Wörtern mit schwierigeren Lautabfolgen wie Mehrfachkonsonanten im Wechsel mit kurzen und langen Vokalen Lauttreue zuzubilligen, wie etwa *Blume*. Doch können wir tatsächlich von Lauttreue sprechen, wenn durch die Verschmelzung der Laute klare Kontraste kaum noch wahrnehmbar sind?

In Büchern für Erstklässler wird der Abfolge von Lauten oder Silben im Wortganzen keine große Schwierigkeit beigemessen; dennoch finden Jakobsons Lernprinzipien – besonders die des maximalen Kontrasts – auch in Schulfibeln zu Beginn des Lese- und Schreibprozesses Berücksichtigung. Beispielsweise werden ähnlich klingende Buchstaben mit geringer phonemischer Trennschärfe, wie D/d und T/t, nicht direkt hintereinander eingeführt; dazwischen sind andere Buchstaben an der Reihe. Trotzdem müssen die jungen Schüler am Ende auch ähnlich klingende Buchstaben auseinanderhalten können. Daneben fällt auf, dass auch Fibeln in der Regel mit Buchstaben beginnen, welche die Konsonanten der vorderen Artikulationszone repräsentieren. Allerdings gehen die Autoren sehr schnell auf das übrige Alphabet über.

6.1.2 Handlautieren und Schreiben

Es war nicht meine Absicht, im therapeutischen Unterricht mit Mervin oder anderen Schülern eine neue Methode für den Schriftspracherwerb insgesamt zu entwickeln. Vielmehr wollte ich durch eine Stabilisierung der phonologischen Bewusstheit eine Anbahnung des Lese-Rechtschreibprozesses ermöglichen. Im Anschluss sollte ein fibelorientierter Unterricht die Weiterentwicklung des Lesens und Schreibens gewährleisten, gestützt durch ergänzende phonetisch-phonologische Übungen.

Dennoch gab es am Anfang einen wesentlichen Unterschied zur Schriftanbahnung in der Fibel. Während bei der phonetisch-phonologisch orientierten Anbahnung Sprachlaute und Silben im Vordergrund stehen, sind diese – von Ausnahmen abgesehen – in den Schulfibeln kaum von Bedeutung. Auch ein „Silbenschwingen" wird im Schulunterricht erst dann praktiziert, wenn das Lesen und Schreiben in Gang gekommen ist. Dabei wird die Lautung von Wörtern durch ein Silbensprechen und gleichzeitiges Mitschwingen der Arme bzw. Hände trainiert. Phonetische oder phonologische Sachverhalte haben bisher beim schulischen Erwerb der Schriftsprache eine Nebenrolle gespielt. Im Vordergrund stehen Inhaltswörter, bedeutungstragende Morpheme. Da im Deutschen nur wenige Wörter durch kurze kontrastierende Silben repräsentiert werden, wie etwa *da*, *ab*, *am*, *im*, fallen sie kaum ins Gewicht.

Betrachten wir jedoch den Spracherwerb insgesamt, müssen wir Silben eine herausragende Bedeutung beimessen. Sie bilden neben den grammatikalischen oder semantischen Strukturen die phonetisch-phonologische Basis der unterschiedlichen Sprachen. Kleinkinder entwickeln ihre Sprache zunächst auf der Basis einfacher Lautkontraste, die sich mit dem allmählichen Einsetzen des kognitiven Sprachgebrauchs zu komplexeren Laut- und Silbenabfolgen erweitern. Dabei verfestigen sich aus neurobiologischer Sicht die Vorläuferprozesse für das spätere Lesen und Schreiben. In diesem Zusammenhang ist es von größter Wichtigkeit, ob sich diese Basisprozesse im Bewusstsein etablieren können und das Gehirn spätestens mit Beginn der Schulzeit darauf zurückgreifen kann.

Die Sprachlaute und damit verbundenen Lautkontraste, die ich an den Beginn meiner Zusammenarbeit mit Mervin stellte, waren den Buchstaben in Schulfibeln keineswegs unähnlich. Es handelte sich zunächst um drei Konsonantenbuchstaben der vorderen Artikulationszone – M, L, T – gepaart mit den Buchstaben der Vokale – A und I. Diese bildeten Mervins erste Lerninhalte für die Anbahnung des Lesens und Schreibens.

Ebenso wichtig war das methodische Vorgehen. Zweifellos sind kognitiv-analytische Methoden, wie sie mit der Anlauttabelle oder anderen metaphonologischen Ansätzen praktiziert werden, die anspruchsvolleren Herangehensweisen. Doch diese schienen mir in Mervins Fall nicht geeignet, eine langfristige Merkfähigkeit für Sprachlaute oder Silben herbeizuführen und seine Eigenwahrnehmung zu stabilisieren.

Ich stellte daher zu Beginn des Unterrichts keine phonologische, sondern eine phonetische Analyse im Sinne Van Ripers, gepaart mit Lautierstrategien, in den Vordergrund. Der Schüler sollte sich zuerst seiner eigenen Sprechwerkzeuge und der damit verbundenen physiologischen Lautbildung, der Artikulation und Produktion von Lauten in den verschiedenen Bereichen des Sprachapparates, bewusst werden. Das Vorgehen sollte ihm eine klare Buchstaben-Laut-Zuordnung ermöglichen, damit ihn die alphabetische Benennung nicht länger verwirrte. Erst danach konnten wir uns der Stabilisierung der phonologischen Bewusstheit in Silben und Wörtern widmen.

Kognitiven und gleichermaßen motivierenden Charakter hatte die gemeinsame Abklärung der Sprechwerkzeuge, die wir am Beispiel verschiedener Laute ausprobierten. „Womit sprechen wir?", war die zu klärende Frage. Mervin konnte seine Atmung ausprobieren und feststellen, dass es nur beim Ausatmen und nicht beim Einatmen möglich war zu sprechen. Er konnte selbst erfühlen, bei welchen Lauten die Lippen, die Zunge, die Zähne, der Gaumen zum Einsatz kamen. Wie die meisten Schüler arbeitete der Junge hochinteressiert mit. Danach nahmen wir durch Vor- und Nachsprechen eine „phonetische Analyse" des Ziellautes vor, den es bewusst zu machen und einem entsprechenden Buchstaben zuzuordnen galt.

Zum Beispiel: Welche Sprechwerkzeuge benutzen wir, wenn wir ein /t/ sprechen? Was macht deine Zunge dabei? Spürst du die Luft auf deiner „Sprechhand", wenn du die Zunge löst? Kannst du beim /m/ die Vibration deiner Stimmbänder mit der Hand auf dem Kehlkopf fühlen? Mit ähnlichen Fragen analysierten wir in nachfolgenden Therapiesitzungen auch andere Sprachlautgruppen, ihre Übereinstimmungen, aber auch ihre Unterschiede bei der physiologischen Bildung und im Sprachklang. Ziel war die Bewusstmachung sowohl auditiver als auch taktiler und kinästhetischer Empfindungen bei der physiologischen Bildung von Konsonanten und Vokalen durch die eigene Wahrnehmung.

In der Folge stand die Festigung der Eigenwahrnehmung weniger durch Analyse, sondern durch bewusstes Lautieren im Vordergrund. Eine Festigung der auditiven Fremdwahrnehmung geschieht durch genaues oder verstärktes Hören und Analysieren der von außen kommenden Sprache.

Die Festigung der auditiven Eigenwahrnehmung ist ausschließlich durch das eigene Sprechen oder dessen Analyse möglich. Es ist ohne Zweifel Schwerpunkt jeglicher Sprech- und Sprachtherapien. Es muss auch im Vordergrund stehen, wenn wir eine phonologische Bewusstheit herbeiführen wollen. Die Störung macht sich zwar beim Lesen und Schreiben bemerkbar, doch ihre Ursache ist ein Defizit der gesprochenen, nicht der geschriebenen Sprache. Die Basis einer stabilen phonetischen und phonologischen Eigenwahrnehmung bildet das phonetisch korrekte und phonemisch deutlich wahrnehmbare Sprechen.

Die Sprachtherapie kennt verschiedene Methoden, die Wahrnehmung des eigenen Sprechens zu verstärken. Die Arbeit mit der Hand spielt dabei eine wichtige Rolle – sei es zum Erfühlen der Sprechmotorik oder zum Ausführen bestimmter Bewegungen oder Gebärden, um das Sprechen hervorzubringen oder zu untermauern. Ein Lautieren oder Sprechen nicht auf die flache, sondern in die gewölbte Hand schien mir besonders geeignet, verschiedene Aspekte von Sprechen und Sprache bewusst zu machen. Ich nenne es „Handlautieren" oder „Handsprechen". Drei wichtige Gesichtspunkte stehen dabei im Mittelpunkt: 1. Verbesserung der eigenen Akustik, 2. Erspüren der Sprechatmung, 3. Lenkung der Aufmerksamkeit auf den Sprechapparat.

Die Innenseite der etwas gewölbten Hand sollte den Mund nicht verschließen, sondern ist ca. 1–2 cm davon entfernt. Beim Handsprechen machen wir uns zwar für den Zuhörer unverständlicher, aber wir selbst erhalten einen kleinen Resonanzverstärker und verbessern so die Wahrnehmung unserer eigenen Akustik. Zusätzlich können wir mit der Hand den mehr oder weniger starken Luftausstoß bei Plosivlauten wie /b/ oder /p/ oder anderen Konsonanten nach Öffnung der Hemmstelle im Artikulationsbereich erspüren. Der wichtigste Gesichtspunkt ist jedoch das Lenken der Aufmerksamkeit auf die eigene Artikulation. Die Hand an den Mund führen signalisiert: Achte auf das Zusammenwirken deiner Sprechorgane und mache dir die Lautung bewusst!

Ich kombinierte das Handlautieren zunächst mit dem Gebärden des Buchstabens. Auf andere Lautgebärden verzichtete ich an dieser Stelle. Die Anweisung an Mervin und andere Schüler hieß: „Sprich zuerst den Laut in die Hand und schreibe danach den Buchstaben in die Luft!" Hierbei ging es mir weniger um ein „Mitsprechen", sondern um das bewusste Wahrnehmen der eigenen Sprechmotorik. In der unmittelbaren Folge sollte sich der Schüler das Logogramm, den Buchstaben, einprägen.

Doch mit einer einzigen kurzzeitigen Übung von Lautieren und Gebärden war es nicht getan. Das hätte bei einem Großteil der Schüler, die ich behandelte, bei Weitem nicht ausgereicht. Von großer Wichtigkeit für die Vertiefung waren im Anschluss Übungssequenzen von wechselndem Handlautieren und Schreiben des Buchstabens, die als häusliche Übungen unter elterlicher Kontrolle ausgeführt wurden. Dabei galten die „drei K": Übe kurz, klar und kontinuierlich! Warum?

Wenn massive Lese- und Schreibstörungen bei legasthenen Schülern offenkundig nicht einem Mangel an Intelligenz geschuldet sind, sondern neurobiologische Kriterien im Sinne einer Unteraktivierung von Hirnarealen infrage kommen, gilt es, diese Hirnaktivitäten in Gang zu setzen.

Hilfreiche Erfahrungen haben wir in der wissenschaftlichen Forschung in diesem Zusammenhang bei der Sprachtherapie mit Aphasikern sammeln können. Es handelt sich dabei um Schlaganfallpatienten, die vorübergehend ihre Sprache oder ihre Lese- und Schreibfähigkeit verloren hatten und sie später mit Hilfe logopädischer Interventionen wiedergewinnen konnten. Ihre durch den Schlaganfall beeinträchtigten Hirnareale konnten bei allmählicher Gesundung auch durch bestimmte methodische Übungsansätze reaktiviert werden.

Das Krankheitsbild von Aphasikern ist dem Störungsbild von Legasthenikern keinesfalls gleichzusetzen, denn Schüler mit einer Lese-Rechtschreibstörung haben gesunde und keine geschädigten Hirnareale. Allerdings können ähnliche Methoden der Hirnaktivierung von Nutzen sein. Eine große Rolle spielen dabei sowohl die Kürze als auch die Klarheit und Kontinuität bestimmter Übungen. Offenkundig reaktivieren nicht endlos lange und vielschichtige Aufgaben, sondern eher kurze und für den Probanden sensorisch klar aufnehmbare Übungen die dafür zuständigen Hirnbereiche. Konsequente Wiederholungen dieser Übungen setzen für die Merkfähigkeit unverzichtbare Automatisierungsprozesse in Gang.

Es war deshalb die Hausaufgabe Mervins und anderer Schüler, diejenigen Buchstaben, die nur unzureichend gemerkt wurden und deren Lautzuordnung instabil war, an zwei bis drei möglichst nicht aufeinanderfolgenden Tagen innerhalb einer Woche ca. 5–10 min in der beschriebenen Weise zu üben: jeweils denselben Buchstaben ca. 40-mal in die Hand lautieren und danach auf ein dafür vorgesehenes Blatt schreiben. Jeder subjektiv schwierig wahrzunehmende Laut wurde somit rund 80- bis 120-mal artikuliert und gleichzeitig visuell einem Buchstaben zugeordnet. Dessen Wahrnehmung galt es durch das Schreiben zu vertiefen. Damit festigte die Übung beides: die phonetische und die visuelle Merkfähigkeit.

Um keine Langeweile aufkommen zu lassen, war es erlaubt, 20 Groß- und 20 Kleinbuchstaben – oder mehr – in unterschiedlichen Größen mit farbigen Filzstiften in unterschiedlichen Lagen frei nach Fantasie auf ein Blatt zu schreiben oder sie danach mit Bildern zu ergänzen. Dabei kamen manche kreativen Kunstwerke zustande. Die jüngeren Schüler erhielten Blätter mit vorgedruckten Bildern und durften beispielsweise die B/b an die Äste eines Baumes hängen oder die D/d in und auf ein Dach malen. Inzwischen haben wissenschaftliche Untersuchungen nachgewiesen, dass die meisten Schüler mit Lese-Rechtschreibstörungen keine Probleme haben, Buchstaben in unterschiedlichsten Lagen zu identifizieren. Dennoch schien es mir wichtig, Schüler mit visuellen Störungen oder graphomotorischen Problemen mit speziellen vorstrukturierten Blättern zu unterstützen.

Interessant war in diesem Zusammenhang die Reaktion älterer und jüngerer Schüler auf die Übung. Während sechsjährige Schulanfänger mit Begeisterung und Intensität in die Hand lautierten und sogar zusätzliche Buchstabenbilder kreierten, reagierten Dritt- oder Viertklässler zunächst mit Skepsis. Besonders die intelligenten Schüler schämten sich, noch einmal von vorne anfangen zu müssen – schließlich konnten alle anderen schon lesen und schreiben. Man selbst wollte das auch können, und zwar möglichst schnell und möglichst unauffällig! Mervin wollte keinen „Kinderkram" mehr machen. Nach seinem Ermessen beherrschte er das Alphabet und war dagegen, noch einmal einzelne Buchstaben zu üben. Ich musste Überzeugungsarbeit leisten.

Bei unserer Zusammenarbeit ließ der Schüler jedoch erkennen, dass ihn das Handlautieren nicht langweilte – im Gegenteil! Er lernte seinen Sprechapparat auf eine Weise kennen, die ihm vorher verschlossen gewesen war. Er schien geradezu erleichtert, „endlich die Buchstaben zu kapieren", wie er sich ausdrückte. Aber auf gar keinen Fall wollte er alberne Bilder malen, sondern in ein ganz normales Schulheft mit Linien schreiben. Sein Bestreben war, bloß nicht im 3. Schuljahr mit dem Schreiben von Buchstaben bei den Mitschülern aufzufallen, bloß nicht als dumm zu gelten, sondern genauso zu schreiben wie die anderen. Nachdem ich ihm ausführlich erklärt hatte, warum diese Methode geeignet ist, wichtige Hirnleistungsprozesse zu stabilisieren, und er danach selbst merkte, dass er sich Laute und Buchstaben damit einprägen konnte, gab er sich umso größere Mühe.

Auch ein anderer intelligenter Elfjähriger, der ohne eine Hilfskraft an seiner Seite weder lesen noch schreiben konnte, fragte mich, ob ich nicht eine „anspruchsvollere Methode" habe, schließlich sei er schon im 5. Schuljahr. In der Zuordnung der meisten Buchstaben und Sprachlaute war er noch völlig instabil. Die Ursachen und Zusammenhänge waren die gleichen wie bei Mervin. Es war dem Schüler bisher nicht gelungen, sich Wörter auf eine nachhaltige Weise einzuprägen, sie auf eine stabile Weise zu schreiben und zu erlesen. Verschiedene Förderlehrer/innen hatten sich zuvor mit ihm befasst. Beim gemeinsamen Gespräch mit seiner Mutter kamen wir zu dem Ergebnis, dass die aus seiner Sicht anspruchsvolleren Methoden ihm bisher nicht wirklich geholfen hatten. Ich bat ihn ebenfalls, auf diese einfache Methode zu vertrauen und sie anzuwenden. Die Haltung aller Zweifler änderte sich grundlegend, als sich ihr Lesen und Schreiben allmählich stabilisierte. Sämtliche Schüler hatten in späteren Schuljahren keine Probleme mehr damit, beispielsweise schwierige Wörter während des Unterrichts in die Hand zu flüstern, um sich über bestimmte Lautabfolgen klar zu werden.

Die ersten Erfahrungen mit der Verbindung von Handlautieren und Schreiben hatte ich allerdings mit verschiedenen Kindern aus Lernbehinderten-Schulen sammeln können, die nur über unterdurchschnittliche Intelligenz verfügten. Einzelne fielen deshalb auf, weil sie sich Buchstaben bis zum 3. oder 4. Schuljahr nur in ganz geringer Anzahl einprägen konnten. Drei bis vier Vokale mit zwei oder drei vorgelagerten Konsonanten konnten sie sich merken, der Rest des Alphabets blieb auf der Strecke. Nicht nur ihre Lehrer, sondern auch die sie behandelnden Ärzte hatten dieses Defizit keinesfalls Wahrnehmungsstörungen, sondern ihrer niedrigen Intelligenz zugeschrieben. Auch aus wissenschaftlicher Sicht wäre den Schülern keine Legasthenie im Sinne visueller oder phonologischer Wahrnehmungsstörungen zuzubilligen gewesen.

Dennoch gelang es mir bisher in den allermeisten Fällen, durch die Kombination der beschriebenen nachhaltigen Lautierstrategien mit dem Schreiben die Laut-Buchstaben-Zuordnung zu festigen. Selbst in anfänglich hoffnungslos erscheinenden Sonderschulfällen konnten danach sämtliche Buchstaben des Alphabets gemerkt und der Lese- und Schreibprozess eingeleitet werden. Ob die Lernstörung bei diesen Kindern ausschließlich auf ihren geringen Gesamt-

IQ zurückzuführen war, bleibt fraglich. Bei einzelnen Kindern traf dies vermutlich zu. Ihr Lese- und Schreiblernprozess schritt erstaunlich zügig voran, nachdem sie an Beispielen gelernt hatten, Laute und Buchstaben einander zuzuordnen und zu synthetisieren. Sie prägten sich die Zuordnung der übrigen Laute wesentlich schneller ein als Kinder mit Wahrnehmungsstörungen.

Fazit: Bekanntlich ist nicht jedem, aber den allermeisten Buchstaben des Alphabets ein Sprachlaut zugeordnet. Diese Zuordnung muss von jedem Schüler sensorisch klar und bewusst vollzogen werden können. Ohne diese Basisfähigkeiten ist eine ungestörte Weiterentwicklung des Schriftspracherwerbs nicht möglich. Doch mit der Laut-Buchstaben-Zuordnung allein ist es nicht getan. Noch größere Schwierigkeiten bereitet den betroffenen Schülern die Synthese der Buchstaben, weil ihnen auch ein Bewusstsein für die Assimilation der Sprachlaute fehlt. Deshalb fanden die beschriebenen Lautierübungen – abhängig von den mehr oder weniger großen Schwierigkeiten der einzelnen Schüler – über kürzere oder längere Zeiträume keineswegs isoliert statt, sondern wurden mit Assimilationsübungen kombiniert.

6.1.3 Assimilationsprozesse

Von Assimilationsprozessen sprechen wir, wenn Sprachlaute miteinander verschmelzen; das tun sie beim spontanen Sprechen unentwegt. Konsonanten werden mit langen oder kurzen Vokalen, Umlauten und Diphthongen zusammenlautiert oder „zusammengeschliffen". Sie überlagern einander, werden mehr oder weniger ausgeprägt wahrnehmbar.

In der Spontansprache kommen oftmals hohe Sprechgeschwindigkeiten und verwaschene, unklare Sprechweisen hinzu, derer sich die meisten Sprecher gar nicht bewusst sind. Diese Einschränkungen erschweren sowohl eine auditive Fremdwahrnehmung als auch die Eigenwahrnehmung. Menschen mit einer stabilen phonetisch-phonologischen Wahrnehmung können die Einschränkungen kompensieren, nicht aber Personen mit einer instabilen phonologischen Bewusstheit.

Schwierigkeiten bereiten dabei nicht nur die differenzierte Wahrnehmung von Sprachlauten, sondern auch ihre Koartikulation. Für Mervin waren Silben und Wörter untrennbare Klangeinheiten, doch wie kamen sie zustande? Auf welche Weise seine Sprechmotorik funktionierte, erschloss sich ihm zunächst nicht. „Wie verbindest du die Laute, wenn ich die beiden Buchstaben – M und A – zusammenfüge?", fragte ich ihn, nachdem die Buchstaben-Laut-Zuordnung kein Problem mehr bedeutete. Er schaute mich irritiert an und war nicht in der Lage, die Buchstaben bewusst sprechmotorisch zu verbinden. Er sprach sie voneinander getrennt aus und war damit kein Einzelfall. Auch andere Schüler waren nicht in der Lage, die Laute miteinander zu verschmelzen.

Erst eine bestimmte methodische Hilfestellung, verbunden mit meinem Vorsprechen, halfen ihm, sein eigenes Silbensprechen zu entdecken und zu analysieren. Ich legte die Holzbuchstaben auseinander und bewegte danach mit der Hand das M langsam auf das A zu. Dabei griff ich auf das „Slow-Motion-Sprechen" zurück, ein stark verlangsamtes Artikulieren nach Van Riper. Ich summte zunächst „mmmm" und ging erst dann zu „aaaaa" über, als sich die

Buchstaben berührten. Danach forderte ich Mervin auf, es ebenso zu machen. Nach einigen Wiederholungen folgte der Aha-Effekt: „Jetzt habe ich verstanden, wie es geht!", sagte er. Auf die gleiche Weise versuchte ich ihm anschließend die Silben *mi* und *mo* zu vermitteln. Drei Silben mit gut wahrnehmbaren Lautkontrasten und demselben Konsonanten als Initiallaut schien er in den ersten Unterrichtsstunden begreifen zu können, mehr nicht.

Danach wollte ich die übrigen Vokale auf die gleiche Weise mit ihm erarbeiten und legte Mervin die Silbe *me* vor. Der Schüler reagierte überfordert. „Das ist komisch für mich, das kann ich nicht lesen und verstehen kann ich es auch nicht", wehrte er ab. Die Gründe lassen sich nur vermuten: Bisher war der Buchstabe M nach dem Alphabet ein „em" für den Jungen gewesen. Jetzt sollte er die Lautierung umkehren; das war ein Aspekt, der ihn zunächst verwirrte. Im Hinblick das Lernprinzip der maximalen Differenzierung ist festzuhalten, dass ein /e/ eine geringere Unterscheidbarkeit zu /m/ oder anderen Konsonanten aufweist als /a/ und /i/. Das /e/ liegt sowohl im Klang als auch in der Sprechmotorik zwischen den beiden anderen Vokalen und ist in Verbindung mit dem Konsonanten weniger klar zu identifizieren. Auf größtmögliche Klarheit kommt es jedoch an, wenn wir Schülern mit derart schwerwiegenden Wahrnehmungsstörungen helfen wollen.

Auch die Unterscheidung der Konsonanten verlief zu Beginn nicht unproblematisch. Mervin konnte zwar mit den Vokalen, aber nicht mit den Konsonanten variieren: *ma, mi, mo* konnte er verstehen und erlesen. Bei *ma, ti, lo* gelang ihm das nicht auf Anhieb; dafür benötigten wir zusätzliche Therapiestunden. Daneben hatte er erkennbar größere

Probleme mit denjenigen Silben, die einen geschlossenen Vokal aufwiesen: *mo, lo, to*. Deshalb verzichtete ich am Anfang darauf, den Vokal /u/ hinzuzunehmen.

Überdies war Mervin nicht fähig, die Lautierung der Silben ohne Weiteres umzukehren. Er reagierte sehr irritiert, als ich die Silbe *ma* zu *am* vertauschte. Schnell merkte ich, dass ich ihn auch damit überforderte. Ein Vokal als Initiallaut verwirrte ihn. Er zeigte dabei keinerlei Bewusstheit für die Variabilität seiner Artikulation. Völlig unmöglich schien es, sofort einen dritten Buchstaben anzuhängen und damit einen dritten Laut ins Spiel zu bringen. Selbst die Artikulation der Wörter *Oma* oder *Omi* erschloss sich ihm zu Beginn des therapeutischen Unterrichts nicht. „Das verstehe ich nicht", sagte er zu mir. Nicht nur Mervin, sondern auch andere Schüler konnten anfänglich nur offene Silben – mit einem Konsonanten als Initiallaut und angehängtem langen Vokal – bewusst wahrnehmen und sprechmotorisch nachvollziehen: *ma, mi, mo*.

Hier zeigten sich Parallelen zu Jakobsons Theorie: Auch Kleinkinder merken sich in der Regel zuerst kontrastierende Silben mit klar wahrnehmbaren Vokalen und benutzen eher Konsonanten als Initiallaute. Die gleichen einfachen Sachverhalte konnten auch Mervin und andere betroffene Schüler zuerst nachempfinden, sich die Silben bewusst machen und einprägen. Entsprechend der beginnenden Sprachentwicklung trainierten wir in den ersten Wochen zunächst offene Silben, Silbenverdopplungen und Pseudowörter, die in phonetisch-phonologischen Entwicklungsprozessen eine Rolle spielen. Dabei gingen wir in Anlehnung an Jakobson den Weg von gegliederten Sprachlautoppositionen zu ungegliederten Lautabfolgen, von offenen zu geschlossenen Silben, von lauttreuen Wörtern mit wechselnder Konsonanten-Vokal-Folge zu Wörtern mit Mehrfachkonsonanten. Das Tempo unseres Vorgehens bestimmte Mervin. Sein Feedback gab mir an, ob er Bewusstsein über eine Laut-, Silben- oder Wortstruktur erlangt hatte; erst danach machten wir den nächsten Schritt. Die gestellten Aufgaben mögen Außenstehenden äußerst einfach erscheinen, doch für Mervin waren sie eine Herausforderung: Den ersten Schritt machten wir mit der Lautierphase. Danach ging es um das „Syllabieren", das Sprechen der Laute in Silben mit maximalen Kontrasten. Der dritte Schritt waren die Silbenverdopplungen. In einem vierten Schritt bildeten wir variierende Silben, Pseudowörter oder Namen. Bei den ersten Übungssequenzen arbeitete ich bewusst nur mit einem Konsonanten und variierenden Vokalen. Erst als diese einfacher wahrzunehmenden und sich wiederholenden Lautkontraste gefestigt waren, ging ich auch zu variierenden Konsonanten und Anlaut-Vokalen über:

Grundlegende Lautkontraste		
La	Li	Lo
Lala	Lili	Lolo
Lilo	Lola	Lali

Erweiterte Lautkontraste		
La	Ti	Mo
Ali	Oma	Ito
Tilo	Mati	Lomi

Ziel der verschiedenen Übungen war es, zunächst mit einer begrenzten Anzahl gezielt ausgewählter Buchstaben Mervins Fremd- und Eigenwahrnehmung zu stabilisieren. Er lernte durch die Bildung kontrastierender Silben, Verdopplungen und Pseudowörtern eine Bewusstheit über den eigenen Sprechapparat zu erlangen. Er erkannte, dass Silben- und Wortklänge ein Zusammenspiel von Sprachlauten darstellen und keine diffuse, untrennbare Klangeinheiten bilden. Im Mittelpunkt stand auch dabei die Festigung der taktil-kinästhetischen und auditiven Eigenwahrnehmung durch die beschriebenen methodischen Hilfen Handsprechen und Schreiben. Wie bei der Laut- Buchstaben-Zuordnung fungierte das Schreiben im Anschluss an das Handsprechen als unverzichtbarer Stabilisator für die sensorische Integration und Merkfähigkeit.

Während bei Schülern mit phonologischer Bewusstheit zunächst die eigene Artikulationssicherheit und Lautbewusstheit der stabilere Faktor ist, der ihnen eine schnelle und nahezu spielerische Zuordnung des geschriebenen Buchstabens ermöglicht, scheint der sensorische Weg bei Schülern ohne Lautbewusstheit auf eine eher umgekehrte Weise zu funktionieren: Erst mit dem Schreiben verfestigte sich die Bewusstheit für Sprachlaute oder Silben langfristig. Dabei entdeckten die Schüler ihre Sprechmotorik neu und gaben ihr gleichzeitig die visuelle Symbolik. Effiziente Lerneffekte für Schüler mit starken visuellen Wahrnehmungsstörungen waren somit inbegriffen: Wiederholtes Schreiben kombiniert mit der klaren Artikulation verstärkte zusätzlich ihre Merkfähigkeit für das einzelne Logogramm, die visuelle Abfolge der Buchstaben und die daraus entstehenden Silben- und Wortbilder.

Sprechen – Schreiben – Lesen

Durch das nachhaltige Handsprechen und Schreiben war auch eine Anbahnung des Lesens möglich geworden. Eine von Anfang an höhere Benennungsgeschwindigkeit stellte sich bei den geübten Silben und Wörtern daraufhin als Begleiteffekt ein. Alles, was durch Sprechen und Schreiben wiederholt geübt worden war, musste nicht mehr Buchstabe für Buchstabe langsam „erlesen" werden – das Silben- oder Wortbild und seine Lautierung waren verinnerlicht. Es konnte in der Regel komplikationslos benannt werden, das mühsame Aneinanderlautieren fiel weg. Die Abfolge Sprechen, Schreiben, Lesen wurde einmal mehr zur programmatischen Grundkonzeption meiner therapeutischen Arbeit.

Zur Festigung dieser in Gang gekommenen Automatisierungsprozesse im Gehirn dienten die kontinuierlichen häuslichen Übungen. Dafür sollten die Eltern Sorge tragen. Ihre unmittelbare Anwesenheit war dabei nicht immer erforderlich, aber sie mussten gewährleisten, dass die Übungen sorgfältig durchgeführt wurden. Besonders am Anfang der Therapie spielte die Beratung und Zusammenarbeit mit den Eltern eine wichtige Rolle. Ich forderte sie auf, am therapeutischen Unterricht teilzunehmen, um wichtige methodische Hilfen kennenzulernen. Sie sollten in die Lage versetzt werden, sich diese selbst anzueignen, um bei den Übungen, aber auch bei den Hausaufgaben besser helfen zu können.

Nach der Festigung der Laut-Buchstaben-Zuordnung erhielten die Schüler wöchentlich Arbeitsblätter, zunächst mit zu trainierenden Silben und Pseudowörtern; später kamen bedeutungstragende Wörter und kleine Sätze dazu. Die Übungen waren so konzipiert, dass sie zeitlich nicht mehr als 15–20 min benötigten. Die Hausaufgabe lautete: Jede vorgegebene Silbe oder jedes Wort in die Hand sprechen und schreiben. Für die kurzen Sätze galt: Den ganzen Satz laut lesen, erst danach schreiben. Je nach Schwere der Störung waren die Schüler aufgefordert, an einem oder zwei Tagen die Silben, Wörter und kleinen Sätze zu sprechen und abzuschreiben. An einem dritten Tag sollten die Eltern sie diktieren. Auch dabei waren bestimmte Regeln einzuhalten: Durch die Eltern vorsprechen lassen, in die Hand nachsprechen, danach schreiben. Zusätzlich erhielten die Schüler ein weiteres Blatt mit ausschließlichen Leseübungen von 3–4 min; diese sollten möglichst jeden Tag durchgeführt werden.

Silben und Wörter nicht mehr mühsam zusammenlautieren zu müssen, sondern sie – genau wie die guten Leser – auf Anhieb benennen zu können, war eine neue und für die Motivation und das Selbstwertgefühl unentbehrliche Erfahrung, besonders für ältere Schüler wie Mervin. Dabei war es unerheblich, dass es sich zu Beginn des therapeutischen Unterrichts noch nicht um Sätze handelte. Der Gefahr des auswendig Dahersagens begegneten wir mit „schnellem Wörterspringen". Wir machten Leseübungen, spielerisch und mit Rollentausch. Ich tippte mit einem Stift unterschiedliche Wörter in verschiedenen Zeilen an und Mervin musste sie schnellstmöglich benennen. Danach durfte er die Lehrerrolle übernehmen und selbst Wörter antippen. Natürlich war ich keine gute Leserin und Mervin musste mich oft korrigieren. Der Schüler durchschaute zwar meine absichtlichen Fehler, hatte aber trotzdem seinen Spaß dabei.

Bisher war schulisches Lesen ein unendlich quälendes Aneinanderreihen von Buchstaben gewesen, von deren Lautierung viele Schüler nur eine ungefähre Vorstellung hatten. Jetzt waren die Lautzuordnungen klar, die Schüler gewannen beim Lesen der Wörter zunehmende Sicherheit, die ihnen bisher gefehlt hatte. Für die Stabilisierung des Lesens ist die Bedeutung des Schreibens zusammen mit dem Sprechen nicht zu unterschätzen. Bei denjenigen Schülern, die – aus welchen Gründen auch immer – auf ihre Schreibübungen verzichtet hatten, gestaltete sich das anschließende Lesen der Wörter weitaus problematischer.

Nach etwa sechs bis acht Wochen konnte ich Mervin auch die schwierigeren Vokale /e/ und /u/ vermitteln sowie die Konsonanten um weitere Lautgruppen erweitern. Der Schüler lernte allmählich und ganz langsam drei und mehr Buchstaben zusammenzulauten, nicht nur Konsonanten, sondern auch Vokale als Initiallaute zu benutzen und geschlossene Silben zu bilden. Nach den Pseudowörtern gingen wir auf bedeutungstragende Wörter über. Bei den Sätzen handelte es sich zunächst um „Minisätze" von drei Wörtern, wie wir sie auch in den Schulfibeln in den ersten Lektionen finden: *Tim malt Tom, Tom malt Timo* und so weiter.

Allerdings selektierte ich den Lernstoff der Fibel, vereinfachte ihn und untermauerte ihn mit einem spezifischen methodischen Vorgehen. Dazu erhielt der Schüler Arbeitsblätter mit Sprachinhalten, bei deren Auswahl und Erarbeitung phonologische Gesichtspunkte zwar eine vorherrschende Rolle spielten, morphologische und inhaltliche

Kriterien jedoch keineswegs vernachlässigt wurden. Was die Phonologie betraf, gingen wir den bereits beschriebenen Weg von klar kontrastierenden Silben zu Silben- und Wortstrukturen mit schwieriger wahrzunehmenden Mehrfachkonsonanten in Verbindung mit kurzen Vokalen.

Nach rund vier Monaten nahmen wir regelmäßig eine Schulfibel hinzu, wobei sich Mervin weigerte, mit seiner alten „Umi-Fibel" zu arbeiten; ich musste ihm eine andere geben. Die Fibel war keineswegs schlechter als andere, aber er hatte inzwischen eine Aversion dagegen entwickelt. Seine Schulfibel sei das Buch gewesen, das er am meisten gehasst habe, sagte er mir später.

Gerne würde ich an dieser Stelle berichten, dass Mervin oder andere Schüler das Lesen und Schreiben in einem ähnlichen Zeitraffer lernen konnten, in dem manche sprachentwicklungsgestörten Kindern ihr versäumtes Sprechen nachholen und stabilisieren. Doch das traf nicht zu. Ein schnelles Lernen war in diesem Zusammenhang selbst einem hochintelligenten Schüler nicht möglich. Das Gegenteil war der Fall: Wir bewegten uns in sehr kleinen Schritten. Ohne Zweifel ist es ein wesentlich schwierigerer und länger andauernder Lernprozess für Schüler oder Erwachsene mit Wahrnehmungsstörungen, eine fehlende phonologische Bewusstheit nachträglich zu erlangen und damit verbundene Defizite allmählich zu kompensieren.

Dieser Sachverhalt machte die Zusammenarbeit mit dem Jungen nicht einfacher. Wir hatten Erfolg, aber wir hinkten den schulischen Leistungsanforderungen mehr als zwei versäumte Schuljahre permanent hinterher. Nicht nur für Mervin selbst, sondern auch für mich als Therapeutin war es zuweilen frustrierend, diese Erfahrungen machen zu müssen. Darüber hinaus stellte ich fest, dass ich mich bei einem hochintelligenten Kind in schriftsprachlicher Hinsicht nicht auf seine ansonsten exzellente Merkfähigkeit verlassen konnte. Wenn es um die Assimilation bestimmter Lautgruppen, die Synthese von Buchstaben oder deren Analyse ging, musste sich Mervin diese kognitiven Fähigkeiten hart erarbeiten. Es war ein zähes Ringen um die Identifikation von Wörtern und Sätzen, gepaart mit vielen Fortschritten, aber auch Stagnationen, die ich akzeptieren musste. Der Junge erlebte sich selbst auf eine nahezu schizophrene Weise. „Wenn du spürst, dass du dir Mathe oder ganz viele andere Dinge im Vorbeigehen merkst, dann macht es dich verrückt, wenn du dir keine Wörter merken kannst. Ich dachte lange Zeit, ich wäre ein Idiot", sagte er mir später.

Mervin war alles andere als das. Er lernte von mir und ich profitierte von der Zusammenarbeit mit ihm. Indem ich seine Störung genauer kennenlernte, machte ich unverzichtbare Erfahrungen für meinen Beruf. Im Gegensatz zu den Lernhilfeschülern mit geringer Intelligenz, die ein ähnlich massives Störungsbild aufgewiesen hatten, war er in der Lage, mir präzise anzuzeigen, wenn er etwas nicht verstand, und im Einzelnen zu erklären, was er nicht verstand. Wenn Mervin jedoch sagte, etwas sei leicht für ihn und er habe es kapiert, konnte ich mich stets darauf verlassen. Allerdings war seine sprachliche Merkfähigkeit sehr gut, wenn es sich lediglich um bestimmte orthografische Regeln oder um grammatikalische oder semantische Aspekte handelte. Wenn es beim Schreiben jedoch um die Anwendung dieser orthografischen Regeln gepaart mit schwierigen phonologischen Sachverhalten ging, funktionierte sein Langzeitgedächtnis weniger nachhaltig.

Er brauchte deshalb für ein Weiterkommen wesentlich mehr Zeit als diejenigen Schüler, welche über die erforderlichen Vorläuferfähigkeiten für das Lesen und Schreiben verfügen. Im Gegensatz zur Schule ist es in der Sprach- oder Lerntherapie das Kind oder der Schüler, die das Lerntempo mitbestimmen; nur so ist eine grundlegende Verbesserung möglich. Ich legte deshalb allergrößten Wert darauf, dass der Junge über die Lautung und Schreibung von Wörtern nicht bloß ungefähr Bescheid wusste, sondern sicher war und geübte Wörter problemlos schreiben und lesen konnte.

Der Gesamtverlauf des therapeutischen Unterrichts war zufriedenstellend. Mit den beschriebenen Lernmethoden und -phasen benötigten wir für die Erarbeitung des gesamten Alphabets in nachhaltiger und gründlicher Weise ein Jahr. So gesehen hatten wir die Grundlagen des Lernstoffs eines 1. Schuljahres ungefähr zeitlich einhalten können. Danach konnte der Schüler sämtliche Buchstaben ihren Sprachlauten problemlos zuordnen und nachhaltig geübte Wörter und Sätze nach Diktat schreiben. Seine fehlende phonetische Bewusstheit hatten wir beseitigen können, seine phonologische Bewusstheit im weiteren Sinne war damit noch längst nicht behoben.

Nach dem ersten Jahr unserer Zusammenarbeit befand sich Mervin mit seinem Schriftspracherwerb ungefähr auf dem Leistungsstand eines noch unsicheren Schülers nach Abschluss des 1. Schuljahres. Das Dilemma: Er war zu diesem Zeitpunkt nicht mehr im 1., sondern mittlerweile im 4. Schuljahr. Vom Leistungsstand seiner Klassenkameraden schien er noch meilenweit entfernt zu sein. Ich wagte damals keine Prognose, ob und wann er diese würde einholen können.

6 Ein phonetisch-phonologisch initiiertes …

Im Laufe der letzten Jahrzehnte gab es immer wieder Presseveröffentlichungen über „Wundermethoden", die es Schülern angeblich in kürzester Zeit ermöglichten, das Lesen und Schreiben zu erlernen. Mervins Mutter hatte damals einen Artikel über schwedische Therapeuten gelesen, die ein mit Musik unterlegtes Computerprogramm entwickelt hatten und es weltweit vermarkteten. Doch es zeigte sich wiederholt: Besonders diejenigen Programme, die sich auf schnelles Lernen und schnellstmögliche Verbesserung der Noten beriefen, verhallten nach einiger Zeit und konnten keinen vorher propagierten schnellen Erfolg verbuchen. Oftmals greifen die Eltern insbesondere von Schülern mit einer schweren Legasthenie nach jedem Strohhalm, kaufen jedes noch so teure Programm, das ihnen Hilfe verspricht. Die Frustration ist umso größer, wenn Schüler mit Wahrnehmungsstörungen immer wieder auf der Strecke bleiben. Schneller geholfen werden kann allenfalls Schülern mit Lese- oder Schreibschwächen, deren Ursachen nicht mit komplexen neurobiologischen Prozessen im Zusammenhang stehen.

Mervins Mutter ging der therapeutische Unterricht zu langsam voran. Der Junge sollte aus ihrer Sicht schnellstmöglich an den Schulstoff des 5. Schuljahres herangeführt werden – notfalls mit noch mehr Übungen, noch mehr Arbeitsblättern und noch mehr Sonderstunden für Klassenarbeiten. Doch diese Art von „Nachhilfe" wäre lediglich ein oberflächliches Lückenschließen gewesen und hätte ihm mehr geschadet als genützt. Ein für ihn unüberschaubarer Lernstoff, verbunden mit einer Fülle von Arbeitsblättern, hätte ihn überfordert und seine immer noch instabile phonologische Bewusstheit nicht schneller festigen können.

Damals war Mervin und seinen Eltern noch nicht klar, dass sich die Nachhaltigkeit und Gründlichkeit, mit der wir übten, später auszahlen würde. Ich selbst war mir sicher, ihm zu einer grundlegenden Lese- und Schreibfähigkeit verhelfen zu können. Doch wie lange wir brauchen würden, um schulischen Anschluss zu finden, und wie weit er überhaupt in seiner Schullaufbahn vorankommen würde, konnte auch ich nicht vorhersagen.

6.2 Stabilisierung des Leseprozesses

Dem Schüler gelang es relativ schnell, diejenigen Wörter und Sätze mit hoher Benennungsgeschwindigkeit zu lesen, die er sich durch Sprechen und Schreiben erarbeitet hatte. Ungeübte Wörter lautierte er immer noch mühsam zusammen. Trotzdem wisse er jetzt, wie Lesen funktioniere, berichtete er mir erleichtert. Doch er musste sich allmählich auch mit ungeübten Wörtern beschäftigen, wenn wir weiter vorankommen wollten. Eine Schulfibel schien mir für die Leseübungen am besten geeignet. Ich wählte dazu die Lektionen der „Tobi-Fibel" (Metze und Sennlaub 1993). Darin geht es um eine fantasievoll aussehende Koboldfamilie, die in der Natur lebt und allerlei Abenteuer zu bestehen hat. Die Geschichten schienen mir nicht ganz so alltäglich und gefielen Mervin. Genau wie beim bisherigen Vorgehen sollte das erweiterte Lesen fremder Texte auch seine auditive Eigenwahrnehmung und damit seine phonologische Bewusstheit vorrangig stärken. Dies konnte keinesfalls durch stummes Lesen, sondern nur durch die Wahrnehmung des eigenen Sprechens beim lauten Lesen gelingen. Es war keineswegs einfach, ihn dazu zu motivieren, und bedurfte einiger pädagogischer Tricks.

„Kannst du dir vorstellen, dass es Menschen gibt, die richtig viel Lesen üben müssen, weil es zu ihrem Beruf gehört und sie damit Geld verdienen?", fragte ich Mervin. „So einen Beruf will ich nicht haben", meinte er und schüttelte den Kopf. Ich erklärte ihm, dass beispielsweise Sprecher im Radio oder Fernsehen mit dem Lesen von Nachrichten ihren Beruf ausüben und dafür auch eine Ausbildung absolvieren mussten: „Sie mussten das Lesen üben. Auch Schauspieler müssen intensive Lese- und Sprechübungen machen", ergänzte ich. Wir kamen überein, dass nicht jeder Mensch bei seiner Geburt das Super-Lesegen in sich tragen könne, sondern viele Menschen dies üben müssten und Stars wie Tom Cruise trotz einer Legasthenie durch Leseübungen eine Menge erreicht hätten. Es war ein Aspekt, der ihm einleuchtete und mit dem er sich identifizieren konnte.

Ich versprach Mervin, dass er in ein paar Jahren ebenso gut lesen könne, wenn wir regelmäßig übten. „Ich bin dabei dein Coach, wie ihn Schauspieler haben, aber wir müssen auch genauso intensiv arbeiten, wie es Schauspieler für ihre Rollen tun", sagte ich. Das klang nicht uninteressant für den Schüler und weckte seine Motivation. Mein Lese-Motivationsprogramm nannte ich „Einmal ist keinmal", denn jedes erstmalige oder zweimalige laute Lesen eines Textes galten als „Übungsläufe". Sie zählten nicht für unsere Bewertungskriterien, die wir erst für ein drittes Lesen festlegten. Mervin erhielt für vier Teilbereiche des Lesens Punkte oder Noten:

1. für das Lesetempo,
2. für die Sprechpausen,
3. für die Betonung,
4. für fehlerfreies Lesen.

Zuvor besprachen wir die Bewertungskriterien. Wir kamen überein, dass eine mittlere Lesegeschwindigkeit die allerbeste sei – zu langsam sei ebenso schlecht wie zu schnell. „Warum sind Sprechpausen wichtig?", fragte er mich. Ich machte ihm klar, dass wir nur beim Ausatmen sprechen könnten. Deshalb seien wir gezwungen, für das Einatmen kurze Pausen zu machen. Die Atempausen ermöglichten es außerdem, mit der Stimme zu variieren und besser zu betonen, beispielsweise am Ende eines Satzes die Stimme zu senken. Wir bestimmten die Satzzeichen zu denjenigen Stellen, die kurze Sprechpausen erfordern, und markierten sie bunt. „Dabei kann der Leser die nächsten Wörter schon in Augenschein nehmen und sich die Betonung überlegen", erklärte ich Mervin.

Es hätte ihn zu diesem Zeitpunkt überfordert und ihm wenig geholfen, die Aspekte eines sinnerfassenden Lesens zu erläutern. Viel wichtiger waren klare phonetische und phonologische Anhaltspunkte, damit er es in Angriff nahm. Am längsten sprachen wir über Möglichkeiten der Betonung von Wörtern. „Nichts ist schlechter als ein Lesen mit stets gleichbleibender Stimme, das langweilt die Zuhörer", sagte ich und las ihm einige Sätze monoton vor. „Wenn du lesen willst wie ein Schauspieler, dann musst du überlegen, wie du deine Stimme besser zur Geltung bringst."

Kürzlich informierte mich ein Lehrerkollege, betontes Lesen sei besonders bei Frauen und Mädchen festgestellt und daher als „feminin" charakterisiert worden. Gut, wenn es auch die Jungen beherrschen! Denn betontes Lesen bedeutet, eine stabile phonologische Bewusstheit zu besitzen, die offenbar bei weiblichen Personen besser ausgeprägt ist. Schülerinnen sind von Lese-Rechtschreibstörungen weniger betroffen. Dagegen neigen Schüler/innen ohne phonologische Bewusstheit eher zu einem monotonen Lesen, weil ihnen eine variable Stimmgebung schwerfällt. Bekanntlich sind die Jungen dabei in der Überzahl.

Den letzten Bewertungspunkt „fehlerfreies Lesen" klassifizierten wir zunächst als untergeordnet und nicht ganz so wichtig wie die anderen. Das sollte Mervin Ängste vor Lesefehlern nehmen. Seine Leseprobleme als normal zu erleben und damit umgehen zu lernen, gab ihm die Chance zu einer eher sachlichen und weniger emotionalen Einstellung.

Wir begannen unsere Leseübungen zunächst mit sehr kurzen Schulfibeltexten von etwa 20 Wörtern, die sich zum Buchende bis auf rund 100 Wörter erweiterten. Wenn die Texte länger gehalten waren, kürzte ich sie auf überschaubare Abschnitte. Nicht der gesamte Text, sondern nur ein Abschnitt davon sollte laut gelesen werden. Dies bedeutete für Mervin von Anfang an höchste Anspannung. Erst im Laufe der Jahre lernte er, sie abzubauen und nicht spannungsgeladen über die Brust, sondern über das Zwerchfell zu atmen. „Es ist ganz normal, wenn man beim ersten Lesen Fehler macht oder Hilfen braucht, weil es schwierig ist. Ruhig bleiben, tief durchatmen und dann einfach beginnen", ermutigte ich ihn. Natürlich musste ich ihm zu Beginn helfen, schwierige Lautstrukturen zu erfassen oder lange Wörter silbenweise zu erlesen.

Beim Erlesen unbekannter Wörter verwendeten wir eine Abdeckhilfe; dazu hatten wir einen Pfeil aus Pappe ausgeschnitten. Mit ihm ließen sich kompliziertere Wortstrukturen zunächst abdecken, um sie danach schrittweise, Silbe für Silbe, in Erscheinung treten zu lassen und langsam beim Sprechen aneinanderzureihen. Wörter, die sich für Mervin als besonders schwierig erwiesen hatten, markierten wir bunt und trennten sie mit einem Stift in Silben. Im Anschluss daran machten wir „Wörterspringen". Ich zeigte mit dem Lesepfeil auf die bunten Wörter, die ihm Schwierigkeiten bereitet hatten. Er sollte sie nun einzeln lesen. Danach war ich an der Reihe: Ich las ihm den Text noch einmal laut vor, Mervin las stumm mit. Dabei galt es, seine auditive Fremdwahrnehmung zu stärken; es verlieh ihm zu Beginn zusätzliche Sicherheit. Das Vorlesen fiel bald weg, der Schüler wollte alleine lesen. Bei einem letzten Lesedurchgang war die Reihe wieder an Mervin.

„Bist du einverstanden, dass wir jetzt beim dritten Lesen die Punkte vergeben?", fragte ich ihn. Kein Schüler hatte bisher eine Bewertung abgelehnt – das Gegenteil war der Fall. Die allermeisten Schüler waren nahezu begierig darauf, ihr Lesen noch einmal zu erleben und dafür Punkte zu erhalten. Es war das Lob, die unverzichtbare Verstärkung, die ihr Üben honorierte und ihr Selbstwertgefühl stabilisierte. Diese Lesebewertung beim dritten Mal hatte für die meisten Schüler noch einen besonderen Aspekt: Ich nahm das Lesen auf eine Sprachkassette auf und wir hörten sie danach gemeinsam an. Manche Schüler lasen dabei noch einmal stumm mit.

Jeder Schüler durfte sein eigenes Lesen zuerst selbst bewerten, danach gab ich meine Bewertung ab. Es erstaunte mich, wie zutreffend und eher streng sich die Schüler selbst benoteten. Natürlich durften meine Punkte oder Noten keinesfalls schlechter sein als ihre. Von den vier Bewertungskriterien ließen sich immer sehr gute, gute, aber auch mittlere oder schlechte finden; niemals waren sie alle schlecht! „Findest du nicht, dass es sich schon toll anhört, wie du liest, und sich das Üben lohnt?", war in der Regel meine Abschlussbewertung. Die erreichten Punkte, die wir mit einer zufriedenstellenden Gesamtnote bezifferten, bedeuteten einen weiteren Motivationsschub.

Bei diesem mehrfachen Üben kurzer Texte machte ich folgende Erfahrung: Zwei Drittel der Schüler konnten die nachhaltig erarbeiteten Lesetexte beim dritten Mal und ebenso noch Wochen später mit hoher Benennungsgeschwindigkeit wiedergeben; sie hatten die Wörter verinnerlicht. Einem Drittel der Schüler gelang das dritte Lesen zwar besser, aber nicht ganz zufriedenstellend; ihre Benennungsgeschwindigkeit war nach wie vor weniger hoch. Sie lasen nicht ganz fehlerfrei und lautierten immer noch Wörter mit schwierigen Lautstrukturen zusammen. Es handelte es sich dabei um diejenigen Schüler, die neben einem Fehlen der phonologischen Bewusstheit zusätzliche visuelle Wahrnehmungsstörungen aufwiesen.

Nachdem ich den Leseprozess auf diese Weise angebahnt hatte, ging das Lesen mit den Schülern weitestgehend auf die Eltern über. Lediglich das Sprechen auf die Kassette belohnte bei mir für die häusliche Übungsarbeit. Ähnlich wie bei der Sprachtherapie bezog ich auch hier von Anfang an die Eltern in die Arbeit ein. Nur in denjenigen Fällen, bei denen die Beziehung von Eltern und Kind belastet schien oder sich kompliziert gestaltete, ließ ich die Eltern außen vor. Es waren jedoch nur vereinzelte Fälle. Diese Einbeziehung betrachtete ich als eine unverzichtbare Voraussetzung für ein Gelingen des therapeutischen Unterrichts. Denn nur mit den Eltern als „Ko-Therapeuten" konnte ich sicherstellen, dass wichtige Übungen nachhaltig durchgeführt wurden. Dafür durften sie am Anfang die Unterrichtssitzungen ganz oder teilweise mitverfolgen. Mit berufstätigen Eltern vereinbarte ich besondere Termine, um ihnen die methodischen und inhaltlichen Aspekte für die Übungen mit ihren Kindern zu veranschaulichen. Das Motto hieß: Qualität vor Quantität! Kurze Schreib- und Leseübungen von maximal 20 min waren an drei bis vier Wochentagen nachhaltig durchzuführen.

Für alle Schüler und Erwachsenen mit einer mehr oder minder schweren Legasthenie bedeutet Lesen und Schreiben eine Stresssituation, ausgelöst durch die eigene Erkenntnis, vor einer Mauer zu stehen und nicht darüber hinwegzukommen. Versagensängste stellen sich ein – vor allem dann, wenn sich wie bei Mervin über Jahre kein Schulerfolg gezeigt hat. Bei dem Schüler hatten sich die Versagensängste bereits verselbstständigt. So lehnte er es lange Zeit ab, auf die Kassette zu sprechen. „Meine Stimme klingt so doof, ich möchte sie nicht hören", sagte er. Es war nicht der etwas befremdende Klang seiner eigenen Stimme, sondern allein der Druck auf den Kassettenknopf, sogar schon das Bereitstellen des Kassettenrekorders, das bei ihm die Anspannung auslöste. Er saß nicht mehr ruhig auf seinem Stuhl, bewegte sich hin und her. Die Angst, Fehler zu machen, war riesengroß. Auf keinen Fall wollte er beim Abhören mit seinen Lesefehlern konfrontiert werden. Deshalb verzichtete ich bei ihm, aber auch bei anderen Schülern, auf die Sprachaufnahmen, wenn sie diese ablehnten.

Verschiedene Schüler, die ich unterrichtete, weigerten sich zuerst vehement, ihr eigenes Lesen anzuhören oder ihre falsch geschriebenen Wörter anzusehen, um sie besprechen und korrigieren zu können. Sie betrachteten diese Wörter als Abbilder ihres stetigen Versagens, dem sie hilflos ausgeliefert waren. Erst das gestärkte Selbstwertgefühl verbunden mit einer sachlicheren Einstellung zu ihren Schwierigkeiten ermöglichte ihnen die Konfrontation damit. Besondere Hilfestellungen und wirksame Übungen beim Lesen- und Schreibenlernen waren sowohl in der Schule als auch zu Hause für diese Schüler unabdingbar. Dabei bewirkte das mehrmalige laute Lesen kurzer Texte eine beginnende Automatisierung bestimmter sensorischer Prozesse. Es trainierte nicht nur die eigene Sprech- und Sprachwahrnehmung und damit die phonologische Bewusstheit nachhaltiger, sondern ebenso die orthografische Kompetenz. Die visuellen Wahrnehmungskanäle des Gehirns wurden durch das sprichwörtliche dreimalige Vor-Augen-Führen der Wörter gleichfalls trainiert.

Im Gegensatz zu anderen musste sich Mervin auch das Lesen hart erarbeiten, doch es gelang ihm nach und nach besser. Was in den ersten beiden Schuljahren kaum möglich schien, festigte sich bis zum Ende seiner Grundschulzeit: Endlich hatte er sein erstes Buch lesen können! Es handelte sich um eine bebilderte Ausgabe des „Dschungelbuchs". Jede Seite hatte lediglich zehn bis zwölf Zeilen, die er nach wie vor dreimal laut lesen musste. Wörter wie *Mogli* oder *Vater Wolf* machten ihm keine Probleme; schwieriger wurde es bei *Indischer Dschungel*, *Jagdrevier* oder *Shir Khan, der Tiger*. Da sich diese Begriffe jedoch häufig wiederholten, kam er sehr bald ohne Probleme mit ihnen zurecht.

In der Zeit danach nutzte er seine Intelligenz, um das Lesen zwar nicht zu vermeiden, aber so kurz wie möglich zu halten. Er hatte die Jugendbücher entdeckt, bei denen der Leser den Verlauf der Erzählung mitbestimmen kann: „Wenn du meinst, Tom und Jennifer werden den Schatz in der Höhle entdecken, schlage die Seite 47 auf. Wenn du denkst, sie wurden in die Irre geführt, lies auf Seite 37 weiter." Mervin las diese Bücher eine Weile am liebsten und zwar so, dass er den kürzesten Leseweg offenbar schon vorher herausfand.

Im zweiten und dritten Jahr unserer Zusammenarbeit stabilisierte sich das Lesen deutlich. Am Anfang hatte seine Familie erhebliche Zweifel daran, dass Mervin jemals gerne lesen würde. Doch seine Mutter und ebenso seine Großmutter hörten nicht auf, ihm die Bedeutung des Lesens klarzumachen. Noch wichtiger war, dass sie selbst optimale Lesevorbilder darstellten. Er lebte mit einer beständig lesenden Mutter und einer schon aus beruflichen Gründen noch mehr lesenden Großmutter zusammen. Eltern, die selbst kaum oder gar nicht lesen, haben es sehr viel schwerer, ihre Kinder überzeugend zu motivieren.

Ein sich allmählich anbahnender, aber dennoch auch für mich sehr überraschender Durchbruch stellte sich im vierten Jahr unseres gemeinsamen Unterrichts ein – mit dem richtigen Buch zum richtigen Zeitpunkt. Ich hatte Mervin das erste Buch der Darren-Shan-Reihe „Der Mitternachtszirkus" zu Weihnachten geschenkt. Damit begann der Lesevirus von ihm Besitz zu ergreifen. Das Leben des Jungen Darren, halb Vampir, halb Mensch, begann ihn zu faszinieren. Er las binnen weniger Monate zwölf Bände ohne Pause, einen nach dem anderen. Es ärgerte ihn sehr, wenn manche Bände zeitweilig vergriffen waren und er darauf warten musste. Inzwischen sind die ersten Bände der Buchreihe verfilmt. Der Film habe ihn enttäuscht, weil er sich vieles anders vorgestellt habe, meinte Mervin danach. Die Bücher zu lesen, sei wesentlich interessanter gewesen. Kein Drehbuch eines Films geht über die eigene Fantasie!

„Lesen ist cool, aber laut will ich jetzt nicht mehr lesen", stellte er danach fest. Dennoch bat ich ihn, das laute Lesen nicht ganz aufzugeben. Wir kamen überein, dass er kein Buch durchgehend laut lesen musste, denn das hätte seinen Lesegenuss wesentlich beeinträchtigt. Allerdings vereinbarten wir, dass er zwei- bis dreimal die Woche nur zwölf bis 15 Zeilen einer Buchseite laut und „perfekt" in der ihm bekannten Weise üben sollte. Warum? Lautes Lesen war für Mervin lange Jahre angstbesetzt und blieb aufgrund seiner phonologischen Defizite immer noch instabil. Nach wie vor las er in der Schule ungern vor. Wann immer ich ihn bat, etwas laut zu lesen, geriet er in Anspannung und wehrte ab. „Muss das sein?", war über Jahre sein Standardspruch. Es musste sein, denn nur auf diese Weise lernte er, seine Versagensängste zu besiegen und seine Phonologie weiterhin zu stabilisieren. Altbekannte Stolpersteine beim Lesen fanden sich immer seltener; es wurde nahezu fehlerlos. Lediglich über längere Wortstrukturen wie „Gymnasiallehrer" stolperte er. Er las „Gynsamiallehrer" und wir lachten beide darüber. Allerdings mussten wir das Wort langsam sprechend in seine Silben zerlegen, damit er es richtig erlesen konnte.

Zwei Jahre nach seinem Durchbruch las Mervin in seiner 9. Klasse genau wie die anderen Schüler vor und fand es leider ebenso cool wie andere, die Fähigkeit zum schnellen Lesen unter Beweis zu stellen. Gelegentlich hielt er es für angebracht, Texte „herunterzuhudeln", obwohl er zu einer guten Betonung fähig war. Beim Bücherlesen hatte Mervin zwischenzeitlich auch längere Pausen eingelegt, aber nie mehr ganz damit aufgehört. „Ich stehe jetzt auf Bücher", verkündete er mir als Vierzehnjähriger stolz, „ich wünsche sie mir sogar zum Geburtstag!" Jahre vorher wäre es völlig undenkbar gewesen, ihm jemals mit einem Buch eine Freude machen zu können.

Unser Gehirn besitzt – besser als ein Computer – schier unerschöpfliche Speicher- und Merkfähigkeiten. So müssen wir als Erwachsene Wörter oder Sätze keinesfalls erst aussprechen, um sie phonologisch untergliedern zu können. Dazu verfügen wir über das phonologische Arbeitsgedächtnis, unsere „innere Phonologie". Wir untergliedern gedanklich unsere Sätze mit der von uns verinnerlichten Sprachmelodie und dem Sprachrhythmus. Genau wie ein Komponist sich auf rein gedanklicher Basis einzelne Töne vorstellen kann und ein neues Werk komponiert, so haben wir eine innere Vorstellung von Sprachklängen, von Stimmen, Sätzen und Wörtern. Sobald wir schreiben und lesen, ist auch unser phonologisches Arbeitsgedächtnis gefordert. Nicht nur beim lauten, sondern auch beim stummen Lesen ordnen wir die Lautfolgen, Silben und Wörter ihren Klängen zu; nur tun wir dies auf rein gedanklicher Basis. Allerdings können wir uns dabei selbst betrügen. Wenn wir stumm lesen, müssen wir phonotaktisch nicht korrekt sein. Wir können Endungen weglassen, Silben überspringen oder Wörter falsch lesen. Niemand bemerkt es, am wenigsten wir selbst. Dennoch sind normal intelligente Schüler und Erwachsene in der Lage, den „wesentlichen" Inhalt eines Textes oder eines Buches gedanklich zu erfassen. Besondere Lesemethoden, die auf Schnelligkeit abzielen, bestätigen das.

Eine 15-jährige Gymnasiastin mit gravierenden Rechtschreibproblemen gab im Beisein ihrer Mutter vor, in den Ferien einen Harry-Potter-Band in einem Tag ausgelesen zu haben – von Leseschwierigkeiten war zunächst nicht die Rede. Als ich sie bat, mir im Verlauf der Testung einen kurzen Text laut vorzulesen, wurde es ihr peinlich. Das laute Lesen war stockend, äußerst fehlerhaft und deutete auf gravierende phonologische Schwächen hin. Dennoch glaubte ich ihr die Darstellung des stummen Hochgeschwindigkeitslesens.

Bei Mathematikarbeiten sind Schüler ebenfalls gezwungen, kurze Textaufgaben stumm, aber sehr genau zu lesen, um den Inhalt zu erfassen. Selbst mathematisch begabte, aber leseschwache Schüler zeigen dabei gelegentlich unerklärliche Rechenfehler. Ein Viertklässler mit sehr gutem mathematischen Verständnis, der ein ausgezeichneter Kopfrechner war, bat mich, ihm eine Aufgabe seiner Mathearbeit zu erklären, weil er diese angeblich nicht richtig verstanden und daher falsch gerechnet hatte. Sie lautete: „Berechne die Differenz aus 489 und 1234."

Ich ließ ihn die Aufgabe laut vorlesen. Er las zweimal: „Breche die Differenz …" Auch während der Arbeit war er nicht auf seinen Lesefehler aufmerksam geworden und hatte sich zeitraubende Gedanken über die für ihn unklare Aufgabenstellung gemacht. Es konnte durchaus passieren, dass er auch andere mathematische Textaufgaben gelegentlich missverstand, weil er sie fehlerhaft gelesen hatte. Das Gleiche geschah hin und wieder bei Klassenarbeiten mit Arbeitsblättern, die „kleingedruckte" schriftliche Aufgabenstellungen enthielten. Er las sie falsch und/oder interpretierte sie falsch; im Nachhinein war die eigentliche Ursache nur schwer herauszufinden.

Der Junge verfügte jedoch bei Mathematikaufgaben über eine ausgezeichnete Hörverstehensfähigkeit. Mündlich gegebene Aufgabenstellungen jeglicher Art löste er problemlos. Außerdem hatte er keine Mühe, längere Texte inhaltlich zu erfassen, in denen es weniger um Detailgenauigkeit, sondern um das Erkennen komplexer inhaltlicher Zusammenhänge ging. Viele Schüler mit phonologischen Defiziten weisen ähnliche Probleme bei der Verarbeitungsgeschwindigkeit von geschriebener Sprache auf und benötigen deshalb mehr Zeit, um Texte oder Textaufgaben richtig lesen und erfassen zu können. In den Grundschulen sollten sich Lehrer bei Textaufgaben in Mathematik rückversichern, dass die betroffenen jungen Schüler die Aufgabenstellung zumindest korrekt erlesen konnten.

Wenn es darum geht, die phonologische Bewusstheit und in diesem Zusammenhang nicht nur die Fremd-, sondern auch die Eigenwahrnehmung von gesprochener Sprache besser zu stabilisieren, ist daher weniger das stumme, sondern das laute Lesen der wichtigere methodische Ansatz. Auch Flüstern kann beispielsweise während des Schulunterrichts helfen, geschriebene Texte besser zu erfassen. Generell lässt Flüstern insbesondere die Konsonanten hervortreten, die Vokale lassen sich weniger intensiv erspüren. Mervins Leseerfolg hatte noch eine weitere positive Begleiterscheinung: Er brachte auch seine Rechtschreibung und sein freies Schreiben voran. Dass die Entwicklungen des Schreibens und Lesens sich gegenseitig bedingen, haben Theorie und Praxis hinreichend bewiesen. Zuerst ist es das Schreiben, welches zusammen mit dem Sprechen hilft, das Lesen anzubahnen. In den späteren Schuljahren ist es beständiges Lesen, das Schülern ermöglicht, ihre semantische, grammatikalische und orthografische Kompetenz nachhaltig zu festigen. Eine Verbesserung der Rechtschreibung kann nur zusammen mit konstantem Lesen erfolgen!

Worauf ich generell und ganz bewusst bis heute verzichte, sind „stumme" Abschriften langer Texte. Nach meiner Erfahrung erweisen sich diese Abschriften bei Schülern mit fehlender phonologischer Bewusstheit als ineffizient. Sie erzeugen Stress und damit verbundene Abwehrreaktionen. Die Tatsache, einen Text relativ fehlerfrei lesen zu können, bedeutet jedoch noch nicht, sich seiner orthografischen Komplexität sicher zu sein, sämtliche Lautstrukturen und orthografischen Regeln problemlos differenzieren und erfassen zu können. Deshalb filterte ich Abschnitte, Sätze oder Wörter aus den Lesetexten heraus, die sich für den aktuellen Stand des Schreibenlernens anboten.

6.3 Phonemische Differenzierungsschwächen und orthografische Komplexität

Parallel zum allmählichen Vorankommen beim Lesen festigte sich Mervins Schreibprozess. Im Vergleich zum heutigen Hochgeschwindigkeitslernen in den Grundschulen bewegten wir uns im Schneckentempo. Dabei musste ich sehr darauf achten, dass sich Mervin nicht in sein Schneckenhaus zurückzog, weil er sich überfordert fühlte. Es gelang ihm, mehrfach geübte Wörter und Sätze nahezu fehlerfrei zu schreiben. Ungeübte Wörter, Sätze oder Texte bereiteten ihm noch lange Zeit große Probleme; besonders das freie Schreiben strengte ihn sichtlich an.

Weil ich Wert darauf legt, dass er möglichst phonemisch korrekt schreiben lernte, musste ich die in den Schulbüchern vorgegebenen Texte erheblich reduzieren. Das geschah, um keine sensorische Überforderung entstehen zu lassen, sondern ein nachhaltiges Üben sicherzustellen. Denn seine komplexe Wahrnehmungsstörung war nach zwei Jahren unserer Zusammenarbeit noch nicht behoben. Die Analyse und Synthese größerer phonologischer Einheiten, wie drei- oder viersilbiger Wortstrukturen mit subjektiv schwierigen Konsonanten- und Vokalverbindungen, verlangten ihm noch weitere Jahre höchste Anstrengung und Konzentration ab.

Die Identifikation von Konsonanten im An-, In- und Auslaut von Wörtern machte Mervin Schwierigkeiten, wenn sie zusammen mit anderen Konsonanten oder im Wechsel mit kurzen Vokalen keine optimalen Lautkontraste mehr bildeten. Mehrfachkonsonanten kombiniert mit kurzen und langen Vokalen unterschieden sich nur noch durch Lautnuancen, deren minimale Unterschiede der Schüler kaum wahrnehmen konnte. Die größten Herausforderungen bildeten Silbenstrukturen oder Buchstabenkombinationen, deren Lautung insbesondere im mittleren und hinteren Artikulationsbereich des Sprechapparates im Wechsel mit bestimmten Vokalen erfolgte. Sie alle darzustellen, ist nicht möglich. Nur auf einige Beispiele möchte ich eingehen, weil diese auch bei vielen anderen Schülern mit fehlender phonologischer Bewusstheit häufige Fehlerquellen darstellen.

6.3.1 Auffallende Vokalfehler

Wie bereits dargestellt, treten Assimilations- oder Verschmelzungsprozesse in jedem Silben- und Wortklang unserer Sprache auf. Abhängig von Lautfolgen und Betonungsmerkmalen überlagern sich verschiedene Sprachlaute. Ihre Sonorität, ihr Klang, tritt in den Silben deshalb unterschiedlich stark hervor. So sprechen wir nicht etwa deshalb von „langen Vokalen", weil wir diese über Gebühr lang aussprechen – was gelegentlich von Schülern vermutet wird –, sondern weil sie im Silbenkern einen vorherrschenden Klanganteil besitzen:

Tal, Tage, Weg, Leben, loben, Wiege, Dieb.

Bei kurzen Vokalen ist dieser Klanganteil weitaus geringer:

Knall, Falter, merken, winken, locker, gucken.

Das Auslassen von Buchstaben ist ein bekannter Fehler bei Schülern mit Rechtschreibstörungen. Oftmals sind es kurze Vokale, die fehlen, besonders bei geschlossenen Silben, auch Stoppsilben genannt:

Knll statt *Knall, lckr* statt *lecker.*

Diese Schreibungen sind bei Schülern mit phonemischen Störungen keineswegs außergewöhnlich. Es fällt den Betroffenen außerordentlich schwer, kurze Vokale im Silbenkern zu identifizieren. Eine Sonderstellung bei den kurzen Vokalen nimmt der sogenannte „Schwa-Vokal" ein. Es ist der mit Abstand häufigste Vokal in unserer Sprache. Seine Bezeichnung ist allgemein wenig bekannt, obwohl wir diesen Laut ständig artikulieren. Er kommt ebenso häufig in anderen Sprachen vor und wird auch im Englischen als „Schwa" bezeichnet. Sein Name geht auf die hebräische Sprache zurück. Es handelt sich um einen stimmhaften, dumpf klingenden Murmellaut – auch „Murmel-e" genannt.

Dieser Laut, der mit dem lang gesprochenen Vokal /e:/ weder in der Artikulation noch im Klang identisch ist, wird dennoch durch den Buchstaben e repräsentiert. Er nimmt nicht nur wegen seiner Häufigkeit eine Sonderstellung bei den Vokalen ein, sondern auch, weil es ihn im Gegensatz zu allen anderen nicht lang gesprochen, sondern nur in einer kurzen Ausführung gibt. Es ist ein dumpfer Klang, den wir bei einer neutralen Stellung unserer Sprechwerkzeuge mit etwas geöffneter Lippenstellung artikulieren: /ə/

Richtigschreibungen		Auslassungsfehler
Ku-**gel**	Vo-**gel**	Kugl
he-**ben**	le-**ben**	lebn
gemacht	**ge**legt	glegt

Dementsprechend sind Schwa-Silben die am häufigsten vorkommenden Silben, wobei sie als Endsilben, aber ebenso am Anfang oder in der Wortmitte zu finden sind. Sie bereiten Schülern mit Rechtschreibstörungen große Probleme. Vielen gelingt es nicht annähernd, ein „e" herauszuhören, was nachvollziehbar ist. Bei Schülern mit Rechtschreibschwächen wundern wir uns oft über die fehlende Wortendung, das fehlende e oder en. Ganz häufig ist es das Schwa oder Murmel-e, welches die Schwierigkeiten verursacht. Manchmal hilft es den Schülern, die Wörter artikulatorisch zu verfremden und ein langes /e:/ statt des Gemurmels zu artikulieren. Mehr Erfolg hatte ich, wenn wir den Murmellaut sprechmotorisch analysierten, in die Hand lautierten und zusammen mit dem geschriebenen Buchstaben e trainierten. Das Murmel-e gehörte damit von Anfang an zum Buchstaben/Laut-Repertoire und ließ sich besser einprägen.

Bei Schwa-Silben kommt es noch zu anderen Irritationen: *Vater, Eimer, Teller* schreiben junge Schüler als *Vata, Eima, Tella*; ihr Lautverständnis signalisiert ihnen ein /ɑ/ als Auslaut. Tatsächlich ist an dieser Stelle auch die unklare gesprochene Sprache für die Fehler ursächlich, denn die Koartikulation von Schwa und *R*-Laut führen zu einer etwas erweiterten Mundöffnung; klarer wahrnehmbar wird die Lautkombination damit nicht, denn das *Zäpfchen-R* wird oftmals gar nicht oder nur ansatzweise artikuliert. Für die einen klingen die Auslaute wie /əR/, für die anderen wie ein /ɑ/. Faktisch geht es jedoch um das Verschmelzen von schwierigen Phonemen, deren Wahrnehmung sich im Zusammenspiel von Klangnuancen und Sprechmotorik in Millisekunden abspielt.

Für die häufige Verwechslung des Vokalbuchstabens e mit dem Umlaut ä können verschiedene Aspekte ursächlich sein: ein phonematisches Differenzierungsproblem, ein sprachliches Ableitungsproblem oder mangelnde Kenntnis der Rechtschreibregel. Oft kommt eines mit dem anderen zusammen. Die phonologische Problematik liegt wiederum eher bei den kurzen Vokalen, die fast identisch ausgesprochen werden:

Richtigschreibungen		häufige Fehler
Felder	*Wälder*	*Welder*
Gänge	*Menge*	*Mänge*
merken	*fälschen*	*felschen*

Viele Schüler tendieren zum e, vermutlich deshalb, weil es als Buchstabe häufiger vorkommt; bei anderen Schülern scheint die Verwechslung beliebig. Wieder andere verlassen sich auf ihre eigene defizitäre Lautunterscheidung, ohne sich der orthografischen Regelung oder sprachlichen Ableitung bewusst zu sein, die lautet: Aus a wird ä, aus *Wald* wird *Wälder*! Auch Letzteres ist ein Mangel in der Sprachverarbeitung, der oft mit phonologischen Schwächen einhergeht.

In vielerlei Hinsicht bedingen Phonologie und orthografische Regeln einander. Schüler können Letztere nur dann korrekt anwenden, wenn sie über phonologische Bewustheit verfügen. Beispielsweise folgen Doppel- oder Mehrfachkonsonanten ausschließlich nach kurzen Vokalen: *Welle*, *Welt*. Nach langen Vokalen folgt die unbezeichnete oder bezeichnete Dehnung: *Tal* oder *Wahl*, *Ton* oder *Sohn*. Um diese Wörter schreiben zu können, benötigen wir sowohl Regelkenntnis als auch Lautsicherheit und -bewusstheit für die Artikulation langer und kurzer Vokale, aber auch Bewusstheit für die Wortsilben. Die Trennung von Wörtern in Silben hilft uns dabei, Doppel- oder Mehrfachkonsonanten im Inlaut längerer Wortstrukturen besser zu identifizieren.

Rechtschreibungen		Häufige Fehler
Liebe	Lippe	Libe
Miete	Mitte	Mite
Stahl	Stall	Stal

All diejenigen Personen, welche phonologische Sicherheit und Bewusstheit besitzen, haben es wesentlich leichter, sich auch die orthografischen Besonderheiten eines Wortes einzuprägen. Menschen mit phonologischen Defiziten hinken häufig zeitlebens der Orthografie hinterher. Obwohl viele die Regeln genauestens kennen, wenden sie sie deshalb nicht an, weil sich ihnen das phonologische Gerüst des Wortes nicht klar erschließt.

Im Zusammenhang mit kurz und lang gesprochenen Vokalen war die Unterscheidung von i/ie mit der orthografischen Regel der unbezeichneten und bezeichneten Dehnung für Mervin lange Zeit phonologisch kaum nachvollziehbar. Zuerst ließ er das Dehnungs-e grundsätzlich weg, danach erwies es sich immer wieder als einer seiner hartnäckigsten Fehler. So schrieb er fast durchgängig für

Dieb, Liebe, Wiege,
Dib, Libe, Wige.

Erst als ich dazu übergegangen war, seine Falschschreibungen den Richtigschreibungen gegenüberzustellen und diese durch kurze Aussprache der i-Wörter sowie lange Aussprache der ie-Wörter trainieren zu lassen, merkte er sich die Unterschiede. Phonologisch und schriftlich korrekt waren diese Gegenüberstellungen nicht. Tatsächlich kennen wir im Deutschen allenfalls wenige einsilbige Wörter mit einem kurzen /I/ ohne Doppel- oder Mehrfachkonsonantenfolge: *bin, im, in.* Darüber hinaus gibt es auch die unbezeichnete Dehnung: *Stil, Musik, Benzin.* Diese komplexeren Sachverhalte konnte ich Mervin nur schrittweise verdeutlichen – alles andere wäre einer sensorisch nicht integrierbaren Überforderung gleichgekommen.

So entwickelte sich durch die Gegenüberstellung von Richtig- und Falschschreibungen manches Arbeitsblatt, das bei nach strengen Sprachnormen arbeitenden Linguisten und Deutschlehrern vermutlich ein Kopfschütteln verursacht hätte. Aber aus sprachtherapeutischer Sicht heiligte der Zweck die Mittel. Der Zweck oder besser das Ziel war die Stabilisierung der phonologischen Bewusstheit durch die Bewusstmachung eigener Rechtschreibfehler bei phonetisch und phonologisch schwierig zu identifizierenden Phonemen/Buchstaben im Wortganzen. Erst danach konnten die komplexeren orthografischen Regeln in Angriff genommen und umgesetzt werden.

Es gab für Mervin noch zahlreiche andere Wörter mit vokalischen Stolpersteinen, die nicht kurzfristig aus dem Weg zu räumen waren, beispielsweise Wörter mit Diphthongen:

Reis, Fleiß, Mais,
Leute, deuten, äußerlich.

Er benötigte Jahre, um sie sicher benutzen zu können. Einzig den Diphthong „au" merkte er sich schnell. Wörter wie *Haus, Maus, Laus* schrieb er ohne Schwierigkeiten. Bei der Artikulation gehen wir dabei von einer weiter geöffneten Lippenstellung beim /a/ zu nahezu ganz geschlossenen Lippen beim /u/ über, was phonetisch besser wahrzunehmen ist als die Vokalverschmelzung bei den anderen Diphthongen. Die Ansicht, dass Vokale oder Vokalverbindungen grundsätzlich leichter wahrzunehmen sind und daher auch bei der Rechtschreibung weniger Probleme verursachen als Konsonanten, teile ich nach eigener Erfahrung nicht.

6.3.2 Häufige Konsonantenfehler

Bei den Konsonanten haben sich inzwischen auch in breiter angelegten schulischen Testreihen bestimmte Lautgruppen als in hohem Maße fehleranfällig herauskristallisiert. Wie bereits erwähnt, nehmen dabei die Plosivlaute einen vorderen Rang ein. Schüler verwechseln sehr häufig Wörter mit g/k (ck), b/p, d/t im An-, In- und Auslaut von Wörtern.

Richtigschreibungen		häufige Fehler	
Brei	*Blatt*	*Prei*	*Plat*
Wand	*rund*	*Want*	*runt*
blinkt	*steckt*	*blingt*	*stegt*

In der Spontansprache tendieren wir bei den Plosiven eher zu einem „harten Auslaut", wir sprechen *Want* statt *Wand*. Auch am Wortanfang zeigt sich eine Tendenz zur Lautverhärtung, oft in Kombination mit einem zweiten Anlaut: *Prei* statt *Brei*. Viele Schüler haben Probleme mit einer phonemisch korrekten Ableitung der Verben. Sie schreiben: *stegt* statt *steckt* – abgeleitet von *stecken*. Neben den Erschwernissen durch die ungenaue Aussprache haben wir es bei den verschieden Plosiven wiederum mit lautlichen Oppositionen zu tun, die dem Lernprinzip der maximalen phonematischen Differenzierung nicht gehorchen; es sind nur minimale Unterschiede, Lautnuancen, die sie trennen. So sind /b/ und /p/ Labiallaute. Der Artikulationsort – die Lippen – ist bei beiden Konsonanten identisch. Zunächst sind die Lippen geschlossen und hemmen dadurch den Luftstrom. Nach Öffnung der Lippen entweicht der Luftstrom explosionsartig, daher die Bezeichnung Explosiv- oder Plosivlaute. Der minimale Unterschied: Bei /b/ öffnen die Lippen weicher, die Stimmbänder vibrieren gleichzeitig mit der Lippenöffnung, weshalb der Konsonant als stimmhaft gilt. Bei /p/ öffnen die Lippen härter, die Stimmbänder vibrieren erst nach der Lippenöffnung, wenn beispielsweise ein Vokal folgt. Der Konsonant gilt daher als stimmlos.

Ähnliche phonetische Abläufe ergeben sich beim /d/ und /t/ durch die Lufthemmung mittels der Zunge, die sich unter dem Gaumen am Zahnfleisch breit macht und den Luftausstoß hemmt. Beim /g/ und /k/ erfolgt die Lufthemmung und Bildung im hinteren Artikulationsbereich, wobei Zunge, Gaumensegel und Stimmbänder phonetisch beteiligt sind. Diese Lautunterschiede erschließen sich unserem Gehirn somit nicht nur durch den Klang, sondern auch durch das Erfühlen und Ertasten der Bewegungen unserer Sprechorgane und den Luftausstoß. Während wir den Klang und allenfalls die Lippenbewegung auch bei anderen Personen wahrnehmen können, sind wir bei der präzisen Wahrnehmung der taktil-kinästhetischen Abläufe allein auf unser eigenes Sprechen angewiesen. Auch Hörkassetten können uns lediglich Sprachklänge vermitteln, nicht aber die phonetische Gestaltung unseres eigenen Sprechens.

Neben einer guten auditiven Fremd- und Eigenwahrnehmung ist es vornehmlich dieses Bewusstsein über die Abläufe des eigenen Sprechens, das eine stabile phonologische

Bewusstheit kennzeichnet. Bei jungen Kindern, Schülern oder Erwachsenen, die sie sie nicht besitzen, müssen wir daher das eigene Sprechen einbeziehen, wenn wir die Eigenwahrnehmung stabilisieren, ein phonematisches Bewusstsein fördern wollen. Gerade die unterschiedlichen Plosivlaute sind in diesem Zusammenhang durch das Erspüren des Luftstroms beim Handsprechen gut wahrzunehmen.

Auch andere Konsonantengruppen, wie die im vorderen und mittleren Artikulationsbereich gebildeten Frikative, gelten als häufige Fehlerquellen beim Schreiben. Dabei sind die Buchstaben der „Reibe-oder Engelaute" höchst fehleranfällig. Schüler verwechseln in Wörtern:

f mit *w*	*Hawen* statt *Hafen*
f mit *v*	*braf* statt *brav*
w mit *v*	*Wase* statt *Vase*

Wie so häufig lassen sich dem Schreibfehler mehrere Ursachen zuordnen, beispielsweise ein phonologisches und ein orthografisches Problem. Im Hinblick auf die Orthografie ist erschwerend, dass der Buchstabe „v" kein eigenständiges Phonem besitzt, sondern entweder wie ein /f/ oder wie ein /w/ gesprochen wird: *Vater, Volk, Ventil, Violine*. Phonologisch ist es wiederum die Lautnuance, der minimale Lautunterschied, welcher sich den Schülern nicht klar erschließt: Bei der Bildung des /w/ bilden die oberen Schneidezähne mit der Unterlippe eine Engstelle. Während der Luftstrom die Verengung passiert, vibrieren die Stimmbänder. Das /w/ ist daher stimmhaft. Die gleiche Sprechmotorik vollzieht sich bei der Bildung des /f/ mit einem minimalen Unterschied: Wir blasen den Luftstrom etwas stärker durch die Engstelle, die Stimmbänder vibrieren nicht. Daher gilt das /f/ als stimmlos.

Viele Rechtschreibfehler von Schülern verursachen bei Laien oftmals ein Kopfschütteln, weil sie sich die Schreibung nicht erklären können. Bestimmte Buchstabenfehler erschließen sich jedoch sehr klar über ihre Artikulation. Beispielsweise verwechseln Schüler das „ch" in Wörtern gelegentlich mit dem „sch", aber auch mit dem „r":

misch statt mich,
michen statt mischen,
laren statt lachen.

Die erste Verwechslung deutet auf Schwierigkeiten bei der Wahrnehmung des „Ich-Lautes", auch *ch1* genannt. Seine Artikulation vollzieht sich – wie beim *sch* – im mittleren Artikulationsbereich: *ich, mich, mischen, fischen*. Dagegen erfolgt die Artikulation des „Ach-Lautes", des *ch2*, im hinteren Artikulationsbereich. Er gehört zusammen mit dem *Zäpfchen-R* und anderen zu den Schwingelauten, den Vibranten: *machen, lachen, Karte, warten*. Die geringe phonematische Trennschärfe der an gleicher Artikulationsstelle gebildeten Laute macht die Verwechslung der Buchstaben nachvollziehbar. Die Verbindung mit dem kurzen Vokal /a/ schafft durch die geöffnete Mundstellung zusätzliche Irritationen.

In Kapitel 4 hatte ich bereits erwähnt, dass viele sprech- und sprachgestörte Kinder und Erwachsene durch Lispeln auffallen. Die Realisierung von Zischlauten fällt ihnen schwer. Für Schüler mit fehlender phonologischer Bewusstheit sind Wörter mit Zischlauten ein kaum zu überwindendes phonematisches Hindernis. Doch nicht nur für sie, auch für normal sprachbegabte Schüler und Erwachsene sind Schreibungen mit s/ss/ß, z/tz, sp/st, ch/sch keine unkomplizierte Angelegenheit, wie die folgenden Wörter zeigen:

Beweis, Verschleiß, Phase, Stoß, Beschluss,
witzig, winzig, manche, Matsch, zwitschern.

Hohe Lautdifferenzierungsanforderungen werden bei komplizierten Lautabfolgen ergänzt durch komplexe orthografische Regelungen und Besonderheiten, zum Beispiel bei Wörtern mit ß, sowie durch Änderungen derselben im Zuge der Rechtschreibreform – aus *Schloß* wurde *Schloss*, aus *ißt* wurde *isst*! Nicht nur für lese-rechtschreibschwache Schüler und Erwachsene bergen die Schreibweisen eine schier unerschöpfliche Quelle für Rechtschreibfehler.

Für Mervin erwies sich die Identifikation von Zischlauten als das phonemische Problem schlechthin. Von allen Lautgruppen bereiteten sie ihm die größten Schwierigkeiten. Er konnte die Laute kaum auseinanderhalten und schriftlich umsetzen, insbesondere dann, wenn sie in einem Wort gehäuft vorkamen oder mit ähnlich schwierig zu bildenden Konsonanten oder kurzen Vokalen kombiniert werden mussten. Das Verb „zwitschern" bezeichnete er noch Jahre später als ein für ihn kaum auszusprechendes und deshalb kaum zu schreibendes Wort. Die Koartikulation von Zisch-, Reibe- und Plosivlauten zusammen mit kurzen Vokalen war für ihn sowohl beim Zusammenschleifen in der Artikulation als auch bei der schriftlichen Umsetzung am schwersten nachvollziehbar.

Die dargestellten Konsonantenfehler sind keinesfalls umfassend. Sie sollen dazu dienen, beispielhaft phonemische Differenzierungsschwierigkeiten deutlich zu machen. Daneben ergeben sich in Testreihen noch weitaus breiter angelegte und vielfältigere Fehlerhäufungen, die nicht ausschließlich phonologische, sondern auch visuelle oder andere orthografische Ursachen haben können.

6.4 Probleme beim freien Schreiben

Zur korrekten Schreibung verhilft unser gesamtes komplexes sprachliches Arbeitsgedächtnis, das neben phonologischen auch semantische, grammatikalische oder orthografische Sachverhalte speichert und jederzeit abrufbar macht. Allerdings habe ich nicht nur bei Mervin, sondern auch bei vielen anderen Schülern mit phonologischen Defiziten festgestellt: Je ungefestigter ihre phonologische Bewusstheit ist, umso mehr neigen sie dazu, sich beim Lesen und Schreiben auf phonologische Aspekte zu konzentrieren, um beispielsweise beim freien Schreiben einen Satz überhaupt zustande zu bringen. Zahlreiche orthografische und zusätzliche grammatikalische Fehler sind die Folge. Das sprachliche Arbeitsgedächtnis scheint diesbezüglich zunächst nur eingeschränkt zu funktionieren oder es bleibt keine Zeit, auch über sprachliche Ableitungen und Grammatik nachzudenken.

Das freie Schreiben verunsicherte Mervin im 5. Schuljahr – nach zwei Jahren des therapeutischen Unterrichts – noch erheblich. „Schreibe einfach, wie du denkst", hatten ihm die Lehrer seit der Grundschule geraten, wenn er bestimmte Fragen beantworten sollte und sich augenscheinlich dabei unsicher fühlte. „Ich kann die Sätze auf keinen Fall schreiben, wie ich sie denke", sagte er mir einmal. „Meistens sind sie zu lang und für mich zu kompliziert." Der Schüler war aufgrund seiner Intelligenz problemlos in der Lage, inhaltliche Aspekte zu erkennen und diese sprachlich fehlerlos zum Ausdruck zu bringen. Aber er formulierte seine Gedanken – wie die meisten von uns – in ganz verschiedenen, zuweilen komplexen Satzgebilden. Ob wir dabei in vollständigen oder unvollständigen, in grammatikalisch richtigen oder falschen Sätzen denken, hängt von unserem Sprachvermögen ab. Dabei nutzen wir neben dem semantischen und dem grammatikalischen auch das phonologische Gedächtnis als Stütze, wenn wir beispielsweise komplexe Gedankeninhalte in kürzeren Aussagesätzen oder längeren Satzgefügen schriftlich zum Ausdruck bringen wollen. Besonders Letzteres schien Mervin nur schwer zu gelingen. „Unsere Lehrerin hat gesagt, wir sollen in längeren Sätzen schreiben und die Kommas nicht vergessen. Aber wie soll ich das schaffen, wenn ich über schwierig zu schreibende Wörter intensiv nachdenken muss?", fragte er mich. „Manchmal vergesse ich dann andere Wörter zu schreiben oder ich vergesse meinen Satz."

Ich hatte in diesem Zusammenhang festgestellt, dass Mervin beim freien Schreiben in seinen Satzbildungen zwar keine bedeutungsvollen Inhaltswörter, aber Präpositionen oder Artikel gelegentlich wegließ. Bei den Verben wechselte er die Zeiten vom Präteritum ins Präsens oder Perfekt. Außerdem schrieb er meistens ohne Punkt und Komma. In seiner Wahrnehmung waren auch die eigenen Gedanken ganzheitliche Gebilde, inhaltlich und daher auch im

Klang untrennbar und deshalb nur schwer zu zergliedern. Er vermittelte damit den Eindruck eines nicht nur rechtschreibschwachen, sondern auch grammatikalisch unsicheren Schülers. Ähnliche Auffälligkeiten zeigen auch andere Schüler mit Rechtschreibstörungen. Da Mervins gesprochene Sprache grammatikalisch jedoch keinerlei Fehler aufwies, waren mir die Gründe dafür zunächst verborgen geblieben. Seine Erklärungen machten sie mir deutlich: Komplexe Gedanken in ebenso komplexen Satzgefügen schriftlich zum Ausdruck zu bringen, war für ihn zwei Jahre nach der Anbahnung des Schriftsprachprozesses ein sensorisch noch höchst anstrengendes Unterfangen. Er musste sich dafür in einem weit höheren Maße konzentrieren als die anderen Schüler, wenn er genauso schreiben wollte wie sie.

Ihm den Rat zu geben, möglichst nicht lange zu überlegen, sondern die eigenen Gedanken spontan und unreflektiert zu Papier zu bringen, hätte ich als pädagogisch fragwürdig und für sein Weiterkommen wenig hilfreich erachtet. Leider arbeiten viele Schüler mit Rechtschreibstörungen aufgrund phonologischer Defizite genau auf diese Weise, weil sie in der Schule unter Zeitdruck stehen und keine effizienten Hilfen zur Verfügung haben. Ich erklärte ihm, dass er nicht genau so schreiben müsse, wie er denke, sondern seine Gedanken strukturieren könne.

Wir übten daraufhin gemeinsam, die eigene komplexe Denkweise zunächst in für ihn sensorisch klar erfassbaren Aussagesätzen von maximal fünf bis sechs Wörtern zum Ausdruck zu bringen. Orientierung und Kompensation für seine Schwächen bot die Grammatik. Ich gab ihm einen Rat, der vornehmlich für Grundschüler bestimmt sein sollte: „Schreibe in kürzeren Sätzen und vergiss niemals die Punkte. Achte darauf, dass deine Sätze vollständig sind und kontrolliere die Zeitform deiner Verben." Mervin trainierte zuerst kürzere Sätze mit Punktsetzung, später Satzgefüge mit Kommasetzung. Es brauchte Zeit, Letztere sicher zu benutzen oder Satzgefüge durch Umstellung zu variieren. Auch dabei spielte die Stabilisierung der Eigenwahrnehmung eine vorherrschende Rolle. Bei den Übungen ging es um das eigene Schreiben, nicht um die Korrektur fremder Texte.

Auf schulischen Arbeitsblättern Lücken auszufüllen, lediglich fremde Texte mit einzelnen Wörtern grammatikalisch zu ergänzen, bereitete Mervin keine Schwierigkeiten mehr. Was der Schüler benötigte, waren effiziente Hilfen zur grammatikalischen und phonologischen Strukturierung des eigenen sprachlichen Denkens, um es schriftlich fixieren zu können. „Wie kannst du deine eigenen gedachten Sätze besser gliedern, klarer darstellen und mit deinem Wortschatz variieren?", war eine grundlegende Fragestellung bei unseren gemeinsamen Übungen. Für sein freies Schreiben erwiesen sich die Übungen als große Stütze, weil sie ihm Ängste nahmen, ihm zunehmend mehr Sicherheit und Motivation zum Schreiben gaben.

Allerdings vermied es der Schüler zunächst, für ihn subjektiv schwierige Wörter zu schreiben, und suchte nach einfacheren Synonymen. Es war eine Intelligenzleistung, die er im Gegensatz zu anderen wesentlich schneller meisterte. Sein Wortschatz war überdurchschnittlich gut, er musste nicht lange nach Wörtern suchen. So beantwortete er im 5. und 6. Schuljahr Fragen zur Textbearbeitung in Deutsch-Klassenarbeiten zwar inhaltlich richtig, aber oftmals zu kurz. Mehr könne er nicht schreiben, befand Mervin, dazu reiche die Zeit nicht aus. Sein freies Schreiben folgte damals noch in hohem Maße dem lauttreuen Schreiben. Doch je mehr sich in den Folgejahren seine phonologische Bewusstheit stabilisierte und er über die Lautung weniger nachdenken musste, umso mehr stabilisierte sich auch die Anwendung der komplexeren orthografischen Regeln.

6.5 Möglichkeiten und Grenzen methodischer Hilfen

Die dargestellten methodisch-didaktischen Hilfen zielten nicht ausschließlich auf die Stabilisierung der auditiven Fremd- und Eigenwahrnehmung, sondern auch auf die Festigung der visuellen Wahrnehmung. Bei fehlender phonologischer Bewusstheit kann eine stabile visuelle Wahrnehmung außerordentlich hilfreich sein. Ist sie ebenfalls eingeschränkt, verkompliziert es das Lesen und Schreiben noch mehr. Offenbar besaß Mervin eine sehr gute visuelle Wahrnehmung, obwohl am Anfang darüber Unsicherheit bestand.

Bei der visuellen Stabilisierung spielt die deutliche Wahrnehmbarkeit der Schrift eine wichtige Rolle. Dies gilt keineswegs allein für die fremde, sondern auch für die eigene Schrift. Schönschreibnoten sind inzwischen abgeschafft. Dennoch müssen wir Schülern zu einem klaren und deutlich lesbaren Schreiben verhelfen – bei graphomotorischen Störungen ein zuweilen schwieriges Unterfangen. Die betroffenen Schüler haben Schwierigkeiten mit der Finger-

Hand-Koordination; ihre Feinmotorik ist beeinträchtigt. Auch dabei sind schulische Hilfestellungen nicht nur möglich, sondern unbedingt nötig. Sie sei sich sicher, dass in Zukunft das Schreiben am Computer in Grundschulen immer mehr an Bedeutung gewinnen und die eigene Schrift an Bedeutung verlieren werde, sagte mir eine Grundschullehrerin. Warum sich also noch intensiv mit einer Stabilisierung der Schrift von Schülern abmühen? Wir haben uns im Verlauf der Evolution die Fähigkeit zum individuellen Schreiben erworben. Die eigene Schrift ist nicht nur ein Zeugnis menschlicher Intelligenz, sondern auch ein Kulturgut, dessen schulische Vermittlung in einer Bildungsgesellschaft nicht infrage gestellt oder zur Beliebigkeit werden sollte.

Dennoch ermöglicht das Schreiben am Computer allen Schülern die bessere visuelle Wahrnehmung von richtigen und falschen Schreibungen durch eine beleuchtete und in der Größe variierbare Schrift. Es erlaubt, Falschschreibungen schneller und besser zu identifizieren, um sie danach sofort zu eliminieren; sie sollten sich keinesfalls einprägen. Nicht nur das Diktieren in den Computer, sondern auch die Verbesserung von fehlerhaften Silben oder Wörtern haben sich in der Arbeit mit den Schülern als effizient erwiesen. Das Korrekturprogramm des Computers darf bei diesen Übungen jedoch keine Rolle spielen, es muss ausgeschaltet bleiben! Am Anfang sind es Laute, Silben und Wörter, später Diktatsätze, die ich wechselweise in das Schreibheft oder in den Computer diktiere. Dasselbe lege ich den Eltern bei den häuslichen Übungen nahe. Bei den Diktatübungen von maximal 20 min geht es niemals um lange, sondern immer nur um kurze Texte, wobei ein Satz, maximal zwei

Sätze, diktiert, korrigiert und erst danach weitere Sätze diktiert werden. Auf diese Weise werden Fehler früher erkannt und nicht unkontrolliert fortgesetzt.

Parallel arbeite ich an der Hinführung der Schüler zur allmählichen Fehlerselbstkontrolle. Sie ist ohne eine gleichzeitige und stetige Stabilisierung des Lesens nicht möglich. Nach Wörter- oder Sätze-Diktaten heißt die Anweisung: „Lies deutlich und langsam nach, was du geschrieben hast. Flüstere es oder sprich es laut!" Wird ein falsch geschriebenes Wort nicht auf Anhieb identifiziert, soll der Satz noch einmal gelesen werden. Erst danach gibt es Identifikationshilfen: „Dein Fehlerwort steht in der ersten/ zweiten Reihe, es ist ein kurzes/längeres, leichtes/schwieriges Wort!." Die Botschaft ist: „Versuche dein falsches Wort selbst herauszufinden!" Nachdem das Fehlerwort identifiziert ist, muss es zwei- bis dreimal verbessert werden. Dazu wird es im Computer zunächst fett markiert, danach gelöscht, in die Hand gesprochen, anschließend geschrieben und dann nochmals gelöscht, gesprochen und geschrieben.

Beim Schreiben ins Heft werden zu verbessernde Fehlerwörter von Schülern mit geringerer Konzentration oft lediglich „abgeschrieben". Am Computer ist – sofern man das Wort löscht – ein Abschreiben nicht möglich; man muss sich jedes Mal neu konzentrieren. Es bedeutet jedoch nicht, dass wir auf Übungen im Heft verzichten sollten. Beides, sowohl das Computerschreiben als auch das Schreiben ins Heft, sind wichtig und sollten bei der Förderung abwechselnd praktiziert werden. Das eigene Nachlesen, das Kontrollieren der Wörter und Verbessern der Fehler nimmt gelegentlich mehr Zeit in Anspruch als der vorhergehende

Diktier- und Schreibvorgang selbst. Aber diese Zeitinvestition in die Förderung hat sich bei nahezu allen Schülern ausgezahlt.

Fazit: Wenn es darum geht, bei der Anbahnung und Grundlegung des Lese-Rechtschreib-Prozesses die phonologische Bewusstheit von Schülern zu stabilisieren, betrachte ich Sprechvorgänge in Kombination mit dem Schreiben methodisch als unverzichtbar: Zunächst ist das nachhaltige Lautieren einzelner Buchstaben wichtig, danach das Silbensprechen und das Sprechen von Wörtern. Es festigt in hohem Maße die auditive Eigenwahrnehmung zusammen mit der taktil-kinästhetischen Wahrnehmung der Sprechmotorik und trägt damit zur allmählichen Stabilisierung der phonologischen Bewusstheit bei. Mit der Verstärkung durch die gleichzeitige visuelle Wahrnehmung festigt das Schreiben die sensorische Integration.

Mit dem fortschreitenden Lesen und Schreiben weicht das Handsprechen bei vielen Schülern einem Mitsprechen, was ich ebenfalls akzeptiere. Lerntherapeuten wie Carola Reuter-Liehr favorisieren Letzteres und haben damit gute Erfolge erzielt (Reuter-Liehr 2008). Obgleich nicht alle Buchstaben in einem Wort „sprechbar" sind, weil sie – wie das Dehnungs-h oder ie – orthografische Markierungen darstellen, muss sich jedem Schüler das „phonologische Gerüst" eines Wortes klar erschließen. Phonologisch bedeutungsvolle Buchstaben oder Silben werden durch das eigene Sprechen besser nachvollziehbar gemacht. Dass es auch „stumme" Buchstaben gibt, die andere Funktionen haben, lässt sich danach leichter erklären und visuell mit bunten Farben kennzeichnen.

Darüber hinaus habe ich die Erfahrung gemacht, dass nachhaltige Lautierübungen Grundschülern nicht nur eine bessere Phonem-Graphem-Zuordnung ermöglichen, sondern in der Folge schwierige Sprachlaute in der Assimilation mit anderen leichter zu identifizieren sind. Wenn Schüler erst nach der Grundschule im 5. oder 6. Schuljahr zu mir kommen, verzichte ich weitgehend auf Lautierübungen, sofern mir ihre phonologische Bewusstheit im engeren Sinne nicht völlig defizitär erscheint. Dennoch zeigen einzelne Schüler große Irritationen bei Assimilationsprozessen. In diesen Fällen arbeite ich zur phonologischen Unterstützung auch mit dem rhythmischen Syllabieren, dem Silbenklatschen/Silbenschwingen oder mit Lautgebärden. Letztere haben mittlerweile auch in den Grundschulunterricht Eingang gefunden; im Ursprung handelt es sich dabei um Methoden phonetischer und phonologischer Therapiekonzepte.

6.5.1 Lautgebärden

Gebärden sind ein wesentliches Element unserer zwischenmenschlichen Kommunikation. Wir bewegen bewusst oder unbewusst Arme und Hände, wenn wir miteinander sprechen, und übermitteln damit bestimmte Signale. Für gehörlose Menschen ist die Gebärdensprache Basis ihrer Verständigung mit anderen. Sie ersetzt weitgehend die gesprochene Sprache, wobei den Gebärden sprachinhaltliche und keine phonologischen Bedeutungen zugeordnet werden.

Ganz anders verhält es sich mit Lautgebärden. Schon sehr früh stellten sie methodische Hilfen zur Lautanbahnung oder Lautstabilisierung bei phonetischen Therapiemaßnahmen dar. Wer sprachtherapeutisch mit jungen Kindern arbeitet, wendet diese Methoden bis heute an, um eine bestimmte Artikulation herbeizuführen – um zu einem „Ziellaut" zu gelangen. Bei phonetischen Störungen kann das Kind einen bestimmten Laut sprechmotorisch gar nicht bilden; bei phonologischen Störungen ist es zur Bildung der einzelnen Laute fähig, ersetzt sie aber in bestimmten Wörtern durch andere Laute. Die Auswahl und der Einsatz dieser assoziativen „Klang- oder Artikulationsgebärden" ist deshalb abhängig von den spezifischen sprechmotorischen oder phonologischen Problemen eines jungen Kindes.

Eine große Rolle spielen dabei Laute, die dem Kind aus der Natur oder dem häuslichen Bereich bestens bekannt sein sollten und zugleich Ähnlichkeiten mit bestimmten Sprachlauten aufweisen. So verursachen fließendes Wasser, aufsteigender Dampf oder das Zischen einer Schlange Geräusche, die Ähnlichkeiten mit Zischlauten haben. Im Zusammenspiel mit anderen therapeutischen Maßnahmen gebärdet ein Logopäde daher mit der Hand die Bewegungen einer Schlange, das fließende Wasser oder den aus einer Kanne aufsteigenden Dampf, um spielerisch-assoziativ eine Lautanbahnung, beispielsweise das erste Artikulieren des „sch", herbeizuführen. Das ist kein leichtes Unterfangen!

Etwas einfacher gestaltet sich die Anwendung von Lautgebärden in metaphonologischen Therapieansätzen, wenn das Kind einen Ziellaut bereits bilden kann, aber im Wort falsch anwendet. Sprachtherapeuten geben daher allenfalls Empfehlungen für Lautgebärden. Ein nach bestimmten Kriterien festgelegtes „Lautgebärden-Alphabet" existiert in der Logopädie nicht und wäre auch nicht sinnvoll. Jede Logopädin greift im Laufe ihres Berufslebens auf selbst entwickelte Gebärden zurück, die sich in ihrer spezifischen Therapie bewährt haben. Lautgebärden sind daher in der sprachtherapeutischen Praxis unverzichtbare Assoziationsmethoden, die jedoch schnell ihre Bedeutung verlieren und kaum noch Anwendung finden, sobald ein Kind ein Phonem exakt und zielgenau im Wort artikuliert. Lautgebärden werden mit bestimmten Sprachlauten in Verbindung gebracht, aber sie sind keinesfalls mit ihnen identisch oder exakt zuzuordnen, wie inzwischen fälschlicherweise angenommen wird.

Bereits seit längerer Zeit haben Förder- und Grundschullehrer in der Arbeit mit den Schülern Lautgebärden für sich entdeckt und arbeiten zunehmend damit. In verschiedenen Schulbüchern finden sich mittlerweile Empfehlungen für Lautgebärden, die aus sprachtherapeutischer Sicht eine Vermischung von Klang-, Sprechmotorik- und Buchstabengebärden darstellen. Wir können diese nicht beliebig und unreflektiert anwenden, sondern müssen die genauere Ursache für die mangelhafte Laut-Buchstaben-Zuordnung herausfinden.

Beispielsweise verwechseln einzelne Schüler die Vokalbuchstaben i und ü. Sie schreiben *schwümmen* und *schümpfen* statt *schwimmen* und *schimpfen*. Diese Fehler ergeben sich aus der spontanen Koartikulation. So erfordert der Doppellaut „schw" eine relativ geschlossene, gerundete Lippenstellung, das nachfolgende i hingegen die Verbreiterung der Lippen. Wenn Schüler die gerundete Lippenstellung beibehalten, artikulieren sie zwangsläufig ein ü und schreiben demzufolge das Wort falsch.

Will man ihnen helfen, empfiehlt sich beispielsweise eine Lautgebärde, welche auf die korrekte Artikulationsstellung beim i durch die Verbreiterung der Lippen abzielt, etwa ein Auseinanderspreizen von Zeigefinger und Daumen. Als Lautgebärde für das i hat sich jedoch offenbar die Buchstabengebärde etabliert, wie etwa in der Silbenfibel: „Zeigefinger tippt auf den Kopf. Assoziation: Das i hat ein Pünktchen" (Handt et al. 2010, S. 88). Dieser Hinweis ist bei der gegebenen Problematik wenig hilfreich. Den Schülern wird damit die wesentliche phonetisch-phonologische Ursache ihrer fehlerhaften Schreibung nicht bewusst.

Größtmögliche Verwirrung stifteten die unterschiedlichen Lautgebärden bei der Schülerin Melia, einem Kind türkischer Eltern. Sie besuchte das 3. Schuljahr eines Zentrums für Lernbehinderte im nördlichen Bayern. Ein genetischer Defekt zog eine starke Lernbehinderung nach sich. Melia war nicht zu einer ganzheitlichen Wahrnehmung und sensorischen Verarbeitung fähig. Besondere Ereignisse in ihrer Familie oder deutlich wahrnehmbare Aspekte in ihrem privaten oder schulischen Alltag konnte sie sich merken. Dagegen war ihr Abstraktionsvermögen eingeschränkt; komplexere inhaltliche Zusammenhänge oder Hintergründe von Ereignissen erschlossen sich ihr nicht. Die Erfassung und das Zusammenführen sensorischer Eindrücke – und dabei ging es auch um das Lesen und Schreiben – war nur bedingt möglich. Im 3. Schuljahr konnte sie nur wenige Buchstaben schreiben und ihren Sprachlauten zuordnen; zur Synthese war sie nicht fähig, Silben oder Wörter konnte sie weder schreiben noch lesen.

Nach näherem Kennenlernen stellte ich fest, dass ihr Lehrer offenbar äußerst intensiv mit Lautgebärden gearbeitet hatte. Alles, was sie bei mir schreiben musste, gebärdete sie ohne Aufforderung. Als sie die Silbe *ma* schreiben sollte, rieb sie sich zuerst mit der flachen Hand über den Bauch. Assoziation: Mmm, es schmeckt gut! Danach benutzte sie für das a eine Buchstabengebärde und formte mit Daumen und Zeigefinger den Bauch des Kleinbuchstabens; in diesem Fall symbolisiert die Gebärde auch die weit geöffnete Lippenstellung.

Nach einigen Therapiestunden stellte ich Folgendes fest: Melia hatte sich ausschließlich diejenigen Laut-Buchstaben-Zuordnungen merken können, die sie in der Schule zusammen mit einer Buchstabengebärde erlernt hatte. Hatte sie die Zuordnung im Zusammenhang mit einer Artikulations- oder Klanggebärde geübt, reichte ihre Hirnleistung nicht aus, sich den Buchstaben zu merken. Die Synapsen ihres Gehirns konnten den Transfer vom gesprochenen Laut über die Gebärde zum Buchstaben nicht bewältigen. Im Anschluss musste ich ihr gelegentlich die Hände festhalten, um sie vom Gebärden abzubringen. Wir kamen überein, den Laut in die Hand zu sprechen und dazu ausschließlich den Buchstaben zu gebärden oder zu schreiben, was sie zunächst unglücklich machte. „Mein Lehrer will das nicht, wie du das machst. Er wird mit mir schimpfen", sagte sie.

Melia lernte lesen und schreiben, als sie die Sprachlaute über das Handlautieren mit dem Schreiben der Buchstaben in Einklang bringen konnte. Erst nach diesen intensiven Übungen war es möglich, ihr das Synthetisieren und damit das Lesen und Schreiben von Silben, Wörtern und Sätzen zu vermitteln. Die Schülerin war kein Einzelfall; auch bei anderen Schüler sorgten bestimmte Lautgebärden, die sie in der Schule gelernt hatten, für Verwirrung.

Für ineffizient halte ich in diesem Zusammenhang das Gebärden ganzer Lautabfolgen in Silben. Kritisch sind aus sprachtherapeutischer Sicht ebenfalls Aussagen zu bewerten, nach denen Lautgebärden „motorische, kinästhetische und visuell deutlich wahrnehmbare Lautzeichen" sind (Hackethal 2001, S. 337) oder „eine eindeutige Identifizierung der Konsonanten ermöglichen", wie es in der Silbenfibel heißt (Handt et al. 2010, S. 88). Logopäden beurteilen Lautgebärden aus den Erfahrungen ihrer beruflichen Arbeit differenzierter. Lautgebärden können mit Sprachlauten assoziiert werden und bestimmte Ähnlichkeiten mit Lauten und/oder Buchstaben aufweisen – identisch sind sie damit nicht. Sie können niemals die sensorischen Eindrücke der eigenen auditiven und taktil-kinästhetischen Sprachwahrnehmung ersetzen. Das kann nur das eigene Sprechen vermitteln. Dennoch können sie – richtig angewendet – im schulischen Bereich zur aktuellen Stabilisierung der phonologischen Bewusstheit beitragen.

6.5.2 Sprachliches Rhythmisieren

Jede gesprochene Sprache verfügt über ihren spezifischen Sprachrhythmus und ihre eigene Phonotaktik. Darunter verstehen wir unter anderem mögliche Phonemkombinationen, die für die Silbenbildung von Bedeutung sind. Im Deutschen sind dies zum Beispiel Abfolgen von Konsonant und Vokal in offenen Silben oder Konsonant-Vokal-Konsonant-Abfolgen in geschlossenen Silben (Jahn 2007). Auf die Silbenklänge, ihre Sonorität, hatte ich bereits verwiesen. Beim Rhythmus wechseln sich in der deutschen Sprache betonte und unbetonte Silben regelmäßig ab. Obwohl wir auch andere Betonungsmuster anwenden, folgen wir dabei überwiegend dem „Trochäus", einem Versmaß aus der griechischen Antike (Weinrich und Zehner 2008). Schüler müssen sich mit unterschiedlichen Versmaßen beschäftigen, wenn sie die Betonung und das Reimschema deutscher Gedichte bestimmen sollen.

Im Wortrhythmus beginnt ein Trochäus mit einer betonten Silbe, an die sich eine unbetonte anschließt: *Pa-pa, O-ma, Tan-te*. Bei dreisilbigen Wörtern beginnt der Trochäus in der Mitte: *To-ma-te, Ka-rot-te, Ge-mü-se*. Allerdings gibt es auch Wortstrukturen, die mit unbetonten Silben beginnen und somit dem Trochäus nicht entsprechen: *Ka-nal, Pa-ket, Sa-lat*. Bei diesen Wörtern liegt ein „Jambus" vor. Daneben kennen wir noch weitere rhythmische Muster. Die betonten und unbetonten Elemente unserer Sprache erkennen Babys deutsch sprechender Eltern bereits in der zweiten Hälfte des ersten Lebensjahres. Bei Schülern mit fehlender phonologischer Bewusstheit konnten sich diese Erkennungsmerkmale in der Kindheit offenbar sensorisch nicht ausreichend festigen. Wenn es um die Umsetzung der gesprochenen in die geschriebene Sprache oder umgekehrt geht, sind sie jedoch von großer Bedeutung.

Wir sind beim Lesen gezwungen, geschriebene Wörter zu segmentieren, um sie ihren Silben- oder Wortklängen zuzuordnen. Umgekehrt müssen wir gesprochene Sprache in Sätze, Wörter, Silben oder Laute segmentieren können, um sie schriftlich darzustellen. Das Silbenklatschen oder Silbenschwingen sind – zusammen mit dem Sprechen der Silben – schon lange Zeit wichtige schulische Methoden, um Schülern Rhythmus und Phonotaktik von Silben und Wörtern näherzubringen. Inzwischen gilt insbesondere das Silbenschwingen – zuweilen auch verbunden mit Hüpfen oder großräumigen Bewegungen – als grundlegende Methode zur Stabilisierung der Artikulation und Verbesserung der phonologischen Bewusstheit.

Bewegung gilt als Motor der Sprache. So gesehen ist es bedauerlich, das man Kindern nicht früher, sondern erst im Schulalter, wenn ihre Defizite bereits deutlich werden, diese Methoden vermittelt. Sie sind von größter Wichtigkeit und gehören meines Erachtens bereits in die Kindergarten- und Vorschulerziehung. Beim Sprechen rhythmisch klatschen, hüpfen, sich bewegen macht Spaß und vermittelt wichtige sensorische Basiserfahrungen. Auch rhythmische Bewegungen zusammen mit Singen oder Musizieren gehören in diesen Bereich.

Methoden der rhythmischen Durchgliederung von Sprache helfen Schülern, eine instabile sensorische Wahrnehmung für Sprachrhythmus und -betonung im Gehirn zu festigen und damit ihre fehlende phonologische Bewusstheit im weiteren Sinne zu kompensieren. Doch wie verhält es sich mit der Wahrnehmung von Lautnuancen und dabei mit der Artikulations- und Schreibgenauigkeit? Förderlehrer berufen sich in diesem Zusammenhang auch auf das sprachtherapeutische Therapiekonzept der bewegungsunterstützten Lautanbahnung (BULA), das in den siebziger Jahren von der Erlanger Logopädin Weiser entwickelt wurde (Weinrich und Zehner 2008). Konzipiert wurde es für Kinder mit sehr starken Sprechstörungen und hohem Leidensdruck. Diesen Kindern durch gezielte bewegungstherapeutische Maßnahmen eine Lautanbahnung zu ermöglichen, ist jedoch keine einfache Therapiemethode. Logopäden brauchen eine fundierte Ausbildung und ausreichend Praxiserfahrung, um den funktionalen Zusammenhang von spezifisch ausgeführten Bewegungen bestimmter Körperteile mit Sprachlauten herstellen zu können. Auch wenn Motorik und Sprache sensorisch gekoppelt sind, bedeutet es nicht, dass jegliche Art von Bewegung sich unmittelbar auf eine präzisere Artikulation oder deren Wahrnehmung auswirkt. Größere Schwierigkeiten bei der Phonotaktik, dem genaueren Erfassen von Lautabfolgen in Silben, bereiten, wie erwähnt, die Silbenränder, weniger der Silbenkern.

Der Schüler Jannik war von der Schule her mit dem Silbenschwingen vertraut. Zu Beginn ließ die Lehrerin die Wörter „sprech-hüpfend" erarbeiten. Jannik zeigte mir einige seiner Übungen. Er sprang durch den Raum und sprach dabei rhythmisch: *Ritterburg, Pferdekoppel* oder *Regenwetter*. Die drei Wörter enthalten Doppelkonsonanten, die aus Plosivlauten bestehen. Der Schüler war beim Hüpfen nicht in der Lage, die Doppelung sprechmotorisch nachzuvollziehen. Dazu wäre es nötig gewesen, bei *Rit-ter*, *Kop-pel* und *Wet-ter* nach der ersten Silbe auszuatmen, auf diese Weise die Konsonantenhemmstelle mit der Zunge beziehungsweise den Lippen zu lösen und dann erneut einzuatmen, um die nachfolgende Silbe zu sprechen. Genau das tat er nicht, weil ihm das zergliederte Sprechen schwer fiel; er war körperlich angespannt auf die Bewegung konzentriert, verharrte – wie beim normalen Sprechen – beim /t/ und /p/ auf dem Konsonantenverschluss und erfasste damit die Silben nicht exakt. Zudem artikulierte er die Silben ungenau: *Fer-de-ko-pl*. Nachdem ich ihn aufgefordert hatte, nicht mehr zu hüpfen, sondern die Silben nur mit den Händen zu schwingen, machte er die gleichen Fehler. Er konzentrierte sich auf den Silbenrhythmus und dabei auf den Klang des Silbenkerns; die genauere Artikulation der Silbenränder nahm er gar nicht wahr. Erst als wir die Wörter nicht bei Anspannung, sondern bei Entspannung der Körperhaltung durch deutliches Silbensprechen in die Hand erarbeiteten, konnte er die Atmung korrigieren und der Doppellaut wurde ihm bewusst.

Eine andere Schwierigkeit ergab sich bei einem Arbeitsblatt, das Jannik mitgebracht hatte. Er sollte als Hausaufgabe für die Schule längere mehrsilbige Wörter trennen. „Können Sie mir dabei helfen?", bat er. „Alleine kann ich das nicht." Ich schrieb ihm das erste lange Wort in großer Schrift auf den Computerbildschirm: *Gänseblümchen.*

Nur mit Schwierigkeiten konnte er das Wort erlesen. Danach konzentrierte er sich ausschließlich auf das Wortbild und mühte sich vergeblich mit der Trennung ab. Er bewertete – genau wie Mervin – den Klang der beiden Inhaltswörter als untrennbar. Das zusammengesetzte Nomen hatte zwar vier Silben, aber Jannik schwang mit den Händen zweimal. Ich bat ihn, das geschriebene Wort nicht mehr im Blick zu behalten, sondern wegzuschauen. Nachdem er sich entspannt hatte und wir gemeinsam das Wort beim Aussprechen mitklatschten, erschloss sich ihm die Durchgliederung besser; jetzt konnte er seine Hausaufgaben halbwegs bewältigen.

Wenn es ein Unterrichtsziel sein soll, mithilfe phonologischer Übungen die Lese- und Schreibfähigkeit von Kindern zu stabilisieren, können wir allerdings das Pferd nicht von hinten aufzäumen. Wir dürfen ihnen nicht schwierige Wortstrukturen vorsetzen, die sie mit Mühe zunächst erlesen müssen, um sich erst danach die Phonotaktik – die eigentliche Grundlage für das Lesen und Schreiben – zu erschließen. Das ist paradox! Ähnlich paradox ist das Erlesen und Zergliedern von „Bandwurmsätzen", das Kindern mit phonologischen oder visuellen Wahrnehmungsstörungen helfen soll:

währenddesunterrichtskamunserdirektorindieklasse

Einem Grippekranken zusätzliche Krankheitserreger verordnen und seinen Zustand damit verschlimmern, ist die Metapher, die mir dazu einfällt. Als ebenso ineffizient für die Förderung beurteile ich Leseübungen mit langen Pseudowörtern, die von ihren Erfindern ohne genauere Kenntnis der zugrunde liegenden Assimilationsstrukturen und daraus folgender Wahrnehmungsprobleme konstruiert worden sind.

Was Kindern mit phonologischen Wahrnehmungsdefiziten hilft, sind Lernschritte vom Einfachen zum Komplexen, von klar zu erfassenden Lautkontrasten in kürzeren Wörtern zu längeren Wörtern mit schwierigeren Lautstrukturen. Wenn die Ursache von Schreibfehlern in einer eingeschränkten phonologischen Bewusstheit und damit auch in einer mangelhaften phonotaktischen Untergliederung der gesprochenen Sprache zu suchen ist, gilt es, diesen Schülern zunächst eine klar wahrnehmbare, sinnhafte und deutlich untergliederte Schriftsprache zu präsentieren. Alles andere ist eine unzulässige Erschwernis.

Im Hinblick auf ein effizientes Silbensprechen müssen die Schüler zunächst in die Lage versetzt werden, ein- und zweisilbige Wörter nicht nur rhythmisch, sondern auch artikulatorisch genauer zu erfassen. Erst wenn sie sich dieser kürzeren Wort- und Silbenstrukturen sicher sind, lassen sich mehrsilbige Wörter einüben. Diese Prozesse verlangen nachhaltige spielerische Sprechübungen, die beispielsweise schon in einer Vorschulklasse beginnen können. Erst allmählich kann es phonologisch instabilen Schülern gelingen, auch in der Schriftsprache längere Wortstrukturen zu untergliedern und damit besser zu erlesen und zu schreiben. Wenn es um die Stabilisierung der phonologischen Bewusstheit und damit auch um die Wahrnehmung der exakten Lautabfolgen in Silben geht, reichen oberflächliche rhythmische Übungen meines Erachtens nicht aus.

6.5.3 Die Anlauttabelle

Die Anlauttabelle ist in Kombination mit dem Alphabet inzwischen in den allermeisten Grundschulbüchern zu finden und gilt bei vielen Pädagogen als das kognitive Optimum zur Erkennung und Merkfähigkeit von Sprachlauten und Buchstaben. In alphabetischer Reihenfolge sind zu jedem Graphem Bilder von Begriffen aufgeführt, deren „Anlaut" (Anfangswortlaut) mit dem zu lernenden Buchstaben korrespondiert: *A* wie *Apfel* oder *Ameise*, *B* wie *Baum* oder *Ball*, *C* wie *Computer*, *D* wie *Dose*, *E* wie *Esel*, *F* wie *Fisch* … (Abb. 6.1).

Aus methodisch-didaktischer Sicht stellt die Anlauttabelle sowohl für Erstklässler als auch für ihre Lehrer ein anschaulicheres und daher interessanteres Medium dar als die Darbietung des Alphabets in alten Fibeln. Vor allem wurde damit versucht, auch den phonologischen Herausforderungen von Buchstaben, nämlich einer genaueren Analy-

Abb. 6.1 Ausschnitt aus einer Anlauttabelle. (Abdruck mit freundlicher Genehmigung)

se des zugrunde liegenden Phonems, Rechnung zu tragen. Die Tabelle existiert inzwischen in den unterschiedlichsten Ausführungen. Es handelt sich um eine Lehr- bzw. Lernmethode, die dem kognitiv-ganzheitlichen Charakter des Lesen- und Schreibenlernens entgegenkommt.

Kreiert hatte sie der inzwischen verstorbene Schweizer Schulpädagoge Dr. Jürgen Reichen, der nach seiner Arbeit als Grundschullehrer am Hamburger Institut für Lehrerfortbildung tätig war. Allerdings war Reichen nicht der erste Pädagoge gewesen, welcher den Schülern das Alphabet im Zusammenhang mit einer Lauttabelle vermittelte. Bereits 1658 veröffentlichte der Humanist Johann Amos Comenius eines der ersten Schulbücher: „Orbis sensualium pictus" oder „Die Welt im Bild" (Comenius 2012). Das Schulbuch, zunächst in Latein und danach auch in deutscher Sprache geschrieben, wurde bis ins 19. Jahrhundert

Älphăbētŭm

cŏrnīx, īcĭs f.	Cŏrnīx cŏrnĭcātŭr, Die **Krähe** krächzt,	ā ā	A a
ŏvĭs, ĭs f.	Ŏvĭs bālăt, Das **Schaf** blökt,	bē ē ē	B b
cĭcādă, æ f.	Cĭcādă strīdĕt, Die **Heuschrecke** zirpt[1],	ci ci	C c
ŭpŭpă, æ f.	Ŭpŭpă dīcĭt, Der **Wiedehopf** ruft,	du du	D d
īnfāns, ăntĭs c.	Īnfāns ĕjŭlăt[2] Der **Säugling** wimmĕrt,	ē ē ē	E e
vĕntŭs, ī m.	Vĕntŭs flăt, Der **Wind** weht,	fi fi	F f

Abb. 6.2 Teilabbildung der Darstellung des Alphabets nach Comenius. © Comenius 2012

verwendet und enthielt ebenfalls eine alphabetisch geordnete Lauttabelle. Comenius ordnete den Buchstaben des damaligen Alphabets überwiegend Tierlaute, aber auch menschliche Laute zu, die er mit ansprechenden Abbildungen versah (Abb. 6.2) (Comenius 2012, S. 4f).

Die Tabelle beweist die schon vor Jahrhunderten angestellten Bemühungen, es bei der Vermittlung des Alphabets nicht alleine bei der visuellen Darstellung von Buchstaben zu belassen, sondern auch lautliche Hilfestellungen zu geben. Vergleicht man jedoch die Tabelle mit den heutigen Ausführungen, ist festzustellen, dass es Comenius nicht um Phoneme ging, sondern um den Laut schlechthin – das Phon – unabhängig von dessen Stellung oder Bedeutung innerhalb eines Wortes. Von einer differenzierten Lautbewertung war man im 17. Jahrhundert noch weit entfernt. Es handelt sich daher nicht um ein phonologisches, sondern eher um ein phonetisches Instrument. Die Schüler sollten mit einem ihnen gut bekannten Tierlaut den ähnlich klingenden Vokal oder Konsonanten assoziieren und sich damit die Aussprache des Buchstabens einprägen. Verglichen mit den heutigen Standards der Sprechtherapie war das nicht die schlechteste Assoziationsmethode und eine kluge Vorgehensweise bei der Anbahnung des Lesens und Schreibens.

Doch wie verhält es sich mit einem Wortanlaut, ist er wirklich für alle Schüler klar wahrnehmbar? Ist ein junges Kind nicht in der Lage, einen Laut altersgemäß zu sprechen, lernt es ihn in phonetischen Therapieansätzen zunächst isoliert und erst danach im Anlaut von Wörtern zu artikulieren. Ist der Anlaut gefestigt, schließt sich ein Training des kritischen Phonems im In- und Auslaut an. Auch in phonologischen Therapiekonzepten gilt der Anlaut als einfacher zu analysieren und zu artikulieren. Mit der bloßen Analyse und Artikulation des Anlauts ist jedoch noch keine Lautsicherheit hergestellt oder eine langfristige Merkfähigkeit erreicht. Dies gilt auch für die Stabilisierung der phonologischen Bewusstheit. Als die viel größeren Stolpersteine erweisen sich Phoneme im In- und Auslaut von Wörtern. Letztere bereiten sowohl jungen Kindern als auch später den Schülern die größeren Probleme.

Im Anfangsunterricht der Grundschule wird von Schülern gefordert, den Anlaut eines Begriffes selbstständig herauszufinden, sozusagen aus dem Wortklang herauszufiltern und von nachfolgenden Lauten zu differenzieren. Dafür muss eine bestimmte Lautsicherheit im Sinne einer phonetischen Bewusstheit und ebenso ein Minimum an phonologischer Bewusstheit vorhanden sein; ansonsten wird die Analyse des Anlauts nicht gelingen. Noch schwieriger wird es mit der Merkfähigkeit und Übertragung des Lautes auf andere Wörter.

Sprachgenetisch gut ausgestattete lautsichere Schüler haben keine Schwierigkeiten, den Initiallaut von Silben oder Wörtern zu erkennen – einzelne können es schon vor der Einschulung. Für Schüler mit fehlender phonologischer Bewusstheit im engeren Sinne ist die Arbeit mit der Anlauttabelle hingegen eher einem Glücksspiel gleichzusetzen. Einmal gelingt es ihnen, den Laut zu identifizieren, das andere Mal erschließt sich ihnen das für sie mehr oder weniger diffuse Klanggebilde eines Wortes nicht. Mervin konnte mit der Anlauttabelle überhaupt nichts anfangen. Er konnte Sprachlaute weder erkennen, noch konnte er sie sich damit langfristig merken; anderen Betroffenen ergeht es ähnlich.

Diejenigen Schüler, deren phonologische Bewusstheit lediglich im weiteren Sinne eingeschränkt ist, können einen Anlaut in der Regel wahrnehmen. Aus sprachtherapeutischer Sicht ist die Analyse eines Anlauts auch von phonologisch schwächeren Schülern zu bewältigen. Zu bezweifeln ist jedoch, dass diese kognitiv-analytische Leistung ausreicht, um phonemische Schwächen zu kompensieren und eine grundlegende Festigung der eigenen phonologischen Bewusstheit herbeizuführen. Schüler müssen in die Lage versetzt werden, auch In- und Auslaute in der Assimilation besser zu identifizieren, denn genau an diesen Stellen entstehen später die meisten phonemisch bedingten Rechtschreibfehler. Viele Schüler können das nicht, obwohl sie mit der Anlauttabelle mehr oder weniger gut zurechtgekommen sind.

Der Einwand von Grundschullehrern, man würde in Ergänzung zur Anlauttabelle auch die jeweiligen einzelnen Buchstaben nachhaltig lautieren, dürfte inzwischen für die meisten Pädagogen zutreffen. Was unter Nachhaltigkeit zu verstehen ist, wird vermutlich von Schule zu Schule, von Lehrer zu Lehrer unterschiedlich gewichtet und praktiziert.

Wenn Schüler mit phonologischen Defiziten mit dem Schreiben eines Buchstabens Schwierigkeiten haben, wird ihnen – wie allen anderen Schülern – gesagt: „Wenn du den Buchstaben nicht weißt, dann schau dir die Bilder deiner Anlauttabelle an." Sie werden damit aufgefordert, genau das zu tun, was ihnen aufgrund ihrer Wahrnehmungsstörung kaum möglich ist, nämlich einen Laut aus einem „gedachten" Wortklang zu filtern, ihm den Buchstaben zuzuordnen und danach auf andere Wörter zu übertragen.

Das Arbeiten mit der Anlauttabelle ist eine zweifellos anspruchsvolle kognitive Methode, die einen großen Nachteil aufweist: Sie lässt bereits im 1. Schuljahr Schüler mit phonologischen Defiziten auf der Strecke! Erkennbar werden diese Defizite nur bei bestimmten Erstklässlern sehr früh, denen sich die Anlaute gar nicht erschließen. Bei den meisten machen sich phonemische Schwächen erst im 3. Schuljahr oder später bemerkbar, wenn die ersten ungeübten Diktate geschrieben werden. Zu diesem Zeitpunkt sind jedoch wichtige Jahre der grundlegenden Anbahnung des Lese- und Schreibprozesses schon verstrichen. Für die Stabilisierung der phonologischen Bewusstheit im Sinne einer sensorisch klaren Buchstaben-Laut-Zuordnung und langfristigen Merkfähigkeit helfen meiner Meinung nach die dargestellten Lautierübungen, die von jedem Schüler ohne großen Aufwand durchgeführt werden können.

7
Schullaufbahnen

Schullaufbahnen sind Bestandteile individueller Lebensgeschichten – jeder kann darüber berichten. Die einen hatten das Glück, sie völlig unkompliziert zu erleben. Diese Menschen denken lebenslang an eine von schulischen Erfolgen sowie positiven Erfahrungen mit Lehrern und Mitschülern geprägte Schulzeit. Andere erinnern sich an eine Schullaufbahn mit mehr oder weniger starken Brüchen und Komplikationen, beispielsweise in der Pubertät.

Trotzdem können viele Menschen im Erwachsenenalter auf großartige berufliche Erfolge verweisen, obwohl ihre Schullaufbahnen nicht geradlinig verlaufen sind. Oftmals waren es bestimmte Lehrer, die zur rechten Zeit mit Verständnis und Einfühlungsvermögen leistungsschwächeren oder unmotivierten Schülern wichtige Hilfestellungen und neue Impulse gaben. Bei anderen machten Eltern und Familie ihren Einfluss in positiver Weise geltend und setzten sich für das Weiterkommen ihrer Kinder ein. Erfolge und Misserfolge, Freude und Leid kennzeichnen unser gesamtes Leben; in besonderem Maße kennzeichnen sie die Schulzeit junger Menschen.

Wie stark ein Handicap beim Erwerb der Schriftsprache die Schullaufbahn in negativer Weise beeinflussen kann, mussten Mervin und andere Schüler erleben. Nachdem die Betroffenen lesen und schreiben gelernt hatten, war ein positiver Schulabschluss möglich geworden. Allerdings wäre es der Thematik des Buches nicht angemessen, nur diesen Aspekt in den Vordergrund zu stellen und die schulischen Begleitumstände außer Acht zu lassen. Die von Bildungspolitik und Gesellschaft angestrebte Inklusion kann nur dann gelingen, wenn wir vor der Schulwirklichkeit nicht die Augen verschließen, sondern um grundlegende Verbesserungen ihrer Schwachstellen bemüht sind.

7.1 Mervins schulische Achterbahnfahrt

Leider stand bereits Mervins Einschulung unter keinem günstigen Stern; sie musste um ein Jahr verschoben werden. Nicht etwa, weil er die dafür nötigen Qualifikationen in den Schuleignungstests nicht vorweisen konnte – schlimmer: Er hatte versehentlich einen Topf mit kochendem Inhalt vom Herd gestoßen. Die heiße Brühe hatte sich über seinen Körper, glücklicherweise nicht über das Gesicht, ergossen. Verbrennungen dritten Grades waren die Folge. Als andere Schüler seines Alters freudestrahlend ihre Schultüten entgegennahmen, hatte er bereits mehrere Hauttransplantationen über sich ergehen lassen müssen. „Wo bleibt in meinem Leben der Spaß?", fragte er mich Jahre später, als ihm wieder einmal die Krankheit seiner Mutter Sorgen bereitete und er in der Schule kein Weiterkommen sah. Doch das Licht am Horizont war zu diesem Zeitpunkt bereits erkennbar.

Als ich mit dem Schreiben des Buches begann, war dem Schüler bereits der Wechsel von der Hauptschule in die Realschule gelungen. An den Besuch eines Gymnasiums war zu diesem Zeitpunkt noch nicht zu denken. Dennoch schaffte er es. Der Weg dorthin glich einer Achterbahnfahrt.

Die Anfänge unserer gemeinsamen Arbeit habe ich bereits geschildert. Wir begannen in der Mitte seines 3. Schuljahres mit ein bis zwei Sitzungen pro Woche unter Einbeziehung der Mutter, um parallel zum Schulbesuch den Basisprozess des Lesens und Schreibens anzustoßen und allmählich zu entwickeln. In den Folgejahren half beim Vorankommen auch das schulische Lernen. Am Anfang gab es nichts, worauf wir hätten aufbauen können. Es bedeutete: Mervin hinkte seinen Klassenkameraden beim Lesen und Schreiben über zwei Jahre hinterher. Als seine Grundschulzeit beendet war, konnte man zwar von einem grundlegenden Erwerb sprechen; dennoch befand sich der Schüler eher auf dem Lernstand eines noch instabilen Zweitklässlers und nicht auf dem eines Viertklässlers, der problemlos eigene Sätze formulieren und relativ fehlerlos schreiben kann.

Nach der Grundschule wäre meiner Meinung nach eine integrierte Gesamtschule für ihn hilfreich gewesen. Es gab in seiner Stadt nur eine, die für die Familie infrage gekommen wäre. Die Schule lehnte ihn jedoch ab, da er nicht im Einzugsgebiet wohnte. Seine Mutter hatte ihn daher in einer additiven Gesamtschule angemeldet. Haupt- und Realschule waren zwar unter einem Dach, existierten aber als separate Schulformen. Zunächst wurden alle Schüler in einer zweijährigen Förderstufe gemeinsam unterrichtet. Mervins Mutter folgte damit dem Rat der Grundschullehrerin, aber auch dem Wunsch ihres Kindes. Der Junge wollte unbedingt bei seinen Freunden bleiben. Die Mutter hatte die Hoffnung, Mervin werde nach Beendigung der Förderstufe mit Beginn des 7. Schuljahres auf die Realschule wechseln können.

Die Bewältigung längerer Texte sowie das freie Schreiben wurden im Schulunterricht längst vorausgesetzt. Mervin hatte lange Texte im 4. Schuljahr noch gar nicht bewältigen können; im 5. war er in der Lage, sie mit Mühe in der von den Lehrern vorgegebenen Zeit zu erlesen. Immerhin las der Schüler endlich selbstständig und war bei Klassenarbeiten nicht mehr auf das Vorlesen von Textaufgaben durch Lehrer oder Mitschüler angewiesen. Allein diese Tatsache erwies sich als riesiger Fortschritt. Am zeitaufwendigsten war für ihn nach wie vor das freie Schreiben.

Der Junge veränderte sich im Verlauf des therapeutischen Unterrichts zusehends positiv – insbesondere ging er regelmäßig zur Schule. Wir hatten darüber ein Abkommen geschlossen: „Du gehst jeden Tag zur Schule, ich helfe dir weiter, damit du dich verbesserst!" Er hatte es mir in die Hand versprochen und sich daran gehalten. „Loser" waren inzwischen die anderen. Schwerer in den Griff bekamen wir seine mit der Pubertät einsetzenden Faulheitsschübe, wie sie seine Großmutter nannte. Doch darin unterschied er sich nicht wesentlich von anderen Dreizehnjährigen. Bei Mervin kam hinzu, dass er sich der Mühelosigkeit des Lernens in manchen Bereichen aufgrund seiner Hochbegabung bewusst war. Er sah nicht ein, dass er für Mathematik und andere Fächer kaum etwas tun musste, für Deutsch oder Englisch hingegen nach wie vor extrem viel üben sollte.

Hoch- oder überbegabte Schüler mit Wahrnehmungsstörungen erleben das eigene Selbst auf eine nahezu schizophrene Weise. Sie stellen fest, dass ihnen im schulischen Unterricht viele Dinge zufallen. Sie müssen nicht wie andere intensiv arbeiten, um sich bestimmte Sachverhalte merken zu können. Für Pädagogen macht das die Zusammenarbeit mit ihnen zum Gewinn und versetzt immer wieder in Erstaunen, wie exzellent ihre Merkfähigkeit funktioniert. Mervin merkte sich nahezu jede Rechtschreibregel, ohne dass er sie jemals aufgeschrieben hatte. Die Schwierigkeit war ihre Anwendung. Doch auch dabei zeigten sich Unterschiede: Hatte eine Regel wie die der Groß- und Kleinschreibung nicht mit phonologischen, sondern eher mit visuellen oder grammatikalischen Aspekten – wie der Erkennung von Nomen, nominalisierten Verben oder Adjektiven – zu tun, setzte er sie besser um. Darüber hinaus verfügte er über ein sehr gutes Konzentrationsvermögen.

Es fiel ihm äußerst schwer zu akzeptieren, dass er sich einen Teilbereich seiner schulischen Wissensgebiete spielend leicht, den anderen nur mit wiederholtem Üben einprägen konnte. „Irgendwie bin ich beides, intelligent und gleichzeitig dumm", sagte er einmal zu mir. Er konnte sich seine Defizite nicht erklären; sie verunsicherten ihn zutiefst. Natürlich widersprach ich ihm und versuchte, sein Selbstvertrauen zu stützen. „Was nützt ihm seine Intelligenz, wenn er nicht fähig ist, wie andere lesen und schreiben zu lernen", befand eine Lehrerin. Damit sprach sie aus, was viele dachten. Eine Mitverantwortung der Schule erkannte die Pädagogin nicht. Zu diesem Zeitpunkt konnten wir noch nicht absehen, ob und wie sich sein Lesen und Schreiben weiterentwickeln würde.

Der schulische Förderunterricht wirkte sich seit der Grundschule bei Mervin eher kontraproduktiv aus, abgesehen davon, dass er wegen Personalmangels oft ausfiel oder von wechselnden Lehrern durchgeführt wurde. Leider stand er eher unter dem Motto: Quantität vor Qualität! Die stumme Bearbeitung unzähliger Arbeitsblätter und die stummen Abschriften ebenso unzähliger und möglichst langer Texte sollten in der weiterführenden Schule bewirken, was die Grundschule methodisch-didaktisch nicht geschafft hatte – ihm ein besseres Lesen und Schreiben zu vermitteln. Mervins Verweigerungshaltung war extrem. Das Lesen und Bearbeiten langer Texte quälte ihn. Die komplexen Aufgabenstellungen der dicht beschriebenen Arbeitsblätter waren für die Stabilisierung seiner spezifischen phonologischen Probleme ungeeignet. So vereinbarte seine Mutter mit der Schule, dass er wegen der privaten Förderung an der schulischen nicht mehr teilnehmen musste.

In ähnlicher Weise machte ihm im 5. und 6. Schuljahr die größere Menge der Hausaufgaben zu schaffen. Mervin war zu ihrer inhaltlichen Bewältigung problemlos in der Lage, nicht jedoch zu ihrer schriftlichen. Manchmal machte er sie gar nicht, weil er sich überfordert fühlte; oft übernahm seine Mutter das Schreiben für ihn – was ich bei Schülern mit geringeren Schreibschwächen stark kritisiere und ablehne. Bei Mervins Mutter übte ich keine Kritik. Ihr Sohn war in der Schriftsprache auf dem Leistungsstand des 3. Schuljahres, den Anforderungen im 5. Schuljahr war er noch nicht gewachsen.

Mittlerweile war Englisch als erste Fremdsprache hinzugekommen. Die Aussprache und korrekte Schreibung der Vokabeln bereiteten ihm Probleme, Bedeutungsinhalte und

Grammatik merkte er sich. Letzteres half ihm, die Klassenarbeiten zu bewältigen und keineswegs zu den schlechtesten Schülern zu gehören. Erleichternd wirkte sich für den Schüler aus, dass für Englisch keinerlei Basiskenntnisse aus der Grundschule vorausgesetzt wurden. Glücklicherweise konnte er mit der Fremdsprache zu einem Zeitpunkt beginnen, als eine grundlegende phonologische Bewusstheit im engeren Sinne bereits vorhanden war. Leider meldete er sich im Englischunterricht kaum, weil ihm dazu der Mut fehlte. Er wolle nicht, dass die anderen lachten, wenn er falsch spräche, begründete Mervin sein Verhalten.

Hin und wieder berichtete er mir über ein Lob von seiner Mathematiklehrerin, die zugleich seine Klassenlehrerin war. Manchmal langweile er sich in Mathe, weil es so einfach sei, erklärte er mir. Mervin hatte eine gute Erziehung genossen und verstand, sich Lehrern gegenüber angemessen zu benehmen. Er wurde im Unterricht zu keinem Zeitpunkt verhaltensauffällig. Wenn er sich allerdings überfordert oder unterfordert fühlte – beides konnte bei ihm zutreffen –, leistete er offenbar „passiven Widerstand": Er meldete sich nicht und schaltete gedanklich ab. „Wenn ich nicht störe, kann mir niemand einen Vorwurf machen", begründete er sein Verhalten. Ein Vater, der ähnliche Schwierigkeiten mit dem Schriftspracherwerb gehabt hatte, berichtete mir, in seiner Schulzeit habe man ihm permanent vorgeworfen, unkonzentriert zu sein. Die Gründe waren nachvollziehbar: „Wenn du in der Schule merkst, dass du vor einer Mauer stehst und nicht darüber hinwegkommst, kapitulierst du irgendwann. Du träumst vor dich hin, weil du deine Probleme verdrängen willst. Nur damit wird der Unterricht erträglicher." Auch Mervin träumte gelegentlich vor sich hin.

Bis zum Ende der Förderstufe verbesserte sich der Schüler im Lesen und Schreiben konstant, aber nur langsam. Nach Abschluss des 6. Schuljahres befand sich seine Schriftsprache auf dem Leistungsstand eines mittelmäßigen Schülers nach Beendigung der Grundschule. Als fleißiger und stets bemühter Schüler galt Mervin ohnehin nicht. Natürlich war es den Lehrern aufgefallen, dass er gelegentlich ohne Hausaufgaben zur Schule gekommen war. Außerdem konnte es ihrer Aufmerksamkeit nicht entgangen sein, dass seine Mutter hin und wieder die Aufgaben für ihn gemacht hatte. Nach Abschluss der Förderstufe bekam er daher von seinen Fachlehrern keine Empfehlung für den Realschulzweig, sondern für den Hauptschulzweig. Diese Entscheidung war für seine Familie und mich als seine Therapeutin nachvollziehbar. Für Mervins weitere schulische Entwicklung bedeutete sie Stagnation, zuweilen Resignation, aber keine optimale Lösung. „Das Beste, was mir damals passieren konnte", sagte Mervin allerdings erst Jahre später.

Zunächst war seine Hauptschulklasse das Gegenteil vom Besten und vereinigte all diejenigen Schüler, denen man keine gute Prognose hatte geben wollen: verhaltensauffällige Schüler, unmotivierte Schüler, schwach begabte Schüler, Migranten mit schlechten Sprachkenntnissen und Schüler mit Rechenschwächen oder Lese-Rechtschreibstörungen – das gesamte Negativspektrum einer Schüleraltersgruppe. Es sei eine total chaotische Klasse, meinte Mervin. Die Klassenlehrerin sei streng und konzentriere sich sehr auf die leistungsschwächeren und verhaltensauffälligen Schüler. „Den besseren wirft sie vor, dass wir uns nicht problemlos in den Unterricht einfügen. Wir haben ihr gesagt, dass wir uns langweilen und unbedingt weg wollen."

Die Noten in Mervins Zeugnis vom 7. Schuljahr waren eigenartig: Für sämtliche Fächer, in denen ihn seine Klassenlehrerin unterrichtete, bekam er *ausreichend*, in Geschichte hatte sie ihm in beiden Halbjahren sogar *mangelhaft* gegeben. In allen weiteren Fächer, in denen ihn andere Fachlehrer unterrichteten, hatte er die Noten *gut* oder *sehr gut* bekommen. Ich erfuhr, dass er hin und wieder während des Unterrichts mit seinem Freund und Sitznachbarn Karten spielte. Die Lehrerin fühlte sich dadurch provoziert. Der Unterricht bedeute für ihn kein Lernen mehr. Es sei ein tägliches Chaos, das er kaum noch ertragen könne, urteilte Mervin.

Die Klassenlehrerin unterrichtete die Schüler nur ein Jahr. Danach erfolgte offenbar der pädagogisch initiierte Umschwung, der zeigt, dass es sehr guten Pädagogen gelingt, auch unter schwierigen Bedingungen einen angemessenen Unterricht möglich zu machen. Mervin bekam sowohl einen neuen Klassenlehrer als auch eine neue Deutschlehrerin, die beide bewiesen, dass Lob und Bestätigung verbunden mit dem sichtbaren Erfolg die Lernmotivation der Schüler in einer bei Mervin zuvor nicht erlebten Weise ankurbeln. In nahezu allen Fächern schnellten seine Klassenarbeiten auf die Note *sehr gut*, selbst in Deutsch und Englisch.

Der Unterricht in der Hauptschule hatte ihn bisher nicht gefördert, sondern fraglos unterfordert. Allerdings hatte er ihm in den sprachlichen Fächern einen Gewinn gebracht. Die Aufgaben in Deutsch und Englisch waren nicht nur qualitativ anspruchsloser – bei den schriftlichen Ausführungen wurde auch quantitativ viel weniger verlangt. Besonders mit Letzterem war Mervin in der Förderstufe überfordert gewesen, jetzt nicht mehr. Sein Lesen und Schreiben hatten sich gründlicher stabilisieren können. Einmal der Klassenbeste zu sein, es einmal allen anderen zu zeigen, das hatte er sich in all den Jahren zuvor am meisten gewünscht. Jetzt war es endlich eingetreten. Es bewirkte bei ihm einen vorher nie da gewesenen Motivationsschub. In meinem Buch müsse ich unbedingt seinen Klassenlehrer aus der Hauptschule erwähnen, bat mich der Schüler. Er sei der erste Lehrer gewesen, der sich für ihn als individuelle Person näher interessiert und ihn nicht von vornherein als faul und wahrnehmungsgestört abqualifiziert habe.

Im gleichen Jahr entdeckte Mervin mit der Buchreihe von Darren Shan seinen Spaß am Lesen, wie ich bereits geschildert habe. Bisher war er lediglich in den mündlichen Leistungen den anderen überlegen gewesen; jetzt begann er auch in den schriftlichen Ausführungen seine Mitschüler zu überholen. Die positive Erfahrung: Für diesen Überholprozess bedurfte es insgesamt vier Jahre intensiver Förderung. Das ist die gleiche Zeitspanne, welche auch die Grundschule in Anspruch nimmt. Es macht deutlich, dass Schüler mit anfänglich massiven Wahrnehmungsstörungen bei effizienter Hilfestellung das Lesen und Schreiben bis zur Beendigung der Grundschule erlernen können. Die negative Erfahrung: Mervin befand sich im 8. Schuljahr einer Hauptschulklasse, einem Schulzweig, der nicht annähernd seiner Intelligenz angemessen war.

Sein Hauptschullehrer war die treibende Kraft, welche eine Umschulung Mervins in die Wege leitete. Der Schüler gehöre nicht in eine Hauptschule, ließ er die Großmutter wissen. Bereits zu Beginn des 8. Schuljahres kündigte er an, sich für einen Wechsel Mervins sowie eines weiteren

Mitschülers in die Realschulklasse einzusetzen. Ein durchaus gewagtes Vorpreschen, das vermutlich nicht von allen Kollegen befürwortet wurde. Denn es ist in unserem wenig durchlässigen Schulsystem nicht üblich, Schüler während eines laufenden Schuljahres von einer Haupt- in die Realschulklasse „querzuversetzen", selbst wenn sie sich unter einem Dach befinden. Geholfen hätte beiden Schülern eine möglichst schnelle, unbürokratische Entscheidung, um die Stofflücken nicht noch größer werden zu lassen. Doch das Gegenteil war der Fall – die Schüler wurden auf eine harte Probe gestellt. Nach Ende des Schulhalbjahres wurde der Wechsel nicht gestattet und war auch plötzlich kein Thema mehr. Es stellte sich die Frage, ob sie zunächst die Hauptschulprüfung ablegen mussten, denn das wäre der übliche Weg gewesen. Erst nach Ablauf des Schuljahres bekam Mervin das Einverständnis für den Wechsel in die Realschule. Er hatte mit seinem Mitschüler fast ein ganzes Jahr zwischen Hoffen und Bangen darauf warten müssen.

Mervin kannte die meisten Lehrer seiner künftigen Realschulklasse aus vergangenen Schuljahren und sie kannten ihn. In den Hauptfächern waren es dieselben, welche ihn in der Förderstufe in einer sehr schwierigen und damals noch aussichtslosen Lernsituation erlebt und daher für die Hauptschule plädiert hatten. Hatte der Schüler im 7. und 8. Schuljahr noch das Obensein auf der schulischen Achterbahn genossen, ging es in der Realschule zunächst wieder abwärts. Wie sollte er zwei Jahre versäumten Lernstoff möglichst schnell nachholen? Als ich Mervin sagte, dass er ein wichtiges Ziel erreicht habe und wir in absehbarer Zeit mit dem therapeutischen Unterricht aufhören könnten, sprach er sich vehement dagegen aus. Er brauche noch dringend meine Hilfe in Deutsch und Englisch; in allen anderen Fächern sei es nicht nötig, meinte er. Außerdem genüge ihm die Realschule auf keinen Fall. Er wolle danach unbedingt auf die Oberstufe eines Gymnasiums, klärte er mich auf.

Ich reagierte eher zurückhaltend und gab zu erkennen, dass ich von seinen Fortschritten begeistert und von seiner Intelligenz überzeugt sei, jedoch noch nicht von seinem beständigen Fleiß. Seine Großmutter machte sich berechtigte Sorgen, ob und wie er den versäumten Schulstoff würde nachholen können. „Mach dir um Mathe keine Gedanken", sagte er zu seiner Oma, „das ist leicht, Physik auch." Mich fragte er: „Wie geht noch mal eine Gleichung mit zwei Unbekannten? Wir haben das in der Hauptschule gar nicht durchgenommen."

Ich riet ihm, sich die Mathebücher der Realschule vorzunehmen und mit seiner Lehrerin zu sprechen. Sie habe ihm erklärt, er müsse den Stoff eigenständig nacharbeiten, gegebenenfalls durch Nachhilfeunterricht, berichtete mir Mervin. „Wir können ihr keine Fragen zu Mathe stellen, weil wir den Stoff noch nicht kennen. Vor der Klasse ist es peinlich und danach hat sie keine Zeit." Allerdings käme eine Nachhilfe in Mathe oder Physik überhaupt nicht infrage, das sei für ihn fast eine Beleidigung, befand der Schüler.

Mervin stand nach dem Schriftspracherwerb vor der zweiten großen Herausforderung seines Schullebens und nahm sie an. Er begann kontinuierlich zu arbeiten, um den Stoff nachzuholen. Zwar bewegten sich die Noten im ersten Halbjahr der 9. Klasse noch abwärts, im zweiten Halbjahr jedoch deutlich aufwärts. Am Ende waren sie lobenswert: Mathe *gut*, Deutsch *befriedigend*, Englisch *ausreichend*, andere Nebenfächer *sehr gut* bis *befriedigend*. Der Quereinstieg in die Realschule war gelungen!

Mit Beginn des 10. Schuljahres standen die Anmeldungen für die Oberstufen weiterführender Schulen an. Mervin hatte inzwischen Gefallen an der Rolle des „Überfliegers" gefunden und erbrachte konstant positive Leistungen. Offensichtlich machten ihm weder das Lesen noch das Schreiben große Schwierigkeiten wie früher. Seine Rechtschreibung war zwar nicht fehlerfrei, aber er hatte inzwischen bewiesen, dass er zur inhaltlichen Textanalyse mit umfangreichen schriftlichen Ausführungen genauso fähig war wie seine Mitschüler. Er wolle auf jeden Fall auf ein Gymnasium, ein richtiges Gymnasium, wie er sagte. Die meisten Mitglieder seiner Familie seien auf einem Gymnasium gewesen und nur dort gehöre er hin. Seine Mutter und Großmutter bestätigten ihn dabei.

Als seine Therapeutin erörterte ich mit ihm das Für und Wider seiner Pläne. Ich war überzeugt, dass er die Nebenfächer mit Leichtigkeit bewältigen würde, nicht jedoch die sprachlichen Fächer, denn eine zweite Fremdsprache würde hinzukommen. Nicht mehr Deutsch, sondern Englisch erwies sich inzwischen als sein schwierigstes Fach. Über die positive Bewältigung der mathematisch-naturwissenschaftlichen Disziplinen wagte ich keine Prognose. Was unbedingt dafür sprach, war seine diagnostizierte Hochbegabung; dagegen sprachen immer noch vorhandene Lücken, die durch den Hauptschulbesuch entstanden waren. Ohne das besondere Verständnis und die Hilfestellungen seines Lehrers dürfte es im Gymnasium schwer für ihn werden. Davon abgesehen wäre der Besuch einer privaten Schule für Hoch- oder Überbegabte bereits früher eine Option gewesen. Seine Familie hatte darüber in der Vergangenheit diskutiert und sich dagegen entschieden – zum einen wegen

Mervins eingeschränkten Lese- und Schreibfähigkeiten, zum anderen wegen der hohen Kosten.

Am Anfang des 10. Schuljahres erfüllte Mervin die Voraussetzungen für den Wechsel in eine weiterführende Oberstufe zwar mit einer Gesamtnote von 2,4 im letzten Zeugnis, nicht jedoch mit den Noten für die drei Hauptfächer Deutsch, Englisch und Mathematik sowie ein weiteres naturwissenschaftliches Fach. Nach den Vorgaben in Hessen hätte die Gesamtsumme der Noten für diese Fächer nicht über 11 liegen dürfen. Der Schüler lag mit einer Summe von 12 jedoch knapp über dem geforderten Wert. Er gab sich aber nicht geschlagen. Was er machen müsse, um trotzdem ein Gymnasium besuchen zu können, hatte er seine Klassen- und Mathematiklehrerin gefragt. Sie erklärte ihm daraufhin, es liege im Ermessen der einzelnen Schulen, ihn auf die Liste für die gymnasiale Oberstufe zu setzen und ihn zu nehmen, wenn er sich bis zum Ende des 10. Schuljahres noch verbessere. Allerdings könne die Realschule in dieser Angelegenheit nicht tätig werden, er müsse sich eigenständig um Kontakte und ein Gespräch mit einer weiterführenden Schule bemühen.

Ich riet der Familie, auch eine Fachoberschule mit abschließendem Fachabitur in Erwägung zu ziehen; damit wäre dem Schüler eine weitere Fremdsprache unter Umständen erspart geblieben. Aber Mervin erwies sich als beratungsresistent und lehnte ab. „Da wollen die meisten aus meiner Realschulklasse hin, weil sie denken, dass es dort einfacher ist. Ich will es nicht einfacher haben, das langweilt mich", argumentierte er. Es beeindruckte mich, wie entschlossen er in dieser für ihn schwierigen Situation agierte. Vom amerikanischen Präsidenten John F. Kennedy ist in einer Biografie überliefert, sein Vater habe ihm geraten: „Wenn du von etwas überzeugt bis, dann führe es durch, notfalls gegen den Rest der Welt." Mervin war gegen den Rest der Welt entschlossen, auf ein Gymnasium zu gehen.

Es war das erste Mal, dass die Familie die Intelligenz des Jungen in die Waagschale warf. Mervins Großmutter schrieb drei Schulen an, ein Gymnasium und zwei Fachoberschulen. Ich hatte in einem Begleitschreiben auf die hohe Intelligenz, die besonderen schulischen Umstände resultierend aus einer anfänglich schweren Lese-Rechtschreibstörung und die therapeutischen Erfolge verwiesen. Nur eine einzige Schule, das Gymnasium, signalisierte Bereitschaft und bat den Schüler zu einem Vorstellungsgespräch. Es handelte sich um ein Gymnasium, das schon vor längerer Zeit Oberstufenklassen für Realschüler eingeführt hatte, aber auch Erfahrungen mit hoch- oder überbegabten Schülern vorweisen konnte, so gesehen ein Glücksfall. Mervin wollte bei seinem Gespräch mit dem Oberstufenleiter keine Begleitung dabeihaben. Er erledigte es alleine und „ganz okay", wie er anschließend meinte. „Sie werden mich nehmen, wenn ich nicht über 11 Zähler komme", war seine Botschaft.

Danach musste er vor Ablauf des 10. Schuljahres im April die Realschulprüfung absolvieren. Er tat es mit großem Engagement und gutem Erfolg: Projektprüfung *sehr gut*, Mathe und Englisch *gut*, Deutsch *befriedigend*, Gesamtnote *gut*. Mervin sah das Projekt gymnasiale Oberstufe bereits in trockenen Tüchern, denn auch in Englisch hatte er sich verbessern können.

Doch das Schuljahr war noch nicht gelaufen und die Pubertät auch noch nicht vorbei. Eine seiner pubertären

Weisheiten lautete: „Ich habe für Klassenarbeiten und die Prüfungen stundenlang geübt und trotzdem nur in der Projektprüfung eine *Eins* bekommen. Wenn ich nicht übe, bekomme ich inzwischen immer eine *Drei*. Das reicht doch jetzt." Es reichte eben nicht! Was dabei zum Ausdruck kam, war auch eine Form von Protest: Er hatte sich aufgrund seiner Stofflücken besonders in Mathematik und Physik den anderen gegenüber benachteiligt und deshalb nie richtig wohl in der Realschulklasse gefühlt. Darüber hinaus stellte er fest, dass er mit seiner Intelligenz den Lernstoff besser als erwartet bewältigen konnte. Er fand den Unterricht in der Realschule zwar nicht mehr so anspruchslos wie in der Hauptschule, aber er fühlte sich nach wie vor unterfordert und wenig zum intensiven Lernen motiviert.

Seine Großmutter sah nach einem merkwürdigen Kommentar Mervins über die „blöde" letzte Mathearbeit das Unheil kommen und machte ebenfalls einen Fehler: Anstatt nochmals mit der Mathematiklehrerin persönlich zu sprechen, schrieb sie einen kurzen Brief mit einer eher rhetorischen Frage, die ungefähr lautete: „Können wir davon ausgehen, dass mein Enkel nach seiner guten Prüfung eine Zwei in der Mathegesamtnote behält? Er braucht sie dringend für den Besuch des Gymnasiums." Was sie ahnte, aber nicht genau wusste: Ihr Enkel hatte die beiden Mathearbeiten des letzten Halbjahres nicht glänzend geschrieben, es waren eine *Drei* und eine *Vier*. Die letzte Arbeit sei eine Wiederholung auch des weiter zurückliegenden Realschulstoffes gewesen. Dabei seien ihm noch einige Wissenslücken klar geworden, erklärte mir Mervin. – Damit war nach einer *Zwei* im letzten Halbjahreszeugnis und einer *Zwei* in der Realschulprüfung für die Mathematiklehrerin die Abschlussnote *befriedigend* und nicht *gut* gerechtfertigt. Mervin war verärgert und monierte: „Meine mündliche Leistung in Mathe ist *sehr gut*, nicht *befriedigend*. Sie weiß, dass ich trotz Hauptschule einer der Besten bin. Warum gibt sie mir vorher Tipps für die Anmeldung zum Gymnasium, wenn sie mich darin nicht unterstützt?"

Worüber sich der Schüler selbst die größten Vorwürfe machte, waren ein *Befriedigend* sowohl in Mathematik als auch in Physik. Natürlich hatte er versucht, die Mathelehrerin zu beeinflussen – in seiner Frustration vermutlich noch mit den falschen Worten. Auch seine Großmutter hatte erkannt, dass ihr Vorgehen bei der Lehrerin einen falschen Eindruck erweckt hatte. Dennoch vertrat sie die Meinung, Mervin habe in der Vergangenheit genug unter seiner schulischen Situation gelitten. Der angestrebte Schulwechsel stelle entscheidende Weichen für das zukünftige Leben ihres Enkels. Dafür werde sie kämpfen.

Gäbe es ein elftes Gebot, würde es lauten: Nötige niemals einen Lehrer oder Vorgesetzten, dir eine bessere Note zu geben! Das Unheil nahm seinen Lauf. Die Lehrer gaben ihm keine Empfehlung für eine gymnasiale Oberstufe. Am Ende des 10. Schuljahres konnte er im Abschlusszeugnis wiederum eine Gesamtnote von 2,4 vorweisen, die gleiche Note wie im Jahr zuvor. In den geforderten zwei sprachlichen und zwei naturwissenschaftlichen Fächern hatte er jeweils die Note *befriedigend* bekommen. Damit hatte er – ebenso wie im Vorjahr – in der Summe 12 und nicht die geforderten 11 Zähler erreicht. In vielen Nebenfächern konnte er eine gute, in den Hauptfächern nur eine befriedigende Abschlussnote vorweisen. War eine Verweigerung der Empfehlung für ein Gymnasium vonseiten der Schule damit gerechtfertigt? Seine Lehrer beurteilten es genau so.

Schließlich gehe es auch um Gerechtigkeit den übrigen Mitschülern gegenüber, wurde Mervin von den Lehrern gesagt. Auch andere könnten nicht aufs Gymnasium, wenn sie die Vorgaben nicht erfüllten. Ging es hierbei wirklich um Schulgerechtigkeit? Hatte Mervin mit dem Besuch der Hauptschule für das Erreichen seiner Noten die gleichen Voraussetzungen und Chancen wie seine Mitschüler gehabt? War er stets richtig beschult, seinen Defiziten und Begabungen entsprechend gefördert worden?

Mervin war ein Schüler, der vom 1. Schuljahr an massive phonologische Defizite bei gleichzeitiger Hoch- oder Überbegabung aufwies. Damit disqualifizierte er sich für unser Schulsystem in doppelter Hinsicht, denn die meisten Lehrer der Regelschulen sind für einen Unterricht mit solchen Schülern nicht ausgebildet. Die Grundschule hatte ihn von Beginn an in Verzug gebracht, weil sie keine effiziente Förderung ermöglichen und ihm das Lesen und Schreiben nicht vermitteln konnte. Mervin hatte die Hauptschule besuchen müssen – für einen überbegabten Schüler eine Behinderung und keine Förderung seiner schulischen Entwicklung.

Zurück auf der Realschule hatte er einen Großteil des versäumten Schulstoffes nahezu autodidaktisch nachholen können. Anerkannt wurden diese Leistungen nicht wirklich; stattdessen zweifelte man seine Überbegabung an. In den Augen der Lehrer konnte nicht sein, was nicht sein durfte. Die Realschule hätte die Möglichkeit gehabt, ihn als individuellen Fall zu beurteilen, seine Probleme, aber auch seine besonderen Fähigkeiten zu berücksichtigen und ihn gegebenenfalls am Ende noch einmal einer Prüfung in Mathematik oder Physik zu unterziehen. Doch davon machte man keinen Gebrauch. Am Ende ging es gar nicht mehr um einen Punkt oder die Veränderung einer Note; das Schulamt verlangte lediglich eine Bestätigung von Mervins Realschullehrer/innen, dass sie ihn für fähig hielten, die Oberstufe eines Gymnasiums zu bewältigen. Mervin bekam diese Bestätigung nicht. Ebenso vehement lehnte es die Schulleiterin des Gymnasiums beim Schulamt ab, den Schüler ohne Empfehlung zu nehmen. Für mich war diese grundsätzliche Verweigerung nur zum Teil nachvollziehbar. Niemand konnte zu diesem Zeitpunkt mit Bestimmtheit sagen, ob der Schüler unter den gegebenen Voraussetzungen das Gymnasium schaffen würde. Andererseits hatten nicht nur ich, sondern auch seine Lehrer über Jahre mit Mervin gearbeitet. Es konnte ihrer Aufmerksamkeit nicht entgangen sein, dass er ein sehr intelligenter Schüler war.

Der Junge machte sich danach die größten Vorwürfe und verbrachte die schlimmsten Sommerferien seines Lebens, denn zunächst blieb seine schulische und damit auch seine berufliche Zukunft nach dem Abschluss der Realschule unklar. Er machte die seltsamsten Zukunftspläne und hatte mit Depressionen zu kämpfen. Als die Ferien vorüber waren, sah er die anderen Schüler ihren Weg in weiterführende Schulen antreten. Er selbst musste zu Hause bleiben.

Seine Großmutter hatte sich inzwischen von einem befreundeten Anwalt beraten lassen. Dieser sah beim Nachweis einer Hochbegabung in bestimmten Intelligenzbereichen, dem gegebenen Notenstand und der besonderen schulischen Entwicklung sehr gute Chancen auf juristischen Erfolg. Bereits vor Beginn der Sommerferien hatte Mervins Oma darüber das Schulamt informiert. Die Entscheidung ließ auf sich warten. Allen Beteiligten war klar, dass der Weg über ein Gericht wertvolle Lebenszeit des Jungen würde verstreichen lassen. Die wenigsten Außenstehenden können ermessen, wie sehr die betroffenen Schüler und ihre Familien unter derartigen Lebenssituationen leiden. Noch mehr leiden Familien, die keine kompetenten Berater zur Verfügung haben und sich aus unterschiedlichen Gründen nicht selbst helfen können.

Glücklicherweise beurteilte das Schulamt die Sachlage nach Akteneinsicht vermutlich ähnlich wie der Anwalt und gestattete endlich den Besuch der gymnasialen Oberstufe – oder besser gesagt: Es wies dem Gymnasium den Schüler zu. Aufgrund dieser Zuweisung musste ihn die Schule nehmen.

Eine Woche nach Schulbeginn durfte Mervin endlich seine neue Gymnasialklasse kennenlernen. Er war innerlich darauf vorbereitet gewesen, in eine Klasse für den Leistungskurs Politik und Wirtschaft zu kommen, denn dafür hatte er sich angemeldet. Stattdessen landete er in der Klasse für den Leistungskurs Mathematik. Er sei schließlich zu spät gekommen, und nur in dieser Klasse seien noch freie Plätze gewesen, hieß es. Die Möglichkeit zum Wechsel des Leistungskurses sei nach dem 11. Schuljahr gegeben, erklärte sein Lehrer auf Nachfrage.

Mervin reagierte nach außen gelassen, nach innen weniger. Er müsse sowieso den Mathe-Leistungskurs nehmen, Sprachen kämen nicht infrage, meinte er und beruhigte damit am meisten sich selbst. Die erste Zeit danach gestaltete sich schwierig. Die über Jahre währenden schulischen Unsicherheiten und anschließenden Konflikte über die

Anmeldung zum Gymnasium hatten ihm psychisch und physisch zugesetzt; die neue Situation machte es ihm nicht leichter. Glücklicherweise gab es auch viele Lichtblicke. Er fand schnell Freunde in der Klasse; über Mitschüler und Lehrer äußerte er sich überwiegend positiv – die Lehrer seien in Ordnung und sein Mathelehrer sei wirklich prima. Ich hatte Mervin geraten, diesen ehrlich über seine schulische Entwicklung zu informieren und ihm seine Bedenken über eventuelle Lücken bezüglich des Mathe-Lernstoffs mitzuteilen. Der Lehrer habe ihm interessiert zugehört und versucht, seine Bedenken zu zerstreuen. „Wie reagieren Sie, wenn ich Ihnen im Unterricht zum alten Stoff Fragen stelle?", wollte Mervin wissen. Der Mathematiklehrer forderte ihn auf, sich nicht zu scheuen und alles zu fragen, was ihm unklar sei. Das Gespräch ermutigte und beruhigte Mervin.

Es war dem Schüler während seiner vergangenen Schullaufbahn nicht häufig passiert, dass sich Lehrer für ein persönliches Gespräch Zeit genommen hatten und ihm vor allem positiv gegenübergetreten waren. Dies war in der neuen Schule eine wichtige und unverzichtbare Erfahrung. Der Pädagoge hatte ihm signalisiert: Ich helfe dir, aber ich halte dich auch für intelligent und traue dir etwas zu!

Allerdings hatten die Gymnasiallehrer Mervin zu einem Zeitpunkt kennengelernt, als seine massiven Lese- und Schreibschwierigkeiten bereits behoben waren. Offensichtlich war es ihnen möglich, den Schüler unvoreingenommener zu beurteilen und von ihm einen grundsätzlich positiven Eindruck zu gewinnen. „In den vorigen Schulen haben mich die Lehrer nicht wie einen intelligenten Schüler behandelt. In der Grundschule wollten sie mich am liebsten loswerden. In der Hauptschulklasse behandelte uns die Lehrerin nicht wie normale Schüler. In der Realschule waren sie mir gegenüber immer skeptisch. Sie haben mir nicht das Gefühl gegeben, dass sie mir viel zutrauen", meinte Mervin. „Ein Glück, dass es vorbei ist!"

Es war tatsächlich vorbei. Der Schüler nahm auch diese schulische Herausforderung an und bewältigte sie. Endlich besuchte Mervin eine für ihn adäquate Schule. Er machte die für sein Selbstwertgefühl wichtige Erfahrung, dass er an seinen eigenen Fähigkeiten nicht mehr zweifeln musste, sondern ihnen vertrauen konnte. Vor allem konnte er sie jetzt mit Erfolg einsetzen. Damit gab es für Versagensängste keine Anlässe mehr. Ein halbes Jahr nach der Einschulung ins Gymnasium sah ich mich einem fröhlichen, entspannten, nahezu in sich ruhenden Schüler gegenübersitzen. Er freute sich über die gelungene Integration. Und – bei Hochbegabungen inzwischen wissenschaftlich erwiesen, aber dennoch immer wieder verblüffend – mit den gestiegenen Leistungsanforderungen in der Oberstufe waren fast alle seine Noten nach oben geklettert.

In der Hauptschule hatte er von seiner Lehrerin in Geschichte zweimal die Note *mangelhaft* bekommen. Der Unterricht sei das Langweiligste gewesen, was er je erlebt habe, so Mervins Kommentar. Im Gymnasium wurde Geschichte sein herausragendstes Fach. In sämtlichen Zeugnissen der Oberstufe bekam er dafür 14 oder 15 Punkte, also durchweg die Note *sehr gut*. Sein Lieblingsfach wurde Powi, Politik und Wirtschaft; auch darin gehörte er zu den Klassenbesten, ebenso in Ethik. Mervin blieb im Mathematik-Leistungskurs und erhielt für das Fach in allen Zeugnissen der Oberstufe eine zweistellige Punktzahl, lediglich im Jahr des Abiturs schaffte er nur 9 Punkte. Die Zeugnispunkte für das Fach Physik blieben konstant zweistellig. Bereits in einer der ersten Klassenarbeiten nach der Umschulung erreichte er auf Anhieb 15 Punkte, bei der Abiturprüfung waren es 14 Punkte. Dabei handelte es sich wohlgemerkt um diejenigen Hauptfächer, derentwegen er keine Empfehlung für das Gymnasium erhalten hatte! „Findest du Mathe und Physik im Unterricht wirklich so leicht, wie du immer gesagt hast?", fragte ich den Jungen. Das sei nicht immer der Fall, antwortete er. Aber der Unterricht sei bei diesen Lehrern wirklich interessant und anspruchsvoll. Wer dafür nicht konstant arbeite, dem sei nicht zu helfen.

Ohne die sprachlichen Fächer hätte Mervin ein Einser-Abitur schaffen können; mit den Sprachen erhielt er die Gesamtnote 2,3. Die schlechteste Abiturnote bekam er in Latein mit nur 4 Punkten. Die größten Probleme hatten ihm nicht die Aussprache, sondern die grammatikalischen Unterschiede bereitet. Es war ihm beispielsweise schwergefallen, sich die Endungen von lateinischen Verben oder Nomen einzuprägen, wie bei *dominus* oder *domina*. Im Deutschen bedeuten die Vokabeln *der Herr* oder *die Herrin*. Nach wie vor machte sich sein phonologisches Defizit in den Fremdsprachen am meisten bemerkbar. Im Fach Englisch erreichte der Schüler 6 Punkte; in Deutsch waren es 9 Punkte, sowohl in den meisten Zeugnissen der Oberstufe als auch im Abitur. In Deutsch und Englisch benötigte er auf dem Gymnasium zwar nicht mehr konstant, aber noch gelegentlich Unterstützung, die ich ihm bei Bedarf gab.

Doch wie war es mittlerweile um sein Handicap in der Rechtschreibung, seinen Sprachstil und den grammatikalischen Satzbau bestellt, der ihm Jahre zuvor noch erhebliche Schwierigkeiten bereitet hatte? Seine Abiturarbeit in Geschichte über den „Pathos in Reden des Nationalsozialismus und die gesellschaftlichen Strukturen, die zur Machtergreifung Hitlers führten" brachte ihm die maximale Punktzahl von 100. Sein Lehrer beglückwünschte ihn dazu – kein anderer Schüler hatte das geschafft. Wenn ein Schüler zu einer solch herausragenden schriftlichen Leistung imstande ist, dürften sich Zweifel an seinen sprachlichen Fähigkeiten erübrigen. Für seine Rechtschreibfehler hatte er allerdings bei der Endnote einen Abzugspunkt hinnehmen müssen. Andere Schüler hätten mehr Abzugspunkte wegen Grammatik- und Rechtschreibfehlern in ihren Abiturarbeiten bekommen, meinte Mervin.

Diese relativ stabile Rechtschreibung war Mervin nicht einfach zugefallen; er hatte sie sich hart erarbeitet. Seine letzte Schaffenskrise hatte ihm die Pubertät gebracht: „Keine Lust zum Üben" hieß damals noch das Motto! Die Fehlerquote hatte sich während dieser Zeit kaum verringert. Glücklicherweise war sie auch nicht wieder nach oben geschnellt, wie es in anderen Fällen oft geschieht. Im therapeutischen Unterricht mit jungen Schülern ist es mir selbst in schwerwiegenden Fällen gelungen, das Lesen und Schreiben anzubahnen; als wesentlich schwieriger erwies und erweist es sich, dreizehn- oder vierzehnjährige Schüler zum regelmäßigen Üben zu bewegen.

Rechtschreibfehler aufgrund von Wahrnehmungsdefiziten sind in der Schulzeit jedoch nur mit konstantem und effizientem Üben in den Griff zu bekommen. Die Fehler können sich sonst wieder vermehren. Das Gleiche passiert, wenn Schüler mit Teilleistungsschwächen nach ihrem Schulabschluss kaum noch lesen und noch weniger schreiben. Eine auf neurobiologischen Ursachen beruhende Lese-

Rechtschreibstörung ist offenbar nur dann zu bewältigen, wenn wir die dafür zuständigen Nervenzellen des Gehirns permanent am Laufen halten. Pausen – seien es auch nur lange Schulferien – erweisen sich als kontraproduktiv. Dennoch müssen wir nicht immer wieder von vorne beginnen. Oftmals genügen intensive Wiederholungen anfälliger Orthografiebereiche, um eine schnellere Festigung herbeizuführen.

Die Aussetzung seiner Rechtschreibnote war für Mervins schulisches Weiterkommen außerordentlich hilfreich gewesen. Die Realschule und das Gymnasium hatten zu keinem Zeitpunkt eine Wahrnehmungsstörung angezweifelt und waren bereit gewesen, auf Abzüge wegen Rechtschreibfehlern zu verzichten. Im Jahr des Abiturs wollte Mervin selbst keine Notenbefreiung mehr. Daraufhin bekam er einen, maximal zwei Punkte Abzug, wobei sich seine Fehlerquote zwischen ein und vier Prozent bewegte. Ganz verschwunden waren seine Rechtschreibfehler nicht. Daneben zeigte sich auch eine psychische Komponente: Arbeiten in seinen Lieblingsfächern Powi, Geschichte oder Ethik schrieb er nahezu fehlerlos. Die Fehler häuften sich eher in Deutsch und Englisch. Bei Klassenarbeiten in diesen Fächern hatte er sich während seiner gesamten Schulzeit niemals ganz sicher gefühlt.

Was Mervin inzwischen sehr gut verinnerlicht hatte, war die Hilfe zur Selbsthilfe. Es war ihm klar geworden, dass er sein Handicap nur dann dauerhaft in den Griff bekommen würde, wenn er sich offensiv damit auseinandersetzte. Ich erlebte einen Schüler, der im Gegensatz zu früher wesentlich häufiger seine Rechtschreib- oder Vokabel-App nutzte, weil er Fehler vermeiden wollte. Ebenso motiviert recherchierte er im Internet, las Bücher und Zeitungen, gelegentlich die FAZ, bei der seine Großmutter gearbeitet hatte.

In der Oberstufe hatte er über seine Lieblingsthemen ausführliche Abhandlungen verfasst, ohne die Rechtschreibung zu missachten. Ein besseres Schreibtraining konnte es nicht geben. Es ist ihre intrinsische Motivation, die aus ihnen selbst kommende Begeisterung für bestimmte Themen, die Neugier an der Umwelt und damit verbunden das Interesse am Schreiben oder Lesen, das über- oder hochbegabte Schüler neben ihrer exzellenten Merk- und Abstraktionsfähigkeit in besonderem Maße auszeichnet. Diese eigenständige Motivation konnte ich auch bei normal intelligenten Schülern erleben, die sich für interessante Fachgebiete in und außerhalb der Schule begeistern konnten.

Bei seiner mündlichen Abiturprüfung in Physik sei sein Oberstufenleiter Beisitzer gewesen, berichtete mir Mervin. Es war derselbe Pädagoge, bei dem er sich vier Jahre zuvor hatte vorstellen müssen. Der Stufenleiter habe ihn anschließend für die sehr gute Prüfung gelobt und sein Bedauern darüber zum Ausdruck gebracht, dass man ihm für den Besuch des Gymnasiums derart große Hemmnisse in den Weg gelegt habe. Ein versöhnlicher Abschluss nach einer extrem schwierigen Schullaufbahn!

Seine Begabungen hatte der Schüler erst zum Einsatz bringen können, nachdem er lesen und schreiben gelernt hatte. Es sind die Basisfähigkeiten, ohne die Bildung auf der Strecke bleibt. Umso wichtiger ist die Arbeit von Grundschullehrerinnen und Grundschullehrern zu bewerten. Sie haben es in der Hand, auch lernschwächeren Schülern zu einem befriedigenden Erwerb der Schriftsprache und damit zu einem erfolgreichen Lebenslauf zu verhelfen. Aus wissenschaftlicher Sicht ist davon auszugehen, dass zwei Drittel der Schüler mit fehlender phonologischer Bewusstheit Jungen sind. Demzufolge sind diese in den sprachlichen Fächern von Anfang an erheblich benachteiligt. Umso wichtiger ist ihre besondere Förderung in der Grundschule vom ersten Schuljahr an.

7.2 Förderschüler

Mervins nachhaltige Verbesserung in der Schriftsprache mag den Eindruck erwecken, sie sei ausschließlich auf seine hohe Intelligenz zurückzuführen und weniger intelligente Schüler schafften es nicht. Diese Annahme trifft nicht zu. Vermutlich hatten ihm in der Grundschule seine sehr guten Fähigkeiten im Rechnen einen Vorteil gegenüber vergleichbaren Schülern gebracht: Er musste keine Sonderschule für Lernbehinderte besuchen. Inzwischen haben die meisten Bundesländer die ehemaligen Sonderschulen in „Förderschulen" umbenannt oder sie zu „Förderzentren" zusammengeführt. Bei diesen Umstrukturierungsprozessen war die Namensänderung ein Leichtes. Die wichtigere Frage lautet: Realisieren die entstandenen Förderzentren inzwischen, was ihr neues Etikett suggerieren soll, nämlich einen effizienten Förderunterricht?

Mervin hätte der Besuch einer Förderschule weder genützt noch ihn zum abschließenden Abitur geführt. Trotzdem bleibt es den allermeisten Schülern mit einer schweren Legasthenie nicht erspart, sie zu besuchen, wenn das Lesen und Schreiben in der Regelschule nicht vermittelbar erscheint. Bestimmte ehemalige Sonderschulen und jetzige

Förderschulen wurden und werden auch heute noch von Schülern mit niedriger Intelligenz, aber auch von einzelnen Schülern mit normaler oder hoher Intelligenz besucht, wie ich im Laufe meiner beruflichen Tätigkeit festgestellt habe. Dagegen gäbe es prinzipiell keine Einwände, wenn es den Fördereinrichtungen gelänge, die Schüler differenziert zu fördern und intelligenteren Schülern die Wiedereingliederung in unser normales Schulsystem zu ermöglichen. Das ist jedoch in den meisten deutschen Bundesländern nur unter schwierigsten Bedingungen möglich.

7.2.1 Auf Umwegen zum Realschulabschluss

Weniger Glück als Mervin hatte der Schüler Kris. Mit 17 Jahren schloss er die Hauptschule mit der Note 1,8 ab. Mit 19 Jahren absolvierte er den Realschulabschluss mit der Note 2,4. Inzwischen macht er eine Ausbildung als Chemikant bei der Tochterfirma eines großen Pharma- und Chemiekonzerns. Bekommen hatte er die Stelle unter anderem, weil er seine künftigen Ausbilder im Vorstellungsgespräch mit seinen Kenntnissen und seiner Schullaufbahn beeindrucken konnte – nicht wie andere mit dem Besuch herausragender Schulen, sondern mit einem Bericht über seinen Kampf, aus der Sonderschule für Lernbehinderte wieder herauszukommen. „Wieso haben Sie mit diesen guten Abschlussnoten überhaupt eine Sonderschule besucht?", wurde er beim Einstellungsgespräch gefragt.

Kris kam im Alter von elf Jahren zu mir. Er befand sich damals erst im 4. Schuljahr; zweimal war er zurückgestuft worden. Er interessierte sich in erstaunlichem Maße für seine Umwelt, berichtete detailliert über Tiere oder Pflanzen, die er entdeckt hatte. Ebenso ausführlich erzählte er über Länder und Städte, die er mit seinen Eltern in den Ferien besucht hatte. Darüber hinaus hatte er bereits als junger Schüler klare Vorstellungen von seinem Berufsbild. Sein Beruf müsse unbedingt etwas mit Chemie zu tun haben, er liebe es, damit zu experimentieren, erklärte er mir. Ich erfuhr, dass sein Vater ausgebildeter Chemiker war. Am liebsten würde er Bierbrauer werden, erklärte mir der Elfjährige zu meiner Verwunderung. Das sei ein Beruf, der auch mit Chemie und mit Geschmacksnerven zu tun habe. Er war bestens über die Bestandteile des Bieres informiert und kannte die Hopfenanbaugebiete in der bayerischen Hallertau. Dieses Wissen hatte er sich nicht durch Bücher, sondern eher durch Fernsehsendungen oder Gespräche mit den Eltern angeeignet, denn Lesen und Schreiben beherrschte er nicht. Noch etwas fiel mir auf: Kris war ein Junge, der anfangs kaum lachte, den ich stets bedrückt erlebte, wenn er zur Tür hereinkam. Er vermittelte den Eindruck, alle Last der Welt tragen zu müssen, und schien zeitweilig depressiv zu sein. Die Tränen standen ihm schnell in den Augen, wenn er sich mit seinen Schwächen konfrontiert sah. Depressionen von Kindern und Jugendlichen sind auch bei Legastheniekongressen inzwischen ein viel diskutiertes Thema. Die schulische Situation ist nicht selten der Grund dafür.

Nach dem HAWIK-Intelligenztest besaß der Schüler einen überdurchschnittlichen Gesamt-IQ von 116. Diese gute Intelligenz bestätigte er später auch in den abgelegten Prüfungen. Allerdings erzielte er diesen Wert erst, nachdem sich sein Lesen und Schreiben stabilisiert hatte und eine anfängliche Rechenschwäche behoben war. Vorher schien mir ein gesicherter Intelligenzwert insbesondere wegen zusätzlicher visueller Wahrnehmungsstörungen nur eingeschränkt ermittelbar.

Mit Befremden nahm ich daher zur Kenntnis, dass eine als Gutachterin tätige Sonderschullehrerin dem Schüler einen Gesamt-IQ von 87 bescheinigt hatte. Zu diesem Zeitpunkt war er mit neun Jahren in das 2. Schuljahr der Grundschule zurückgestuft worden. Als ich mit dem Jungen zu arbeiten begann, wusste ich nichts davon. Erst als ich über seinen Fall schreiben wollte, stellten mir die Eltern frühere Gutachten zur Verfügung. Es ist absolut verständlich, dass Eltern zweifelhafte Unterlagen, die ihr Kind in ein sehr negatives Licht rücken, zurückbehalten. Im Gutachten von 2002, das auf Veranlassung des Staatlichen Schulamts erstellt worden war, bezieht sich die Verfasserin unter anderem auf die Aussagen seiner damaligen Klassenlehrerin:

> „Seine Klassenlehrerin erzählte mir, dass er öfters durch sein teilweise großes Wissen angenehm auffalle. Er trage oft durch differenzierte und tiefgehende Beiträge zum mündlichen Unterricht bei. Sobald die Außenreize jedoch zu stark seien, sei er nicht mehr in der Lage mitzuarbeiten. (…) Schriftlichen Anforderungen könne er nicht nachkommen, hinzu käme, dass er nicht lesen könne. Auch in Mathematik habe er Probleme. (…) Kris sei schwer einzuschätzen, jedoch wäre er gewiss kein Kind für die Lernhilfeschule."

Obwohl die Klassenlehrerin Kris nicht als Sonderschüler bewertet hatte und auch die Eltern gegen eine solche Umschulung votierten, kam die Gutachterin zu anderen Ergebnissen, deren Gründe sich nicht nachvollziehen ließen.

Nachvollziehbar wurde, dass er im Intelligenztest CFT 1 – den gleichen hatte ich auch Mervin vorgelegt – die Aufgaben nicht in der vorgegeben Zeitspanne hatte bewältigen können; allerdings hatte er nichts Falsches angestrichen. Sein angeblich niedriger IQ war deshalb ausschließlich mit zu langsamem Arbeiten zu begründen. Ein ergänzender Test hatte zu ähnlichen Ergebnissen geführt. Beide Tests waren im Wesentlichen auf das räumlich-visuelle Erfassen angelegt; dafür brauchte der Schüler mehr Zeit als andere.

Auch bei Kris begann die Talfahrt. Zunächst wurde er in eine Sonderschule für sprachbehinderte Kinder eingeschult, in der die neue Klassenlehrerin mit ihm überhaupt nicht zurechtgekommen sei, berichteten die Eltern. Ihr Sohn sei eher einer Schule für praktisch Bildbare zuzuordnen, denn seine Intelligenz sei extrem niedrig, wurde ihnen gesagt. Die Grundlagen für eine derartige Einschätzung hatte das vorliegende Gutachten geschaffen. Der Junge wurde nach einem halben Jahr erneut umgeschult und landete zu seinem großen Glück nicht in einer Schule für praktisch Bildbare, sondern in einer Sonderschule für Lernbehinderte. Genau dafür hatte seine erste Klassenlehrerin nicht plädiert!

In der Familie des Schülers gab es mütterlicherseits Verwandte mit schwerwiegenden auditiven Störungen. Offenbar hatten diese genetischen Anlagen nicht nur Kris getroffen. Eine ältere Schwester besuchte eine Gehörlosenschule. Aufgrund der starken auditiven und phonologischen Wahrnehmungsdefizite konnte der Junge auch in der Lernbehindertenschule nicht grundlegend gefördert werden. Erst als die Eltern wiederholt ihren Unmut über eine ausbleibende Stabilisierung der Lese- und Schreibfähigkeiten äußerten, verwies die Lehrerin auf mich.

Handicap: Lesen und Schreiben?

In ähnlicher Weise wie Mervin gelang es auch Kris, bis zum 7. Schuljahr lesen und schreiben zu lernen und – dank seiner stabilen Intelligenz – seine Klassenkameraden zu überholen. Im 8. Schuljahr erhielt er im Zeugnis in Mathematik und Chemie die Note *sehr gut*, in neun Fächern erhielt er die Note *gut* – darunter auch in Deutsch. Nur zwei Fächer waren mit *befriedigend* und das Zusatzwahlfach Textverarbeitung mit *ausreichend* bewertet worden. Hierbei ging es nicht um inhaltliche Aspekte, sondern um die schnelle Textverarbeitung am Computer.

Seine Sonderschule stand zu diesem Zeitpunkt vor ihrer Schließung. Zum Schuljahresende sollte seine Klasse aufgelöst werden. Die Schüler wurden einem größeren Förderzentrum zugeordnet und mussten daher einen viel weiteren Weg in Kauf nehmen. Es wäre wünschenswert gewesen, dass seine Lehrer die von den Eltern initiierte Rückführung des damals besten Schülers der Klasse in eine Regelschule unterstützt und die Absolvierung eines Hauptschulabschlusses auf einem einfacheren Weg befürwortet hätten. Doch das war ein aussichtsloses Unterfangen – sie unterstützten das Vorhaben ebenso wenig wie Mervins Lehrer; auch beim Schulamt fanden die Eltern kein Gehör.

Auf meinen Vorschlag hin nahm die Familie danach mit einer anderen Förderschule im Rhein-Main-Gebiet Kontakt auf. Diese galt ebenfalls als Sonderschule für Lernbehinderte; sie stand jedoch in Kooperation mit einer Gesamtschule und ermöglichte ihren besseren Schülern dort einen Hauptschulabschluss. Der Direktor erklärte sich bereit, Kris aufzunehmen.

Der Vater berichtete, dass sich Kris' Lehrer/innen beim Abschlussgespräch äußerst kritisch über den geplanten

Schulwechsel geäußert und von der neuen Förderschule abgeraten hätten. Sie sähen den Schüler in seiner bisherigen Schulform bestens aufgehoben; er könne anschließend über ein staatlich gefördertes Weiterbildungszentrum seinen Hauptschulabschluss erlangen, teilte man der Familie mit. Eine solche Regelung hätte für den Schüler nicht nur eine ein Jahr längere Ausbildung zusammen mit wesentlich schwächer begabten Schülern bedeutet, sondern auch den Staat mit höheren Folgekosten für seine Förderung belastet.

Für Kris war in den ersten Schuljahren entsprechend dem hessischen Schulgesetz ein „Antrag auf Feststellung des sonderpädagogischen Förderbedarfs" gestellt worden. Dieser „Förderstatus" weist a) einen Schüler als Sonderschüler aus und sichert b) der Schule vonseiten des Landes besondere Unterstützung in finanzieller oder anderer Form für die Förderung zu. Das bedeutet: Je mehr Schüler einen „Förderstatus" besitzen, umso besser ist die Ausstattung der Schulen mit zusätzlichen Mitteln.

Obwohl das Etikett „Förderstatus" vielversprechend klingt, hat es auch negative Folgen. Beispielsweise kann ein Schüler mit einem „sonderpädagogischen Förderbedarf im Sinne einer Schule für Lernhilfe" – so hieß es im Antrag – nicht ohne Weiteres von seiner Förderschule auf eine Regelschule wechseln und einen Hauptschulabschluss absolvieren. Man geht davon aus, dass der in den Lernhilfeschulen vermittelte Lernstoff dazu nicht ausreicht. Über diese Sachverhalte wurden und werden viele Eltern von den Lehrern oft gar nicht oder nicht klar genug informiert. Doch Bildung ist bekanntlich Ländersache. Deshalb ist nicht auszuschließen, dass andere Bundesländer davon abweichende schulgesetzliche Regelungen getroffen haben und einen

Förderstatus möglicherweise anders gewichten und bewerten. Darüber hinaus hatte sich Kris in der Sonderschule zu einem sehr guten Schüler entwickelt; auch deshalb wollte man ihn vermutlich nur ungerne ziehen lassen.

Kris' neue Förderschule arbeitete leistungsdifferenzierter. Die Schüler wurden entsprechend ihren Fähigkeiten in zwei verschiedene Klassen für Haupt- und Sonderschulabschluss aufgeteilt. Zunächst besuchte der Junge die Sonderschulklasse. Die dortigen Leistungsanforderungen entsprachen denen seiner alten Klasse. Bereits nach zwei Wochen sagte ihm die Lehrerin, er sei dort fehl am Platze: „Wir können dich hier nicht deinen Fähigkeiten entsprechend fördern", befand sie. Nach vier Wochen wurde er in die Hauptschulklasse eingegliedert.

Den Hauptschulabschluss absolvierte er als einer der Besten. Es war ebenfalls sein damaliger Lehrer, der dem Schüler einen Realschulabschluss nahelegte. Er empfahl den Eltern eine weiterführende Berufsfachschule. Kris' Klassenlehrer hatte ihn sowohl von den Rechenschwächen als auch von den starken Lese-Rechtschreibschwierigkeiten der Vergangenheit unbelastet erlebt. Er kannte das negative Gutachten der Grundschule nicht und förderte ihn seinen Fähigkeiten entsprechend – eine andere Schule, andere Lehrer, andere Prognosen!

Anscheinend ist es für Schüler mit starken Wahrnehmungsstörungen mittlerweile wesentlich leichter, in unserem Schulsystem einen Förderstatus zu bekommen, als ihn wieder loszuwerden. Eigentlich sollte es den Betroffenen komplikationslos möglich sein, unter Nachweis einer normalen Intelligenz und verbesserter Noten wieder in eine Regelschule oder, wie in Kris' Fall, in spezielle Regelklassen eingegliedert zu werden. Alles andere heißt: die Förderung boykottieren! Nur weil Kris' Förderschule mit einer Gesamtschule zusammenarbeitete, war es für ihn weniger kompliziert, den Hauptschulabschluss zu erlangen. Danach wurde sogar ein Realschulabschluss möglich.

Es lässt sich in diesem Zusammenhang vonseiten der Schulpolitik nur schwer begründen, warum eine bessere Kooperation von Förderschulen, Regelschulen und Gymnasien nicht generell verwirklicht werden kann. Eine flexiblere Durchlässigkeit mit einer unbürokratischen Umschulung muss in besonderen Fällen möglich sein. In Hessen, aber auch in anderen Bundesländern bleiben durchschnittlich intelligente oder überintelligente Schüler mit Lese-Rechtschreibstörungen ohne Förderstatus. Ihnen werden in erster Linie Wahrnehmungsstörungen zugebilligt. Mervin hatte keinen Förderstatus bekommen, war er deswegen ohne Förderbedarf? Intelligenz schützt nicht vor einer schweren Legasthenie. Diese Schüler bedürfen ebenfalls der intensiven Förderung. Dagegen schreibt man „vermeintlich" weniger intelligenten Schülern einen Förderstatus zu und sieht die Ursachen nicht bei Wahrnehmungsstörungen, sondern bei einer geringen Intelligenz, was bei Kris nachweislich nicht zutraf.

Die dargestellten Fälle sind keineswegs Ausnahmen; auch andere Schüler drohen an den Hürden unseres Schulsystems zu scheitern oder sind tatsächlich gescheitert. Dabei verfestigte sich bei mir im Laufe der Jahre folgender Eindruck: Überwiegend negative Prognosen für ein schulisches Weiterkommen hatten die Lehrer dann gegeben, wenn es sich um anfänglich sehr schwierige Fälle mit massiven Wahrnehmungsstörungen gehandelt hatte, mit denen sie selbst nicht zurechtgekommen waren. Negative Gutachten taten ihr Übriges. Auch nach Jahren fielen inzwischen deutlich verbesserte Noten bei der Gesamtbeurteilung der Schüler kaum ins Gewicht. Wesentlich positiver fiel hingegen die Beurteilung durch Förderlehrer aus, die einzelne Schüler näher kennengelernt und individuell gefördert hatten. War es den Lehrern selbst gelungen, zur guten Stabilisierung der Schriftsprache beizutragen, so war ihre Einschätzung und Prognose über die schulischen Leistungsmöglichkeiten der Betroffenen wesentlich positiver. Das bedeutet: Wenn wir den Schülern helfen wollen, müssen wir auch den Lehrern zu besseren Fördermöglichkeiten verhelfen.

7.2.2 Schüler mit starken Lernbehinderungen

Sowohl Mervin als auch Kris hatten während ihrer Schullaufbahnen mit enormen Schwierigkeiten zu kämpfen; dennoch waren es Erfolgsgeschichten. Sie sollten andere betroffene Schüler und ihre Eltern ermutigen, nach vorne zu sehen und niemals aufzugeben.

Leider brachten es nicht alle Schüler, die ich unterrichtete, zu sehr guten Schulabschlüssen, obwohl ich den meisten das Lesen und Schreiben vermitteln konnte. Darunter waren Schüler mit Minderbegabungen, starken Lernbehinderungen oder sogar Ansätzen von geringer geistiger Behinderung, verbunden mit einer deutlich unterdurchschnittlichen Intelligenz. Diese Schüler besuchten zu Recht Förder- oder Sonderschulen mit spezifischen Betreuungsmöglichkeiten. Ich therapierte sie wegen ihrer Lernstörungen nicht weniger gerne. Wer jemals mit stark lernbehinderten oder geistig behinderten Schülern gearbeitet hat, kennt ihre besonderen Bedürfnisse nach Nähe und Zuwendung, aber auch ihre authentische und unvermittelte Freude über Lernerfolge bei der gemeinsamen Arbeit sowie ihre Liebe und Dankbarkeit, wenn man sich mit ihnen beschäftigt.

Lese-Rechtschreibschwierigkeiten werden bei diesen Schülern auch deshalb eher einer geringen Intelligenz oder Minderbegabung zugeschrieben, weil in den meisten Fällen ein aussagekräftiger Differenzwert zwischen IQ und Rechtschreibfehlern nicht ermittelbar ist. Die Wissenschaft bewertet diese Schüler nicht als Legastheniker. Was die phonologische Bewusstheit angeht, habe ich zwar nicht mit allen, aber mit einzelnen nahezu dieselben Erfahrungen gemacht wie mit den übrigen normal- oder überintelligenten Schülern.

Ein zunächst besonders schwierig erscheinender Fall war Severin, ein Schulfreund und Sitznachbar von Kris. Ich unterrichtete ihn zwei Jahre früher. Er verfügte tatsächlich nur über einen unterdurchschnittlichen IQ; nach ärztlichen Befunden war seine Lernbehinderung durch einen Gendefekt bedingt. Severin war der jüngere Sohn einer spanischen Familie. Seine ältere Schwester wies eine durchschnittliche Intelligenz auf, sie hatte keine Lese- und Schreibprobleme. Zunächst schien es den Lehrern aussichtslos, bei Severin das Lesen und Schreiben anzubahnen. Bis zum 3. Schuljahr hatte er sich nur wenige Buchstaben – drei Vokale und einzelne, im vorderen Artikulationsbereich gebildete Konsonanten,– merken können: A, I, O, M, B und L, mehr nicht.

Er war der erste Schüler, bei dem ich, wie bereits im vorhergehenden Kapitel erwähnt, das Handlautieren zusammen mit dem Schreiben der Buchstaben einsetzte und damit Erfolg hatte. Der Junge merkte sich die Buchstaben des Alphabets wie alle anderen, nachdem ihm der zugeordnete Sprachlaut bewusst geworden war und er durch beständiges Üben artikulatorisch darauf zurückgreifen konnte. Das Zusammenlautieren wies ähnliche Probleme auf wie bei Schülern mit starken Wahrnehmungsstörungen und höherer Intelligenz. Es gelang mit den bereits beschriebenen Methoden. Wie bei durchschnittlich intelligenten Schülern war es nach meinem Empfinden weniger die fehlende Merkfähigkeit für Buchstaben oder Wortbilder, sondern das Fehlen der phonologischen Bewusstheit im engeren und weiteren Sinne, das ihm das Erlernen des Lesens und Schreibens nahezu unmöglich gemacht hatte. Nicht die Logogramme, sondern die Sprachlaute waren der wunde Punkt.

Wie Mervin und Kris benötigte auch Severin vier Jahre, bis sich sein Lesen und Schreiben gefestigt hatte. Begreifen konnte er jedoch nur einfache Textinhalte. Inhaltliche Zusammenhänge von komplexeren Darstellungen erschlossen sich ihm nicht, obwohl er inzwischen besser als manche Klassenkameraden vorlesen konnte. Das lauttreue Schreiben hatte sich bis zum 7. Schuljahr in hohem Maße gefestigt. Bei der orthografischen Merkfähigkeit setzte ihm seine niedrige Intelligenz Grenzen. Er konnte sich nur schwer besondere Regeln einprägen, auch die Grammatik bereitete ihm Probleme. Zum abstrahierenden, kognitiv-analytischem Denken war er nicht in der Lage. Beim Lesen vermochte er nur herausragende Einzelheiten zu erfassen. Er merkte sich beispielsweise besondere Ereignisse in Büchern oder Geschichten gut und konnte sie sprachlich wiedergeben.

Diese eingeschränkten kognitiven Fähigkeiten hatten Auswirkungen auf die Leistung in allen Schulfächern. Die Eltern waren hocherfreut, als ihr Sohn endlich lesen und schreiben gelernt hatte. Es enttäuschte sie jedoch, dass er keinen Hauptschulabschluss würde absolvieren können. Auch Severins Vater war stark lernbehindert gewesen und hatte über die Behindertengesetzgebung eine Arbeitsstelle gefunden. Es bleibt zu hoffen, dass dies auch seinem Sohn inzwischen gelungen ist.

Die spanische Familie war mit großem Fleiß in Deutschland tätig. Die Eltern hatten zu keiner Zeit staatliche Unterstützung bezogen und beide nach Feierabend einen zweiten Job angenommen, auch um sich den zusätzlichen Förderunterricht für ihren Sohn leisten zu können. Es war ihnen klar, dass ihr Kind sein Leben ohne Lesen und Schreiben würde kaum bewältigen können.

Die gleichen Sorgen machten sich auch andere Eltern. Eine türkische Familie suchte mit ihrer achtjährigen Tochter Melia, von der ich ebenfalls bereits im vorigen Kapitel berichtet habe, immer wieder Ärzte auf, weil sie den Lernstand des Kindes, das bis zum 4. Schuljahr noch nicht lesen und schreiben gelernt hatte, nicht akzeptieren wollte. Als Ursache galt eine im weitesten Sinne geistige Behinderung, ausgelöst durch einen genetischen Defekt wie bei Severin. Die medizinischen Befunde ergaben einen sehr niedrigen IQ von 53 mit einer durchweg negativen Prognose. Die Eltern müssten sich mit einem lebenslang behinderten Kind abfinden, das vermutlich zum Lesen und Schreiben unfähig sei – so die Meinung der Ärzte. Die fünf Jahre jüngere Schwester war glücklicherweise völlig normal und der älteren schon früh überlegen. Mit einem derart niedrigen

IQ die Schriftsprache zu erwerben, erscheint Medizinern und Pädagogen kaum möglich. Melia besuchte eine Klasse für praktisch bildbare Schüler. Lesen und Schreiben wurde nicht jeden Tag unterrichtet; der Unterrichtsumfang lag im Ermessen ihrer Lehrer. Nicht die Schulung der kognitiven, sondern der praktischen Fähigkeiten stand im Vordergrund.

Bei dem Mädchen lag eher keine fehlende phonologische Bewusstheit vor. Noch mehr als andere Schüler war sie jedoch bei der Anbahnung des Lesens und Schreibens auf die Vermittlung einer sensorisch klar wahrnehmbaren und nachhaltig zu trainierenden Laut-Buchstaben-Zuordnung angewiesen. Die Buchstaben musste sie in der Schule zunächst gebärden. Wie bereits erwähnt, brachte sie der Einsatz von unterschiedlichen Lautgebärden in Verwirrung. Ebenso hätte sie dringend methodische Hilfen beim Zusammenlautieren benötigt. Was ihr half, war der Weg vom Einfachen zum Komplexen, von klaren Lautkontrasten in Silben zu komplexeren Lautstrukturen in Wörtern. Doch diese Aspekte finden in schulischen Lernprozessen keine Berücksichtigung. Melia wurden in der Schule die Buchstaben, danach unterschiedliche Wörter und Sätze gezeigt. Sie malte alles ab – verstehen konnte sie es nicht.

Ihr Kind werde ohnehin niemals sinnverstehend lesen können, hatte man den Eltern gesagt. Doch wie soll ein Mensch das Leben meistern, wenn er überhaupt nicht lesen kann – keinen Bahn- oder Busfahrplan, keine Aufschriften von Lebensmitteln, keine Warnhinweise? Sie sollte zumindest alltägliche Sachverhalte lesen und verstehen können, meinten die Eltern. Es dauerte nur wenige Monate, der Schülerin das Erlesen von Wörtern zu vermitteln; das Schreiben fiel ihr weitaus schwerer. Sie schrieb nur Lernwörter und Minisätze, die sie geübt hatte; zu einem freien kreativen Schreiben war sie nicht fähig. Einerseits zeigt es die Grenzen dieser Kinder auf, andererseits sollte auch eine sehr niedrige Intelligenz kein Hinderungsgrund sein, um Schülern zwar keine umfassende, aber eine grundsätzliche Lese- und Schreibfähigkeit zu vermitteln.

Die Schule kritisierte die Familie für ihr Vorgehen, sich von außerhalb Hilfe zu holen; die Lehrer sahen es als völlig überflüssig an. Selbst als der Prozess des Lesens und Schreibens in Gang gekommen war und sich auch in der Schule deutlich gemacht hatte, ließ es sich der Sonderschullehrer nicht nehmen, dies im Zeugnis negativ zu vermerken. Er schrieb: „Im Lesen hat sich Melia gesteigert. Sie erliest inzwischen kurze, unbekannte Wörter aus den ihr bekannten Buchstaben. Auswendig kann sie meist die Wörter, die sie bei ihrer ‚privaten Fördereinheit' erarbeitet hat."

Was der Förderlehrer unter Lesen verstand, war ein ausschließlich sehr langsames Zusammenlautieren, Buchstabe für Buchstabe, so wie er es bisher seinen Schülern vermittelt hatte. Es erschien ihm eher suspekt und nahezu unmöglich, dass die Schülerin in der Lage war, auch „kognitiv" zu lesen, die Wortbilder mit höherer Lesegeschwindigkeit zu benennen. Dabei handelte es sich um diejenigen Wörter und Sätze, die sie durch Sprechen und Schreiben nachhaltig trainiert hatte. Hätte sich der Lehrer die Mühe gemacht, die Buchstaben der Wörter zu ändern, und die Synthetisierungsfähigkeiten der Schülerin überprüft, so hätte er feststellen können, dass dies keineswegs ein bloßes Auswendiglernen war.

Melias Eltern erfuhren nur wenig über den Lernstoff ihres Kindes, denn Bücher und Hefte blieben weitgehend in der Schule. Die dortige Arbeit erschloss sich ihnen deshalb nicht regelmäßig. Sie hielten ein beständiges Üben mit dem Mädchen für notwendig, doch dazu brauchten sie die schulischen Übungsgrundlagen.

Außerschulisch wurde das stark lernbehinderte Migrantenkind in Nordbayern durch soziale Einrichtungen des Landes sehr gut betreut. Dafür standen der Familie zweimal in der Woche eine Förderhelferin, später ein Förderhelfer zur Verfügung, die sowohl für die häuslichen Schreib- und Leseübungen als auch für die übrige Betreuung eine große Hilfe waren. Eine Helferin wohnte gelegentlich dem therapeutischen Unterricht bei, um sich Informationen und Anregungen zu holen.

Nach Beendigung der zweijährigen Therapie konnte Melia ihre ersten einfachen Bücher lesen. Ob diese Lesefähigkeit erhalten bleibt, wird vom beständigen Lesen weiterer Bücher abhängen. Wenn eine Schule das bei praktisch bildbaren Kindern nicht unbedingt für nötig erachtet und die Lehrer ihre Schüler nicht dazu motivieren, dürfte sich die Lesefähigkeit nur leicht stabilisieren. Ob und in welcher Weise dafür häusliche Übungen aufgegeben werden, wird von Schule zu Schule, von Lehrer zu Lehrer unterschiedlich gehandhabt.

Die in öffentlichen Diskussionen vertretene Meinung, Eltern mit geringem Einkommen und nur einfacher Schulbildung seien an der Förderung ihrer Kinder weniger interessiert, halte ich für fragwürdig. Ich konnte immer wieder erleben, dass sich die gesamte Familie, Eltern, Großeltern, Tante und Onkel, an der Finanzierung eines Förderunterrichts beteiligte, wenn Kinder gravierende Probleme beim Lesen- und Schreibenlernen hatten. Wenn es allerdings darum ging, diese Eltern in die Förderung ihrer Kinder einzubeziehen, machte ich unterschiedliche Erfahrungen. Die Bereitschaft, gelegentlich am therapeutischen Unterricht teilzunehmen und mit den Kindern zu Hause zu üben, war sowohl bei deutschen als auch bei ausländischen weniger gebildeten Familien grundsätzlich geringer als bei Eltern der Mittelschicht.

Bei den meisten Migrantenfamilien lagen die Gründe häufig in den unzureichenden Sprachkenntnissen der Eltern. Viele weigerten sich deshalb, gemeinsam mit dem Kind zu Hause Deutsch zu üben. Einzelne waren aufgrund ihrer eigenen Sprachdefizite nur schwer in der Lage, dem Unterricht zu folgen. Andererseits gab es Mütter, die sich dafür sehr interessierten, weil sie ihre eigenen Deutschkenntnisse dabei verbessern konnten. Melias Mutter war zwar immer anwesend, überließ zu Hause allerdings die Förderung eher den Helfern. Bei anderen ausländischen Kindern sollten die älteren Geschwister die Arbeit mit den jüngeren übernehmen. Letzteres betrachtete ich stets mit großer Skepsis; nach durchweg negativen Erfahrungen lehnte ich es ab, Schwestern oder Brüder insbesondere gegen ihren Willen in den therapeutischen Unterricht einzubeziehen.

Auf diesen sprachbegabteren Geschwistern lastet ein schweres Los. Oft sollen sie nicht nur die Aufsicht und Förderung der jüngeren Kinder übernehmen, sondern auch die Eltern im täglichen Leben unterstützen, wenn es beispielsweise um Behördengänge, Arztbesuche oder viele andere Lebenssituationen geht, die sich ohne gute Sprachkenntnisse nicht bewältigen lassen. Viele dieser Kinder und Jugendlichen halte ich für überfordert. Sie befinden sich selbst noch in einem Stadium des Erwachsenwerdens, nicht des

Erwachsenseins. Sie sind noch damit befasst, ihren eigenen Lebensweg zu finden, eigene Probleme zu bewältigen und Eigenverantwortung zu lernen. Eine zusätzliche Verantwortung für ihre Familienmitglieder müssen und können sie nicht übernehmen.

Fazit: Bei den oben dargestellten Fällen handelte es sich um Schüler mit schwerwiegenden Lese- und Schreibstörungen. Ihre Probleme beruhen im Wesentlichen auf phonologischen Wahrnehmungsdefiziten. Mangelnde Intelligenz war in meinen Augen eher ein nachrangiges Problem. Lernbehinderte Schüler mit sehr niedriger Intelligenz waren zwar nicht in der Lage, die gesamte orthografische Komplexität zu erfassen, doch das Lesen und Schreiben ließ sich anbahnen und mit Einschränkungen festigen. Helfen konnte ich ihnen weniger aufgrund meiner Ausbildung als Deutschlehrerin, sondern eher infolge meiner langjährigen Erfahrung als Sprachtherapeutin, die mir bei der individuellen Arbeit mit Kindern und Schülern wichtige Erkenntnisse beschert und Zusammenhänge zwischen gesprochener und geschriebener Sprache verdeutlicht hatte.

8
Schulisches Lernen und schulische Förderung

Als Lehrerin, die eine ganze Klasse unterrichten muss, hätte ich diese Erkenntnisse vermutlich ebenso wenig gewinnen können wie andere Pädagogen. Grundschullehrer/innen beschäftigen sich heute auch mit phonologischen Strategien. Allerdings sind diese kein zentraler Teil ihrer Ausbildung. Wir können von ihnen nicht erwarten, dass sie darüber grundlegend informiert sind, oder ihnen einen Vorwurf machen, wenn sie entsprechende Methoden bisher nicht mit Erfolg angewendet haben. Leider war auch die individuelle Förderung von Schülern in der Vergangenheit entweder gar kein oder nur ein sehr untergeordnetes Thema der Lehrerausbildung. Inzwischen erhält sie zunehmend mehr Gewicht und steht zumindest für die Zukunft auf der Agenda der Schulpolitik der Länder.

Schulische Bildung und Erziehung findet nicht in einem wertfreien Raum statt. Sie wird – wie vieles in unserem Leben – bestimmt von Gesetzen, aber auch von nicht gesetzlich festgeschriebenen Normen und Wertvorstellungen. So gilt in unserer Gesellschaft derjenige als gebildet, der sich auf unterschiedlichsten Wissensgebieten fundierte Kenntnisse erworben hat. Beispielsweise ist das Sprechen mehrerer Fremdsprachen in unserer globalisierten Welt nach wie vor ein wichtiger Indikator für Bildung, aber auch ein Beleg für Intelligenz. Als Erkennungsmerkmal für intelligente Kinder gilt, dass sie nicht nur möglichst früh, sondern auch schnell lernen. „Mein Kind kann schon …" – so beginnen oft die Sätze von Eltern junger Kinder, wenn sie voller Stolz auf deren sehr frühe und sehr schnelle Sprachentwicklung verweisen wollen. Im Internet suchen Mütter bereits für Fünfjährige nach geeigneten Büchern, um ihnen das Lesen vor der Schule beizubringen.

Ähnliche Maximen gelten auch für die schulische Bildung. Wir sind in Deutschland bemüht und stolz darauf, den Schülern ein möglichst breit gefächertes Wissen zu vermitteln. Dabei scheint die Quantität des Wissens gelegentlich eine größere Rolle zu spielen als die Qualität. Ein langsamer, aber dafür gründlicher Schrifispracherwerb, der die Basisfähigkeiten für das Lesen und Schreiben berücksichtigt und sich an den individuellen sprachlichen Begabungen und Bedürfnissen der Schüler orientiert, hat mittlerweile nur noch wenig mit dem komplexen Hochgeschwindigkeitslernen gemein, das an vielen Grundschulen praktiziert wird.

Die Generation der heutigen Großeltern hatte zwei Jahre Zeit, sich die Buchstaben des Alphabets und damit verbundene Lernwörter und Sätze auf eine relativ klare Weise anzueignen. Ihre Enkel müssen es in einem kürzeren Zeitraum mit weitaus komplexeren Methoden und einem Vielfachen an unterschiedlichstem Wort-, Satz- und Textmaterial schaffen. Es ist aus meiner Sicht eine Ursache neben anderen, warum vielen Schülern in späteren Jahren das Lesen und Schreiben nur fehlerhaft und nicht auf stabile Weise gelingt.

In der Regel geben die Lehrpläne der Bundesländer den Grundschullehrern zwei Jahre Zeit, um die Basis für ein gutes Lese- und Schreibvermögen zu legen. Die Schüler bekommen während dieser Zeit noch keine Noten, Leistungstests werden noch nicht überall verbindlich gefordert. Theoretisch könnten sich die Lehrer ausreichend Zeit für die langsamere und dafür stabilere Anbahnung des Lesens und Schreibens nehmen. Warum tun sie es in der Praxis nicht, warum lernen bereits jüngste Schüler in einem hohen Tempo? „Gehen Sie einmal morgens auf dem Land zum Bäcker und hören Sie Müttern junger Schüler bei ihren Gesprächen zu", sagte mir eine Grundschullehrerin. „Sie übertrumpfen sich gegenseitig in den Schilderungen darüber, was ihre Kinder bei Kollegin X oder Kollege Y schon alles in kürzester Zeit gelernt haben. Ich möchte nicht, dass erzählt wird, bei mir kämen die Schüler im Lernen weniger schnell voran." Es ist klar, was die Lehrerin damit zum Ausdruck bringen wollte: Von bestimmten Gruppierungen in der Gesellschaft wird ein schnelles Vorgehen beim Erlernen des Lesens und Schreibens in den Grundschulen angestrebt. Viele Lehrer kommen diesen gesellschaftlichen Anforderungen nach, ungeachtet der Erfahrung, dass ihnen längst nicht alle Schüler optimal folgen können.

Maßgeblich für das schulische Lernen sind die „Curricula", die von Wissenschaft und Bildungspolitik vorgegebenen Rahmenbedingungen für Lehr- oder Lerninhalte, Lehrmethoden, Lernprozesse und Lernziele. Davon abhängig sind die Lehrpläne; sie bestimmen, welcher Stoff den Schülern in aufeinander aufbauenden Schuljahren vermittelt werden soll. Die Lehrer müssen ihren Unterricht weitgehend daran messen lassen, ob sie sich an den Lehrplänen orientieren und sie umsetzen. Dieser Sachverhalt wird allen Lehramtsanwärtern in der Ausbildung als ein wichtiges Kriterium ihrer Tätigkeit vermittelt. Auch die besondere Förderung von Schülern mit Lese-Rechtschreibschwierigkeiten ist inzwischen in allen Bundesländern Bestandteil der Curricula. Doch wie sie konkret erfolgen soll, wird nicht explizit ausgeführt. Mit welchen Methoden die Pädagogen das Lesen und Schreiben vermitteln oder ob und in welcher Weise sie Förderung betreiben, wird ihnen jeweils selbst überlassen

Im Gegensatz zu früher können sich Lehrer/innen bei der Anbahnung des Lesens und Schreibens heutzutage einer variableren methodisch-didaktischen Vermittlung bedienen; die Wahl steht ihnen frei. Was sie den Schülern konkret sagen, und wie sie mit ihnen arbeiten, können sie völlig eigenständig entscheiden. „Ich mache meinen Kolleginnen und Kollegen keinerlei Vorschriften, auf welche Weise sie den Schülern das Lesen und Schreiben beibringen", sagte mir die Rektorin einer Grundschule. „Ihre wissenschaftliche und praktische Ausbildung hat ihnen verschiedene Methoden gezeigt, nach denen sie vorgehen oder Schüler fördern können. Daran übe ich keine Kritik!" Von diesen Lehrmethoden hängt es jedoch im Wesentlichen ab, ob Lerninhalte bei den Schülern ankommen oder ob sie auf der Strecke bleiben.

Obwohl bezüglich der konkreten Förderung vieles in der Lehrerausbildung unklar bleibt, lernt jeder Anfänger im Lehrerberuf, dass sich Unterricht bestens strukturieren lässt und durchstrukturiert sein muss, um das zweite Staatsexamen in Deutschland bestehen zu können. Dies setzt voraus, dass Lehrer/innen jegliche Lernschritte und Unterrichtsaktivitäten antizipieren, also vorwegnehmen müssen. Es wird von ihnen verlangt, das Lernvermögen der Schüler genau einzuschätzen und die Reaktionen vorherzusehen, um eine Unterrichtsstunde erfolgreich entwerfen und gestalten zu können. Detaillierte Lernziele müssen schriftlich nach Grobziel, Richtziel und Feinziel festgelegt und nachweisbar erreicht werden. Vorgehensweisen und damit verbundene Unterrichtsphasen werden auf die Minute genau vorher fixiert. Die zeitliche Einhaltung wird nachgeprüft. So zumindest habe ich es in meiner eigenen Ausbildung erlebt. Junge Kolleginnen haben mir bestätigt, dass sich an diesen starren Strukturen nicht nur in Hessen, sondern auch in anderen Bundesländern kaum etwas geändert hat.

Für das Erreichen der festgelegten Lernziele müssen jedoch keineswegs alle Schüler im Unterricht mündlich oder schriftlich dokumentieren, dass sie die Lerninhalte verstanden haben. Es gilt als Bestätigung für einen gelungenen Unterricht, wenn beispielsweise ein Teil der Grundschüler einer Klasse demonstriert, dass er erfolgreich mit einer Anlauttabelle umgehen kann, die Buchstaben-Laut-Zuordnung beherrscht und in der Lage ist, die geforderten Wörter und Sätze zu schreiben. Der individuelle Kenntnisstand oder das Zurückbleiben einzelner Schüler fällt bei einer Bewertung der Unterrichtsleistung insgesamt weniger ins Gewicht. Deshalb machen Lehrer bereits am Anfang ihres Berufslebens die Erfahrung, dass eine individuelle Förderung leistungsschwächerer Schüler in einem im Voraus zu planenden und optimal durchzustrukturierenden Unterricht keinen Platz haben kann.

Eine gelungene Unterrichtsstunde soll in hohem Maße die Schüler motivieren, ihre Kreativität wecken und ihre Kognition aktivieren. Lehrer verstehen sich in einem modernen Unterricht als Impulsgeber, als Dirigenten für ein kreatives und komplexes Lernen. Dagegen wäre nichts einzuwenden, wenn alle Schüler die gleichen Voraussetzungen mitbrächten. Doch das trifft nicht zu. Die Lehrer sehen sich in einer Klasse weniger einer homogenen, sondern eher einer heterogenen Gruppe von Schülern gegenüber.

Inzwischen gelten wir als Schulnation, in der Migrantenkinder im Vergleich zu anderen Ländern die geringsten schulischen Erfolge aufweisen. Der OECD- Bildungsexperte und PISA-Koordinator Prof. Andreas Schleicher bemängelte in der Vergangenheit mehrfach die starren Unterrichtsstrukturen an deutschen Schulen, die mit Fabrikationsabläufen vergleichbar seien. Bereits Anfang der neunziger Jahre sprach der Bielefelder Psychologieprofessor Rainer Dollase vom „Machbarkeitswahn der Erzieher". Er kritisierte überhöhte pädagogische Maximen und forderte mehr Orientierung an der vorschulischen und schulischen Lebenswirklichkeit. Dieser Machbarkeitswahn hat sich 20 Jahre später nahezu verselbstständigt. Er beschränkt sich keineswegs allein auf die Pädagogik, sondern ist längst im Denken unserer Leistungsgesellschaft verankert: an die Grenzen und über die Grenzen gehen, immer mehr, immer höhere Ziele stecken! Die Pädagogik hat sich davon nicht distanzieren können. Anspruch und Wirklichkeit scheinen in Kitas und Schulen noch weiter auseinandergedriftet zu sein.

Welches Gewicht hat bei den komplexen Lernmethoden und anspruchsvollen Unterrichtskonzepten eine klare und nachhaltige Vermittlung des Basislernstoffs besonders in den Grundschuljahren? Wie soll denjenigen Schülern geholfen werden, die unterhalb und oberhalb des Durch-

8 Schulisches Lernen und schulische Förderung 293

schnitts liegen? Zweifellos müssen wir uns an wichtigen Lernzielen orientieren, doch der schnellste Weg dorthin ist nicht immer der effizienteste.

Mittlerweile habe ich Grundschulen kennengelernt, deren Lehrer/innen bereits in der Vorschule die Buchstaben spielerisch vermitteln. Dieses Vorgehen ist nicht zu kritisieren – im Gegenteil. Wenn die Vermittlung auf eine phonetisch und phonologisch stabile Weise erfolgt und damit auch schwächere Schüler berücksichtigt, kann sie für alle Schüler hilfreich sein. Denn nicht alle Fünfjährigen verfügen bereits über eine stabile phonologische Bewusstheit; sie entwickelt sich erst in diesem Alter. Werden die Buchstaben jedoch mit der alphabetischen Lautung und ohne nachhaltiges Üben eingeführt, profitieren Kinder mit Wahrnehmungsstörungen nicht davon. Die Nachteile lassen nicht lange auf sich warten.

Vor einigen Jahren war ich mit einem Fall konfrontiert, bei dem Eltern ihre kleine Tochter nach wenigen Monaten aus dem 1. Schuljahr nehmen mussten. Dina hatte im Jahr zuvor eine an der Grundschule eingerichtete Vorschulklasse nicht besuchen können, weil die Familie erst später in den Stadtteil gezogen war. Danach hatte das Mädchen erhebliche Schwierigkeiten, dem Anfangsunterricht zu folgen. Da der ältere Bruder starke phonologische Wahrnehmungsstörungen gehabt hatte, vermuteten die Eltern das Gleiche bei ihrer Tochter.

Man könne deswegen keine besondere Rücksicht nehmen und Dina nicht länger Zeit für die Anbahnung des Lesens und Schreibens geben, wurde den Eltern mitgeteilt. Schließlich habe man den übrigen Schülern bereits einen großen Teil des Alphabets vermittelt und diese Buchstaben werde man nicht mehr wiederholen. Obwohl der Gesetzgeber den Besuch von Vorschulklassen bisher nicht verbindlich gemacht hat, gab die Familie ihr Einverständnis, ihre Tochter in die Vorschule zurückzustufen. Parallel dazu besuchte sie bei mir den therapeutischen Unterricht.

In der Vorschule lerne die Schülerin die Buchstaben „ganz spielerisch und ohne großes Üben", berichtete mir ihre Lehrerin. Manche Kinder würden die alphabetische Aussprache bevorzugen, andere würden lautieren. Die Lehrerin ließ beides gelten. Eines Tages rief sie mich an und beschwerte sich darüber, dass Dina ihre gesamte Barbie-Puppensammlung in den Unterricht mitgebracht habe. Als ich das Mädchen darauf ansprach, brach es in Tränen aus. „Bitte mach, dass ich ganz schnell lesen kann", sagte die Sechsjährige verzweifelt. Ich erfuhr, dass es zwei kleine Lesestars unter den Fünfjährigen gab. Sie durften den anderen gelegentlich vorlesen, wurden von der Lehrerin als Vorbilder präsentiert und dafür von allen Mitschülern in höchstem Maße bewundert. „Du durftest nicht im 1. Schuljahr bleiben, weil du dumm bist und nicht lesen kannst. Ich möchte nicht deine Freundin sein", hatte einer der Lesestars zu Dina gesagt. Danach hatte sie sich überlegt, die Klasse vielleicht mit ihren Puppen beeindrucken zu können. „Ich bin nicht dumm und ich habe auch Dinge, auf die ich stolz sein kann. Das sollen die anderen sehen", erklärte sie mir. Die Lehrerin hatte die Puppenaktion stark kritisiert; die seelische Not, die dahintersteckte, hatte sie nicht erkannt. Ohne gezielte schulische Hilfe war die Schülerin auf dem besten Weg, bereits in der Vorschule zum Außenseiter zu werden.

8.1 Der Fall Lena

Ein aktuelles Beispiel für eine ganz spezifische methodisch-didaktische Vermittlung der Schriftsprache ist der Fall Lena. Die Schülerin besucht inzwischen das 2. Schuljahr. Sie sei jetzt im Klassendurchschnitt anzusiedeln, schrieb mir ihre Lehrerin. Für das Fach Deutsch gebe sie ihr nun eine Drei. Das klingt positiv, obwohl sich Lenas Schulbeginn als weniger vielversprechend erwies. Die Eltern kamen wenige Monate nach ihrer Einschulung zu mir – nicht aus eigenem Antrieb, sondern weil die Lehrerin, die zugleich die Rektorin der Schule ist, es ihnen nahegelegt hatte. In der Regel machen sich Grundschullehrer/innen ihre Entscheidung nicht leicht, Eltern eine außerschulische Therapie zu empfehlen. Wenn sie in einem derart frühen Stadium dazu raten, ist von gravierenden Lernstörungen auszugehen. Das war tatsächlich bei Lena der Fall. Überrascht hätten sie die starken Lese- und Schreibprobleme ihres Kindes nicht, meinten die Eltern. Genetisch bedingte Ursachen seien nachzuweisen. Sowohl der Vater als auch die ältere Schwestern seien davon betroffen gewesen.

Die Mutter sagte mir, sie sei der Klassenlehrerin für ihre Offenheit dankbar. Diese wirke sehr positiv und beeindrucke sie mit ihrer Persönlichkeit. Am ersten Abend des Kennenlernens habe sie allen Eltern erklärt, mit der von ihr praktizierten Methode würden sämtliche Schüler/innen bereits an Weihnachten lesen können. Dafür müssten sich alle Eltern im ersten Halbjahr jedoch komplett aus dem schulischen Lernen heraushalten und auf Üben mit den Kindern verzichten. Die Eltern waren über die Prognose sehr erfreut. Sie empfanden es als Erleichterung, nicht sofort mit den Kindern üben zu müssen.

Schon nach wenigen Wochen wurde deutlich, dass Lena zwar nicht mit dem Rechnen, aber mit dem Lesen und Schreiben massive Probleme hatte und im Gegensatz zu anderen Schülern vermutlich nicht die Weihnachtsgeschichte würde vorlesen können. Ihre phonologischen Defizite waren unverkennbar und auch diagnostisch feststellbar. Sie verfügte über keine phonologische Bewusstheit. Visuelle Wahrnehmungsstörungen kamen hinzu.

Vier Wochen vor Weihnachten begann ich mit Lena zu arbeiten. Mein therapeutischer Unterricht brachte die Schülerin und ihre Eltern in ein Dilemma, denn ich erwartete von Lena genau das, was ihre schulische Methode ablehnte: ein konsequentes Üben. In einem Elternblatt von 2006, das ein anderer Lehrer verfasst hatte, der nach der gleichen Methode unterrichtete, heißt es:

> „Verlangen Sie von Ihrem Kind keine Leseleistungen. Es lernt in der Schule zuerst schreiben, nicht lesen! Entsprechend kann es auch nicht lesen, nicht einmal das, was es selber geschrieben hat. Das ist durchaus normal! Das Kind kann mit Hilfe der Buchstabentabelle nur Wörter oder Sätzlein schreiben, nicht lesen! Hierzu können Sie es ermutigen. (...)
> Die korrekte Rechtschreibung ist im ersten Schuljahr unwichtig; zu frühes Rechtschreibtraining kann sogar schädlich sein. Die Wörter müssen lediglich lauttreu sein. (...)
> Der Lehrplan stellt im ersten Schuljahr noch keine Anforderung an die Rechtschreibung. Das Rechtschreibtraining beginnt deshalb erst im zweiten Schuljahr. Wichtig ist zunächst, dass die Kinder Freude am Schreiben haben und

behalten und dass ihnen diese Freude durch ständiges Korrigieren nicht genommen wird."

Mit Letzterem stimme ich überein. Hätte ich es je gewagt, Schüler wie Mervin zu Beginn unseres therapeutischen Unterrichts ständig zu korrigieren, wäre die gemeinsame Arbeit zu Ende gewesen, noch bevor sie begonnen hatte. Hätte ich allerdings zu ihm gesagt: „Schreib erst einmal, wie du willst!", hätte ich ihn in der gleichen Hilflosigkeit zurückgelassen, deretwegen er gekommen war. Es hatte sich bei ihm wie bei Lena und anderen keine Freude entwickeln können, sondern das Gegenteil: Frustration über die eigenen Schreibschwierigkeiten und die daraus resultierende Überforderung.

Was Lenas Lehrerin praktizierte, geschah in Anlehnung an die bekannte Unterrichtsmethode „Lesen durch Schreiben". Entwickelt hatte sie Jürgen Reichen, derselbe Schulpädagoge, der speziell für diese Methode auch die Anlauttabelle kreiert hatte. Er hatte versucht, den phonemischen Charakter der Buchstaben in den Unterricht einzubringen, hatte gegen die alphabetische Aussprache und für das Lautieren votiert. Er erkannte das Schreiben als Stabilisator für das Lesen und betrachtete das lauttreue Schreiben als Grundlage für den schulischen Lernprozess. Dies waren zweifellos wichtige Verdienste.

Der Schweizer Lehrer hatte seine Methode in den achtziger Jahren aus der Arbeit an einer Grundschule entwickelt. Seine Ideen galten damals als innovativ. Der Gedanke, Schüler sollten erst einmal Freude am Schreiben gewinnen, beherrschte seit den siebziger Jahren die pädagogische Arbeit mit Grundschülern. Nicht nur in der Kita-Pädagogik, sondern auch in der Schule ging es zunehmend um eine repressionsfreie Erziehung. Schüler sollten fortan ohne Druck und Zwang zu einem kreativen Lernen befähigt werden.

Auch Psychologen setzten bei der Arbeit mit legasthenen Schülern auf Kreativität, auf positive Erlebnisse der Schüler mit Lieblingstieren oder Freunden sowie andere Ereignisse und motivierten sie, darüber zu schreiben. Man vertrat die Ansicht, die für das Lesen und Schreiben notwendigen Hirnleistungsprozesse würden sich dabei von alleine stabilisieren. Diese Festigungen auf neurobiologischer Ebene wurden nur bedingt bestätigt. Sie finden bei sprachbegabten Schülern statt, die über Lautstabilität und phonologische Bewusstheit verfügen; allen anderen Schülern wird damit nicht geholfen. Eine Verbesserung der Rechtschreibung von legasthenen Schülern lässt sich ohne zusätzlichen Hilfen bis zu einem bestimmten Grad nachweisen, aber die verbleibende Fehlerquantität ist immer noch erheblich; auch die Fehlerqualität verbessert sich nicht nachhaltig.

Auf die kreativen Fähigkeiten der Schüler zu setzen, verdeutlicht jedoch auch die gelegentliche Hilflosigkeit der Pädagogen, wenn es um die stabile Vermittlung des Lesens und Schreibens geht. Bis heute konnten Wissenschaftler und Fachleute auf dem Gebiet der Schulpädagogik keine durchschlagenden Lernhilfen, keine methodisch-didaktischen Interventionen entwickeln, die allen Schülern gleichermaßen einen befriedigenden Erwerb der Schriftsprache ermöglichen. Leider gelten Schüler mit einer schweren Legasthenie nach wie vor als schwer beschulbar; andere zeigen erst nach der Anbahnung des Lesens und Schreibens mehr oder weniger starke Leseschwierigkeiten und deutliche

Schreibprobleme, die sich oftmals über die gesamte Schulzeit bis ins Erwachsenenalter erstrecken.

Trotz ihrer lange zurückliegenden Entwicklung wird Reichens Methode nach wie vor an verschiedenen Grundschulen praktiziert. Im Mittelpunkt steht ein kreatives und deshalb freies und lauttreues Schreiben, das die Lesefähigkeit hervorrufen und ebenso zur allmählichen Festigung einer komplexen Orthografie beitragen soll – im 1. Schuljahr ohne Üben! Die Erarbeitung der Buchstaben erfolgt parallel zum Schreiben, spielerisch und kognitiv. „Wenn dir ein Buchstabe nicht klar ist, dann schau in der Anlauttabelle nach", wird den Schülern gesagt. Dies ist eine Methode, die weniger den Bedürfnissen der Schüler, sondern eher dem Verständnis der Lehrer von einem anspruchsvollen und komplexen Lernen gerecht wird. Nach den neueren wissenschaftlichen Erkenntnissen muss sie nicht nur als überholt, sondern auch als kontraproduktiv gelten.

Nach Reichen war das Erkennen und die Merkfähigkeit von Sprachlauten und demzufolge auch das Zusammenlautieren oder Synthetisieren von Buchstaben eine kognitive Fähigkeit, die er jedem durchschnittlich intelligenten Schüler zubilligte. Diese Ansicht teilt er bis heute mit vielen Pädagogen – sie ist ihm daher nicht zum Vorwurf zu machen. Auch heute noch betrachten viele Lehrer die Fähigkeit zur Synthese als einen ausschließlichen Aspekt der Intelligenz.

Inzwischen hat sich die Forschung jedoch weiterentwickelt. Wir müssen akzeptieren, dass nicht alle Menschen auf sprachlicher Ebene mit denselben neurobiologischen Voraussetzungen ausgestattet sind. Deshalb müssen wir alte Methoden überdenken und gleichzeitig neue Wege finden, um betroffenen jungen Kindern und Schülern besser helfen zu können.

Der Erfolg, aber auch die Grenzen von Reichens Methode wurden mittlerweile von Wissenschaft und Praxis hinreichend belegt und werden nachhaltig diskutiert. Selbst bei Schülern mit stabiler Wahrnehmung und sprachlicher Begabung festigt sich die Rechtschreibung oftmals erst am Ende der Grundschulzeit. Einen Misserfolg erleben Schüler mit weniger stabilen Sprachgenen und Wahrnehmungsdefiziten, die dringend auf frühe Hilfen angewiesen sind. Darüber hinaus werden Schüler mit einem Handicap nicht rechtzeitig erkannt. Auch andere bleiben auf der Strecke, wenn ein falsches und ungefähres Schreiben von Anfang an zum Standard erhoben wird. Besonders Letzteres wird auch von Wissenschaftlern und maßgeblichen Schulpädagogen in einem Spiegel-Bericht stark kritisiert. Diese Methode komme einer „unterlassenen Hilfeleistung" gleich, sei von einer Pädagogikprofessorin gemahnt worden. (Der Spiegel 25/2013, S. 104).

Als ich mit Lena zu arbeiten begann, sollte sie jede Woche in einigen Sätzen über das Wochenende berichten, ihr Lieblingstier beschreiben und vor Weihnachten einen Wunschzettel an das Christkind erstellen. Die Schülerin kritzelte völlig hilflos in ihrem Heft herum. Erst nach einigen Monaten unserer Zusammenarbeit mit intensiven und nachhaltigen Übungen brachte sie in der Schule ein eigenes kreativ-chaotisches Schreiben zustande. Die Klasse sollte sich Reime ausdenken und ins vorgedruckte Übungsheft schreiben (Abb. 8.1).

Die Defizite des Mädchens waren deutlich zu erkennen: Sie konnte nur die Hälfte des Reims schreiben – nicht we-

8 Schulisches Lernen und schulische Förderung

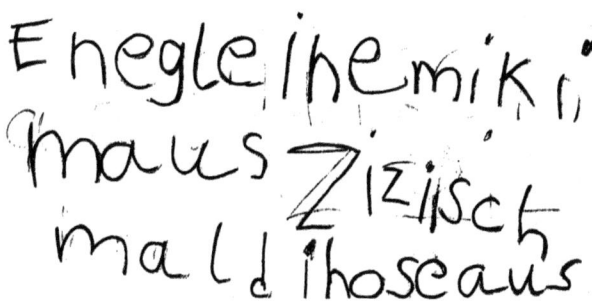

Abb. 8.1 Lenas Reim lautete: „Eine kleine Mickymaus zieht sich mal die Hose aus, zieht sie wieder an und du bist dran!"

gen Platzmangels, sondern weil sie es zeitlich nicht schaffte. Zudem war sie weder phonologisch noch visuell zur Durchgliederung fähig. Wie andere Schüler hängte sie die Wörter aneinander. Am auffallendsten stellten sich ihre graphomotorischen Schwierigkeiten dar. Die Schrift war aufgrund der gestörten Feinmotorik ungleichmäßig und ohne eine vorgegebene Linie nahezu orientierungslos. Auch mit dem vierlinigen System ihres Schreibheftes konnte sie nicht umgehen. Wir arbeiteten deshalb zusätzlich an der Verbesserung des Schriftbildes.

Lenas freies Schreiben sei inzwischen sehr gefestigt, berichtete die Lehrerin. Wie intensiv wir uns außerschulisch damit beschäftigt haben, erschließt sich der Pädagogin nicht. Inhaltlich und grammatikalisch war Lenas freie Satzbildung korrekt. Dennoch arbeiteten wir auf drei Ebenen daran: phonologisch, grammatikalisch und graphomotorisch. „Denke dir einen kürzeren Satz aus und sprich ihn laut! Klatsche die Wörter! Sprich schwierige Wörter in die Hand und schreibe sie danach. Lege die Spitze deines kleinen Fingers hinter jedes Wortende, bevor du das nächste

Wort schreibst." Mit diesen und anderen Hilfestellungen lernte die Schülerin ihre Schwächen besser zu kompensieren. Ich korrigierte ihr lauttreues Schreiben nicht vollständig, sondern nur in Ansätzen. Durch Vor- und Nachsprechen half ich ihr, schwierige Lautverbindungen in ihren eigenen Wörtern klarer zu erfassen.

Die Schülerin bekam bereits in der 1. Klasse einen themenorientierten, anspruchsvollen und sehr abwechslungsreichen Unterricht geboten. Das schulische Lernen bewegte sich jedoch nicht vom Einfachen zum Komplexen, sondern offenbarte Unklarheiten und Brüche, die ich zu kitten versuchte. So waren jedem Buchstaben, der mithilfe der Anlauttabelle erarbeitet werden sollte, etwa zwölf bis 15 Lernwörter zugeordnet. Diese Lernwörter sollte die Schülerin einmal abschreiben. Leichter fielen ihr ein- und zweisilbige Wörter, die klar wahrnehmbare Lautkontraste aufwiesen; längere Wortstrukturen erwiesen sich als problematisch. Eine langfristige Merkfähigkeit hätte ein intensives Üben erfordert, doch dies war im ersten Jahr nicht im Sinne des Schulunterrichts. Ich konnte Lena höchstens die Hälfte der schulischen Lernwörter vermitteln.

Nach Abschluss des ersten Schulhalbjahres wurden die Eltern in einem neuen Merkblatt aufgefordert, jetzt auf die Groß- und Kleinschreibung der Schüler zu achten: „Schreibe Satzanfänge und Nomen groß!" Zwei Monate vor Schuljahresende gab die Lehrerin bekannt, dass nun regelmäßig kleine Diktate geschrieben würden. Sie bat die Eltern, ihren Kindern kleinere Sätze zu diktieren, kreativ und ohne Vorgaben: „Achten Sie dabei auf lautgetreue Wörter", hieß es lediglich im Anschreiben.

Ebenso anspruchsvoll und komplex wie das kreative Schreiben gestaltete sich in der Schule das Lesen. Dafür brachte Lena im zweiten Schulhalbjahr „Checks" zum Testen und Ankurbeln ihrer Lesegeschwindigkeit mit nach Hause. Den Abbildungen von 70 Gegenständen waren jeweils drei Wörter – mit unterschiedlichsten Silben- und Lautstrukturen – zugeordnet, von denen nur eines mit dem gezeigten Gegenstand identisch war. Die Schüler sollten die 210 Wörter in der Schule oder zu Hause stumm und möglichst schnell erlesen und dabei das zutreffende Wort ankreuzen. Das sollte Aufschlüsse über die Benennungsgeschwindigkeit geben und damit auch die Lesefähigkeit ankurbeln. Dieses stumme Hochgeschwindigkeitslesen befriedigte vermutlich die sehr guten Leser in der Klasse, für Schüler wie Lena war es keine effiziente Förderung. Sie hatte beim schulischen Test innerhalb von 5 min 45 von 210 Wörtern erlesen und die gesuchten Begriffe richtig ankreuzen können. Dafür hatte sie 15 von 70 möglichen Punkten bekommen.

Geeignet sind diese „Lesechecks" meines Erachtens als Tests für den Leistungsstand der gesamten Klasse oder zur Steigerung der Benennungsgeschwindigkeit von sprachbegabten Schülern. Eine Verbesserung der Lesefähigkeit von leseschwachen Schülern, die sich Lehrer/innen von diesen Übungen ebenfalls erhoffen, wird mit einem ausschließlich stummen Lesen nicht erreicht. Dennoch lernen alle Grundschüler – auch diejenigen mit Lernstörungen – zuerst mehr oder weniger gut lesen. Eine völlige Beherrschung des Schreibens können wir von ihnen in den ersten beiden Schuljahren noch nicht erwarten, denn Lesen ist einfacher zu erlernen als die Umsetzung der komplexen Regeln unserer Orthografie. Für das Lesen benötigen wir eine stabile visuelle Wahrnehmung, phonologische Bewusstheit und die damit verbundene Fähigkeit zur Analyse derjenigen Buchstaben oder Silben, die für die Phonologie – das Sprechen der Wörter und Sätze – von Bedeutung sind. Beim Lesen müssen wir beispielsweise weder die Groß- und Kleinschreibung, Zusammen- oder Getrenntschreibung noch andere komplizierte orthografische Regeln berücksichtigen. Dennoch sind die Leistungen unseres Gehirns dabei nicht weniger komplex als beim Schreiben.

Ich bewerte es als sensorisch von großem Nachteil für das Lesen und noch mehr für das Schreiben, wenn beides beim Schriftspracherwerb kaum in Einklang gebracht wird. Dies ist dann der Fall, wenn wir Erstklässlern ein möglichst schnelles Lesenlernen von Wörtern oder Texten abverlangen, die sie noch nicht annähernd schreiben können. Damit lassen sich zwar frühe Leseerfolge verbuchen. Aber diese schnellen Erfolge gehen oftmals zulasten einer grundlegenden und nachhaltigen Lese- und Schreibsicherheit.

Da Lena im 1. Schuljahr Lesen und Schreiben zu Hause nicht üben sollte und deshalb weniger Hausaufgaben zu erledigen hatte, blieb uns genügend Zeit, ihre gravierendsten Defizite aufzuarbeiten. „Meine Lehrerin hat gesagt, dass ich jetzt besser geworden bin und mit der Nachhilfe aufhören kann", erklärte sie mir zum Ende des 1. Schuljahres. Die Eltern waren der Meinung, ihre Tochter benötige noch ein weiteres Jahr außerschulische Hilfe, weil sie den gesamten Lernstoff und vor allem ihre Hausaufgaben noch nicht eigenständig bewältigen könne.

Ich würde Lena unverzüglich abgeben mit der Gewissheit, dass die Schule in der Lage ist, einen effizienten Förderunterricht durchzuführen, der die individuellen Schwierigkeiten des Mädchens auch weiterhin berücksichtigt und ihre Fähigkeiten bis zum Abschluss der Grundschule kontinuierlich verbessert. Diese Gewissheit besteht nicht! Dagegen bin ich mir nicht mehr sicher, ob die Schule bei Lena überhaupt noch von Wahrnehmungsstörungen im Sinne einer fehlenden phonologischen Bewusstheit ausgeht. „Wahrnehmungsstörungen in den Griff zu bekommen dauert Jahre. Diese Erfahrungen machen wir. Wenn ein Kind schnell den Anschluss an die Klasse gewinnt und durchschnittliche Leistungen zeigt, liegen keine Wahrnehmungsstörungen vor;. dann gibt es andere Gründe", sagten mir Lehrer/innen bei einer Fortbildung. Keiner dieser Pädagogen hatte jemals mit betroffenen Kindern individuell gearbeitet und damit bessere Kenntnisse und genauere Eindrücke erwerben können.

Lenas Lehrerinnen üben heftige Kritik an ihrem auffälligen schulischen Verhalten und noch mehr an ihrer Konzentration. Letztere sehen sie als wesentliche Ursache ihrer Probleme. Vermutlich trifft das unter anderem zu, aber mangelnde Konzentration schließt Wahrnehmungsstörungen nicht aus, sondern geht oft damit einher. Lena störte zu Beginn des 1. Schuljahres im Deutschunterricht, stand auf, schwätzte und lenkte damit andere Schüler ab. Bei der Deutschlehrerin hat sich dieses Verhalten erheblich gebessert, jetzt zeigt sie ein ähnliches Verhalten bei der Mathematiklehrerin. Am Anfang war bei der Schülerin eine Rechenschwäche im Bereich der Zahlen von 1 bis 20 noch nicht erkennbar, inzwischen lässt sie sich zweifelsfrei nachweisen. Was aber hat die Rechenschwäche mit Phonologie zu tun? Auch hier geht es neben anderen Aspekten um die gesprochene Sprache, welche in diesem Fall nicht mit Buchstaben, aber mit Ziffern in Einklang zu bringen ist.

Die Schülerin verdreht die Ziffern zweistelliger Zahlen – *„dreiundzwanzig"* schreibt sie als *„32"*. Erstklässler lernen, dass sie sich beim Schreiben auf die gesprochene Sprache verlassen können. Wir schreiben von links nach rechts und orientieren uns dabei am Sprechen; bei Zahlen ist das nicht grundsätzlich der Fall. Wir schreiben sie ebenfalls von links nach rechts, von der größeren zur kleineren Menge, aber wir sprechen nicht alle Ziffern auf die gleiche Weise. Im Deutschen nennen wir im Bereich von 13 bis 99 (abgesehen von den runden Zahlen) nicht die größere Menge zuerst – wie vornehmlich in Englisch – sondern die kleinere Menge. Wir sprechen die Einerziffer vor der Zehnerziffer, aber wir schreiben sie in der umgekehrten Reihenfolge. Ab 21 setzen wir sogar noch ein *„und"* dazwischen: *„ein-und-zwanzig"*.

Nahezu alle Schüler mit fehlender phonologischer Bewusstheit haben am Anfang damit Probleme. Glücklicherweise bekommen sie die meisten relativ schnell in den Griff. Anders verhält es sich bei Schüler und Schülerinnen mit komplexeren Wahrnehmungsstörungen. Diese haben auch mit der Mengenzuordnung, der Mengenvorstellung oder dem Mengenvergleich erheblich größere Probleme. Lena gehört zu diesen Schülern. Außerdem hat das Mädchen unter anderem Schwierigkeiten mit dem Kopfrechnen - insbesondere bei der Zehner-Überschreitung durch Addieren oder Subtrahieren –, bei der Merkfähigkeit des kleinen Einmaleins und bei der Bewältigung von Textaufgaben. Im Unterricht weigert sie sich, diese vorzulesen. Allerdings handelt es sich auch dabei weder um ein Intelligenzdefizit noch um fehlendes mathematisches Denken.

8 Schulisches Lernen und schulische Förderung

Im Vergleich zu den massiven Schwierigkeiten bei der Anbahnung des Lesens und Schreibens halte ich Lenas Rechenschwäche für weniger gravierend. Sie ist daher schulisch besser in den Griff zu bekommen. Voraussetzung ist das Verständnis ihrer Lehrer für die Problematik und mehr Zeit für die Schülerin auch beim Erlernen der Grundrechenarten. Sie sollte ausreichend Gelegenheit bekommen, Ziffern kontinuierlich schriftlich zu üben: „Schreibe zuerst die Drei und setze danach die Zwanzig davor!" Darüber hinaus muss sie Rechenwege sensorisch klar – am besten schriftlich und mit visueller Unterstützung – nachvollziehen können, um dadurch die Mengenzuordnung zu festigen.

Am schwersten fällt der Schülerin schnelles Kopfrechnen. Doch genau darauf legt die Schule Wert. Zuletzt hatte sie als Hausaufgabe zwei Arbeitsblätter mit insgesamt 165 Kopfrechenleistungen zu bewältigen. Nur die Ergebnisse der Rechnungen waren in optisch gut präsentierte kleine Tabellen, Rechensterne oder andere Figuren einzutragen. Deshalb war auf den ersten Blick gar nicht ersichtlich, dass es sich um über 100 Rechenleistungen handelte. Es entzieht sich meiner Kenntnis, ob die anderen Schüler des 2. Schuljahres mit der Menge von Rechenaufgaben gut zurechtkamen; für Lena waren sie demotivierend. Die Klasse hatte mit dem Ausfüllen der Blätter bereits in der Schule beginnen dürfen. Lena hatte 30 Aufgaben zum Teil falsch ausgefüllt.

Obwohl im 1. Schuljahr keine Rechenprobleme erkennbar gewesen seien, sei sie jetzt sogar im Bereich von 1 bis 20 die schlechteste Rechnerin, sagt ihre Mathematiklehrerin. Lena fühlt sich beim Rechnen – wie früher beim Schreiben

– hilflos und verunsichert; Frustration und Verweigerungshaltung sind die Folgen. Die Eltern werden deshalb immer wieder zu Gesprächen in die Schule bestellt. Die häufig diskutierte Frage ist: Liegen Wahrnehmungsstörungen vor oder ist es nur eine riesige Unlust verbunden mit Konzentrationsschwächen? Ihre Lehrerinnen gehen eher von Letzterem aus. Lena ist eine Schülerin, die es – genau wie Mervin und andere – ihren Lehrern nicht leicht macht. Doch die Schule macht es ihr auch nicht leichter.

Mit Beginn des 2. Schuljahres wurde auch im Fach Deutsch von den Schülern beständiges Üben erwartet. Vor den Weihnachtsferien empfahl die Lehrerin in einem Merkblatt, alle zuletzt durchgenommenen Übungswörter zu wiederholen, am besten fünfmal – dies habe sich wissenschaftlich als effizient erwiesen. Es handelte sich um 60 Einzelwörter mit unterschiedlichen Lautstrukturen. Ich schlug Lena vor, 40 Wörter zu üben, die wir bunt markierten.

Das Schreiben geübter Diktate gelingt dem Mädchen zunehmend besser; ihre Schreibfehler sind nicht mehr so gravierend wie früher. Dennoch macht sie im Schnitt sieben bis neun Rechtschreibfehler, obwohl sie die Diktatwörter vorher geübt hat. Sie schreibt in einer Zeile ein bestimmtes Wort richtig, drei Zeilen später schreibt sie das gleiche Wort falsch. Ähnliche phonologische oder visuelle „Blackouts" zeigen sich auch bei anderen Schülern mit Wahrnehmungsstörungen. Ein kürzlich geschriebenes Diktat wies 19 Rechtschreibfehler auf. Die Lehrerin diktierte ihr den Text noch einmal allein; ohne die Außenreize in der Klasse produzierte Lena nur noch neun Fehler. „Du musst dich besser konzentrieren!", schreibt die Deutschlehrerin nahezu unter jedes Diktat. Doch damit allein lassen sich ihre phonologischen und visuellen Defizite nicht beheben.

Was ich beim schulischen Lernprozess bisher am meisten vermisste, war ein für die Schülerin sensorisch klar erfassbarer und besser zu bewältigender Lernstoff. Dieser fiel Übungen zum Opfer, die auf Komplexität und Quantität setzten. Die Hausaufgaben, sowohl in Deutsch als auch in Mathematik, bestanden aus einer Vielzahl von Arbeitsblättern mit unterschiedlichsten Arbeitsaufträgen. Was Lena geholfen hätte, wären Arbeitsblätter mit deutlich reduzierten Lernwörtern und Aufgabenstellungen gewesen. Ich hielt es für wichtig, darüber ein Gespräch mit den Lehrerinnen zu führen.

Die Mutter war erleichtert darüber, dass zumindest die Deutschlehrerin mittlerweile Lenas erkennbare Fortschritte lobte. Ihre Tochter sei in der Vergangenheit eher negativ in der Klasse aufgefallen. Auch zu Hause sei sie eigenwillig und verspielt. Sie bat mich, bei der Deutschlehrerin und der Mathematiklehrerin keine Reduzierung oder Selektion der Arbeitsaufträge zu erwirken, weil sie keine Sonderrolle für ihr Kind wolle. Sie habe die Pädagoginnen auf den Elternabenden und in Gesprächen als Personen kennengelernt, die von ihrer Unterrichtsgestaltung in hohem Maße überzeugt seien. Auf keinen Fall wolle sie ihre Tochter in ein noch ungünstigeres Licht setzen. Dennoch würde ich Lenas Lehrerinnen genauso wie andere Pädagogen gerne davon überzeugen, dass verbesserte Methoden eine Fülle an zusätzlichen Arbeitsblättern ersetzen können, dass für schwächere Schüler ein Weniger am Anfang der Grundschulzeit ein Mehr für ihre gesamte schulische Entwicklung bedeuten kann.

8.2 Die Förderung optimieren

Glücklicherweise arbeiten längst nicht alle Grundschullehrer/innen mit der Reichen-Methode. Viele bevorzugen nach wie vor einen fibelgeleiteten Unterricht, der meines Erachtens die Schriftsprache klarer vermittelt, weil er vom Einfachen zum Komplexen fortschreitet. Lehrer/innen benötigen bereits während ihrer Ausbildung dringend bessere Orientierungshilfen für ihr methodisch-didaktisches Vorgehen. Welchen Methoden ist der Vorzug zu geben und von welchen müssen wir Abstand nehmen? Diese Fragen beschäftigen Lehramtsreferendare. Dabei muss die Wissenschaft für bessere Klärung sorgen.

Grundschulpädagogen sollten während ihrer Ausbildung zu einem Unterricht befähigt werden, der sowohl vom Zeitaufwand als auch von der methodisch-didaktischen Vermittlung her nicht nur den besten, sondern allen Schülern gerecht werden kann. Nur wenn Schüler über ein stabiles Lesen, Schreiben und Rechnen verfügen, können sie den Ansprüchen eines komplexen und kreativen Unterrichts im weiteren Schulverlauf genügen.

Nach Aussagen von Bildungspolitikern werden Lehrer während ihres Referendariats durch zahlreiche Praktika auf den Umgang mit heterogenen Schülerklassen vorbereitet. Förderung sei in ihrer Ausbildung ein wichtiges Thema gewesen, berichtete mir eine vor noch nicht langer Zeit ausgebildete Grundschullehrerin. Seitenlange Förderpläne seien für Schüler mit Lese-Rechtschreibschwächen ebenso zu erstellen gewesen wie für Schüler mit Rechenschwächen. In ihrer Ausbildung habe sie im Rahmen der ausführlichen schriftlichen Unterrichtsvorbereitungen jeweils drei Arbeitsblätter für den gemeinsamen Unterricht der Schüler entwerfen müssen: eines für die Schüler mit Lernschwierigkeiten, eines für die durchschnittlich begabten Schüler und eines für die überbegabten Schüler. Dies habe stundenlange häusliche Arbeitsinvestitionen erfordert. Im Unterricht habe sie die Erfahrung gemacht, die überbegabten Schüler wesentlich leichter fördern zu können als minderbegabte oder etwa Schüler mit starken Lese-Rechtschreibstörungen. Deren individuelle Probleme habe sie nicht ergründen können, weil ihr in einer Klasse mit über 20 Schülern dafür die Zeit gefehlt habe. Darüber müsse man jedoch Bescheid wissen, um ihnen effizient helfen zu können. Diese Einsichten gewinnen auch andere Lehrer/innen im Unterricht. Die schulpädagogische Maxime, alle methodisch-didaktischen Interventionen, jegliche Lernschritte und ihre Ergebnisse antizipieren zu können, stößt allerspätestens bei Schülern mit unterschiedlichen Lernschwierigkeiten oder Wahrnehmungsstörungen an Grenzen.

An Schulen ist es ein offenes Geheimnis, dass Lehramtskandidaten ihr zweites Staatsexamen nicht nur deshalb herbeisehnen, um endlich vom Prüfungsdruck befreit zu sein, sondern auch, um nicht mehr derart zeitaufwendige Unterrichtsvorbereitungen leisten zu müssen. Auf Dauer wäre das den Lehrern auch kaum zuzumuten. In der Regel verteilen viele Grundschullehrer/innen deshalb nach dem Examen nicht mehr drei verschiedene, sondern die gleichen Arbeitsblätter an alle Schüler/innen. Sie schreiben zwar weiterhin Förderpläne, die jedoch oft nicht realisiert werden können; meistens bleibt nicht die Zeit, die angestrebte Förderung konsequent umzusetzen und mit den betroffenen Schülern auch individuell zu arbeiten. Ein Grund ist in meisten

Schulen nach wie vor zu wenig Personal. In einer größeren Klassen können allein arbeitende Pädagogen diesen Spagat nicht leisten. Dagegen hofft oder baut man auf den zusätzlichen Förderunterricht in Gruppen, der inzwischen an den allermeisten Schulen durchgeführt wird. Sein Ziel ist in der Regel, Lernschwächen mit zusätzlichem Übungsmaterial zu beheben, um die betroffenen Schüler möglichst schnell an den Unterrichtsstoff heranzuführen.

Dabei orientieren sich nicht nur die Grundschullehrer, sondern auch andere Pädagogen an den Produkten der Schulbuchverlage, die ihnen eine Vielfalt von neuen Unterrichts- und Fördermaterialien anbieten. „Wir können unseren Schulanfängern jedes Jahr das aktuellste Buchmaterial zur Verfügung stellen", berichteten mir verschiedene Lehrerinnen, „die Verlage umwerben uns geradezu." Übungshefte mit themenbezogenen und vielfältigen Aufgaben sowohl für den Basis- als auch den Förderunterricht scheinen den Lehrern eine Menge Arbeit abzunehmen. Die Vielfalt macht die Auswahl jedoch weder leichter noch beliebig und garantiert keineswegs einen erfolgreichen Unterricht. Verlage können ihre Bücher und Arbeitshefte nicht auf die individuellen Probleme spezieller Schüler abstimmen oder für jeden ein Allheilmittel anbieten. Dafür sind pädagogische Kenntnisse und langjährige Unterrichtspraxis aufseiten der Lehrer gefragt. Ihre Erfahrungen sollte sie zu einem sachlich-kritischen Umgang mit Methoden und zu einer Auswahl und Differenzierung des Unterrichtsmaterials befähigen.

Wenn wir davon ausgehen können, dass gestörte neurobiologische Prozesse die Ursachen für eine Lese-Rechtschreibstörung sind, müssen wir den betroffenen Schülern die Aufgabenstellungen sensorisch klarer vermitteln. Ein dicht beschriebenes Arbeitsblatt mit einer Fülle unterschiedlicher und komplexer schriftlich auszuführender Aufgaben steht einer klaren Vermittlung im Wege. Lehrer sollten deshalb – auch nach ihrer Ausbildung – dringend darauf achten, lernschwache Schüler nicht mit einem Übermaß an Aufgabenstellungen zu überfordern. Wir können in unserem Schulsystem auf seitenlange Förderpläne verzichten. Sie bereiten den Pädagogen oft unnötige Arbeit und dienen nur als Alibi, wenn für das Wesentliche, nämlich die individuelle Arbeit mit den Schülern, keine Gelegenheit besteht. Nicht verzichten können wir hingegen auf sensorisch klare Lernstrukturen mit einem bewusst differenzierten Übungsmaterial, das die stärkeren Schüler nicht unterfordert und schwächere nicht überfordert.

Mittlerweile bietet das deutsche Schulsystem vielfältige Fördermöglichkeiten, allerdings kaum eine individuelle Förderung von Schülern. Das wäre nach meinen Erfahrungen nicht in der gesamten Schulzeit, aber in den ersten beiden Schuljahren von allergrößter Bedeutung. Schüler mit besonderen Schwierigkeiten beim Lesen, Schreiben oder Rechnen benötigen nicht die permanente, wohl aber die zeitweilige Aufmerksamkeit des Lehrers. Doch wie kann dieses gelingen?

„Unterrichten Sie mal als einzelner Lehrer 20 Erstklässler, von denen einer ständig vom Stuhl fällt, zwei permanent in der Klasse umherspazieren, andere schwätzen und sensiblere Schüler sich beschweren, weil sie sich gestört fühlen. Wie soll man dabei bestimmte Schüler individuell fördern?", fragte mich ein Grundschullehrer. Das sind die ganz normalen Alltagsprobleme von Lehrerinnen und Lehrern, die sie nicht alleine bewältigen können. Das Unterrichten einer ganzen Klasse bei gleichzeitiger individueller Förderung lernschwacher Schüler kann einzelnen Lehrern nicht abverlangt werden. Lösungen sind dringend geboten.

Eine Möglichkeit sehe ich in der Einrichtung kleinerer Förderklassen für Schüler mit Lernbehinderungen – ohne einen negativen Sonderschul- oder Lernhilfestatus – an jeder Grundschule. Die Schriftsprache könnte ihnen innerhalb der Grundschulzeit in einem langsameren Unterrichtstempo mit besonderen methodischen Hilfen genauso erfolgreich wie allen anderen vermittelt werden. Eine weitere Möglichkeit bietet der Unterricht mit zwei Lehrern, was insbesondere in den ersten beiden Grundschuljahren wichtig wäre. Diese Verstärkung ermöglicht sowohl die Unterrichtung der gesamten Klasse als auch die individuelle Förderung der lernschwachen Schüler, die sich nicht als Außenseiter fühlen dürfen. In einzelnen Schulen wird ein solcher Unterricht bereits verwirklicht – leider nicht konsequent genug. Meistens sind es die „Vorzeigeklassen", die zwei Lehrer zur Verfügung haben. Andere Schulen bieten gelegentlich individuellen Förderunterricht an, wenn zusätzliches Personal zur Verfügung steht.

Eine Grundschullehrerin mit langjähriger Berufserfahrung erzählte mir, man habe ihr nach dem Fehlen wegen längerer Krankheit nicht sofort eine neue Klasse geben können. Stattdessen seien ihr übergangsweise andere Aufgaben anvertraut worden, darunter auch der Förderunterricht mit einer Schülerin. Sie habe diesen Einzelunterricht als befriedigend, nahezu stressfrei erlebt und der Schülerin helfen können. Allerdings habe sie sich gelegentlich das „Gefrotzel" ihrer Kollegen anhören müssen: „Na, du machst dir wohl ein schönes Leben? So gut hätte ich es auch gerne! Wann hast du denn wieder eine Klasse?"

Vermutlich hätten es die Lehrer nicht gerne „so gut" gehabt, denn in Deutschland Förderlehrer zu sein, ist nicht grundsätzlich mit einem positiven Image behaftet. Gestandene Lehrer/innen unterrichten hierzulande eine Klasse. Das entspricht nicht nur ihrem Selbstverständnis, sondern auch dem Verständnis, das wir als Gesellschaft von ihnen haben. Auch ausgebildete Erzieher im Kindergarten wenden sich aus ihrer Sicht interessanteren Aufgaben und weniger der Förderung einzelner Kinder zu. Diese übernehmen in der Regel die Hilfskräfte, weniger die besser ausgebildeten Pädagogen.

Förderung gilt in Teilen der Gesellschaft unseres Landes immer noch als „Nachhilfe für die unaufmerksamen, schwächeren und weniger intelligenten Schüler". Sie stellt nach allgemeiner Auffassung geringere Anforderungen an einen Lehrer und wurde daher in der Vergangenheit nicht zwingend als wesentlicher Aufgabenbereich eines anspruchsvollen Schulsystems betrachtet. Die individuelle Förderung junger Kinder oder Schüler innerhalb unseres Bildungssystems hat in Deutschland noch viel zu wenig gesellschaftlichen Rückhalt und keine Tradition. Tradition hat hierzulande das „Outsourcing", die Ausgliederung der individuellen Förderung; sie wird eher privaten Instituten überlassen. Inzwischen ist daraus ein riesiger Wirtschaftszweig entstanden: die Schule neben der Schule. Leisten können sich den „Nachhilfeunterricht" nur einkommensstarke Familien, nicht die Schwächsten der Gesellschaft.

Wie sehr wollen wir eine effiziente Förderung innerhalb unseres Schulsystems wirklich? Hat sie bei uns einen positiven gesellschaftlichen Wert? Solange es Meinungen gibt „Deutschland schaffe sich ab" und wir Förderung im Sinne Sarrazins mit geringer Intelligenz, mit „dummen" Schülern aus der Unterschicht oder aus Migrantenfamilien assoziieren, so lange wird sie gesamtgesellschaftlich kaum Rückhalt finden. Wenn Lehrer die Förderung lernschwacher Schüler als weniger anspruchsvoll, nicht als Herausforderung und Bildungszuwachs, sondern als ungeliebte Mehrarbeit, als Störfaktor für einen optimal ablaufenden Unterrichtsprozess betrachten, wird sie in der Schulbildung nicht mit einer positiven Werthaltung besetzt sein und demzufolge auch weiterhin als wenig erstrebenswert erachtet.

Seit Beginn der siebziger Jahre hat der differenzierte Unterricht auf der schulischen Agenda gestanden. Inzwischen sind wir dabei, ihn wieder zu verwerfen – nicht, weil wir es wollen, sondern weil wir es müssen. Die Gesetzgebung zwingt uns dazu. Heute gilt der integrative Unterricht im Zeichen der Inklusion als das schulpädagogische Konzept der Zukunft. Alle Länder, auch Deutschland, haben sich verpflichtet, die Charta der Vereinten Nationen von 2006 umzusetzen. Darin wird Behinderten das Recht auf aktive Teilnahme an sämtlichen gesellschaftlichen Prozessen und Bereichen zugesichert. Es geht dabei um die Verwirklichung von Grundrechten, die wir allen Menschen zugestehen müssen. Da die Bildung einen wesentlichen gesellschaftlichen Bereich darstellt, sollen in Zukunft behinderte und nichtbehinderte Schüler gemeinsam in einer Klasse unterrichtet werden.

Die individuelle Förderung von sprach- und lernbehinderten Kindern oder Schülern war zeitlebens meine berufliche Aufgabe. Ich habe viele Schicksale begleitet und die schulischen Nöte der Betroffenen kennengelernt. Deshalb betrachte ich zwar nicht mit Pessimismus, aber mit Sorge die geplante Umstrukturierung unseres Schulsystems. Die gemeinsame Erziehung und Bildung von Behinderten und Nichtbehinderten erfordert eine reife Gesellschaft mit hohen ethischen und moralischen Grundsätzen. Verfügen wir über diese Reife? Darüber hinaus sollen Lehrer im zukünftigen Unterricht einen noch größeren Spagat leisten, den sie bereits bei den gegenwärtigen Bedingungen kaum bewältigen können. Von den Schülern verlangt es zukünftig große soziale und emotionale Kompetenz, sich im Klassenverband nicht neben den Klassenbesten, sondern neben einen behinderten Schüler zu setzen und diesem zu helfen.

Ich machte in diesem Zusammenhang die Erfahrung, dass körperbehinderte Schüler, die keinerlei Lernbehinderung aufweisen und sich im Unterricht als lernfähig und intelligent präsentierten, von den Lehrern und Mitschülern erfreulich gut akzeptiert wurden. Ganz anders verhielt es sich mit Schülern, die starke Lernschwierigkeiten hatten. Waren sie zusätzlich noch körperbehindert, gerieten sie sehr schnell in die Außenseiterrolle. Für Einzelne von ihnen wurde das schulische Dasein unerträglich.

Doch Zweifel und Pessimismus bringen uns nicht weiter. Das langfristige Gelingen eines integrativen Unterrichts setzt meines Erachtens keine überstürzte und oberflächliche, sondern eine grundlegende Umstrukturierung unseres Schulsystems voraus. Dabei kann es nicht nur um eine bloße Änderung der äußeren Strukturen – etwa die Auflösung von Haupt- und Förderschulen – gehen. Auch eine Neugestaltung der inneren Strukturen ist notwendig. Wenn wir es schaffen, durch gut ausgebildetes Personal sowie durch flexiblere Strukturen und größere inhaltliche und methodische Variabilität des Unterrichts sowohl die gesamte Klasse als auch Gruppen und Kinder individuell zu beschulen, kann Inklusion gelingen. Sie wird hingegen nicht gelingen, wenn Pädagogen festgefahrene Unterrichtsstrukturen und Methoden beibehalten oder beibehalten müssen, weil sich an der Lehrerausbildung nichts ändert. Dann werden vermutlich noch gravierendere schulische Defizite entstehen, die mit einem noch größeren Heer von Therapeuten, Förderhilfen und Hilfskräften im außerschulischen Unterricht ausgeglichen werden sollen.

In Ländern wie Kanada oder Finnland gilt es als wichtig, Interesse und Zeit für die individuellen Probleme der schwächeren Schüler aufzubringen. Die besser ausgebildeten Lehrer übernehmen dafür die Verantwortung, während die Arbeit der Hilfskräfte nachrangig ist. Weil die meisten deutschen Schulen diese Leistungen nicht vorweisen können, handeln wir uns seit Jahren die Kritik von Unesco-Beobachtern ein. – Ähnliches gilt für die Arbeit mit jungen Kindern in den Kitas. – Dieses Gesamtpaket Unterricht, das andere Länder flexibler als wir anbieten können, verursacht zudem noch weniger Stress, weil sich die Lehrer nicht permanent dem anstrengenden Klassenunterricht ausgesetzt sehen. Der Wechsel zwischen Klassen-, Gruppen- und Einzelunterricht bietet die Möglichkeit, Unterricht entspannter, aber deshalb keineswegs anspruchsloser zu gestalten.

Um dies auch in Deutschland zu verwirklichen, setzt es ein schulpädagogisches Umdenken voraus, nämlich Unterricht nicht als gänzlich im Vorhinein strukturierbaren Input-Output-Prozess zu begreifen, sondern als pädagogisch-psychologischen Prozess. Ein solcher Prozess muss Schüler in ihrer ganzheitlichen Entwicklung berücksichtigen, sie auch emotional stabilisieren, ihre Defizite und deren Ursachen ergründen. Nur dann ist es möglich, ihnen mit variablen Methoden und klarer Didaktik gezielt zu helfen. Das macht die Zusammenarbeit von Lehrern und Schülern keineswegs uninteressanter, sondern befriedigender und anspruchsvoller. Es erfordert Pädagogen, die sich für den Einzelnen näher interessieren, ihre Arbeit mit jungen Menschen als Herausforderung begreifen, den Dingen auf den Grund gehen wollen und sich nicht mit einer durchschnittlichen Beschulung zufriedengeben.

Zugleich setzt es ein gesellschaftliches Umdenken voraus: Die Förderung lernschwacher Schüler darf nicht länger als notwendiges Übel gelten, sondern als positiver und selbstverständlicher Bestandteil eines schulischen Bildungssystems, das veränderte gesellschaftliche Strukturen berücksichtigt und Verantwortung für alle Schüler übernimmt. Dabei sollten gesellschaftliche Gruppen wie Eltern und Lehrer oder Eltern und Erzieher nicht gegeneinander arbeiten – jeweils dem anderen die Verantwortung für auftretende Probleme zuschreiben – wie es oftmals der Fall ist.

Wir sollten in Deutschland aufhören, zwischen Elternhaus, Kita und Schule Brücken einzureißen, sondern Möglichkeiten und Wege finden, diese zu erhalten oder neu aufzubauen. Das macht gegenseitiges Vertrauen notwendig. Es kann entstehen durch frühzeitige vertrauensvolle Zusammenarbeit von staatlichen Institutionen und Elternhaus, durch Prävention, Beratung und Hilfestellung für Familien mit Kindern in schwierigen Lebensumständen. Es kann in Kitas aufgebaut werden durch das Zusammenwirken von

Eltern und Erziehern, durch frühzeitige spielerische Förderung von gesprochener Sprache und kindlichen Begabungen, die vorhandene Defizite kompensieren können. Nur so legen wir die Basis für gutes schulisches Lernvermögen und verhindern spätere Konfliktspiralen wegen scheinbar unlösbarer Probleme.

Das oberste Lernziel jeglichen Unterrichts lautet: „Die Schüler sollen zur Bewältigung von Lebenssituationen befähigt werden!" Dieser Leitgedanke wird allen Lehrern während ihrer Ausbildung vermittelt. Alle anderen Lernziele seien diesem unterzuordnen, heißt es. Wenn dieses hohe Ziel seine Gültigkeit behalten soll, muss Schulunterricht mehr als bisher darauf hinarbeiten – und zwar bei allen Schülern. Gute Schulabschlüsse schaffen die Voraussetzungen, um den kommenden Generationen berufliche Chancen zu eröffnen und damit eine gute Lebensqualität, wirtschaftliche Stabilität und Sicherheit in unserem Land zu ermöglichen. Wenn wir weiterhin als Wirtschafts- und Bildungsnation gelten und in Ländervergleichen einen vorderen Platz behaupten wollen, können wir es uns auf Dauer nicht leisten, auf die Ressourcen von Mitmenschen zu verzichten, denen als schwächere Schüler mit Lernproblemen nicht geholfen werden konnte. Die Pädagogik ist Teil der Humanwissenschaften und unser Schulsystem fühlt sich einer humanitären Pädagogik verpflichtet. Das schließt die Förderung Schwächerer fraglos mit ein.

Literatur

Angermeier M (1976) Legasthenie. Fischer, Frankfurt am Main
Angermeier M (1977) Psycholinguistischer Entwicklungstest (PET). 2. Aufl. Beltz, Weinheim
Auditive Verarbeitungs- und Wahrnehmungsstörungen (AVWS). Leitlinien der Deutschen Gesellschaft für Phoniatrie und Pädaudiologie 2005. http://www.awmf.org/leitlinien/detail/ll/049-012.html. Zugegriffen: 30. 4. 2014
Ayres AJ (2002) Bausteine der kindlichen Entwicklung. 3. Aufl. Springer, Berlin
Breuer H, Weuffen M (1994) Lernschwierigkeiten am Schulanfang. Schuleingangsdiagnostik zur Früherkennung und Frühförderung. 2. Aufl. Beltz, Weinheim
Bundesverband Legasthenie und Dyskalkulie e. V. (Hrsg) Empfehlungen des wissenschaftlichen Beirates des Bundes-verbandes Legasthenie und Dyskalkulie e. V. vom 14. 01. 1994. Hannover
Comenius, Johann Amos (2012) Orbis Sensualium Pictus. Neu bearbeitet von U. Fonticola. 4. Aufl. Friedrich, Frankfurt
Dollase R (1992) Der Machbarkeitswahn der Erzieher. Schweizer Heimwesen. Fachblatt VSA 718
Duden 4 (2009) Die Grammatik. 8. Aufl. Mannheim
Duden 5 (2007) Das Fremdwörterbuch. 9. Aufl. Mannheim
Duden 7 (2007) Das Herkunftswörterbuch. 4. Aufl. Mannheim

Fiukowski H (2004) Sprecherzieherisches Elementarbuch. 7. Aufl. Niemeyer, Tübingen

Fox AV, Dodd BJ (1999) Der Erwerb des phonologischen Systems in der deutschen Sprache. Sprache Stimme Gehör 23:183–191

Frith U (1985) Beneath the surface of developement dyslexia. In: Patterson KE, Marshall JC, Coltheart M (Hrsg) Surface Dyslexia. Erlbaum, London, S 301–330

Frith U (2011) Wege aus der grauen Theorie ins bunte Leben (17. Kongress des BVL in Erfurt, Abstracts S 61)

Graichen J (1979) Zum Begriff der Teilleistungsstörung. In: Lempp R (Hrsg) Teilleistungsstörungen im Kindesalter. Huber, Bern

Grimm T (2011) Neues zur Genetik der Legasthenie. LeDy Mitgliederzeitschrift des BVL 2:6–9

Grissemann H (1974) Legasthenie und Rechenleistungen. Huber, Bern

Grohnfeldt M (1980) Erhebungen zum altersspezifischen Lautbestand bei drei- bis sechsjährigen Kindern. Die Sprachheilarbeit 25:169–177

Hackethal R (2001) Lautgebärden sind motorische, kinästhetische und visuell deutlich wahrnehmbare Lautzeichen und bieten gute Kompensierungsmöglichkeiten. In: Schulte-Körne G (Hrsg) Legasthenie: erkennen, verstehen, fördern. Winkler, Bochum, S 337–342

Handt R, Kuhn K, Mrowka-Nienstedt K (2010) ABC der Tiere. Lesen in Silben. Die Silbenfibel. Mildenberger, Offenburg

Jahn, T (2007) Phonologische Störungen bei Kindern. Forum Logopädie. 2. Aufl. Thieme, Stuttgart

Jakobson R (1969) Kindersprache, Aphasie und allgemeine Lautgesetze. Suhrkamp, Frankfurt am Main

Jansen H, Mannhaupt G, Marx H, Skowronek H (2002) BISC. Bielefelder Screening zur Früherkennung von Lese-Rechtschreibschwierigkeiten. 2. Aufl. Hogrefe, Göttingen

Keilmann, A (2007) Hört mein Kind richtig? Das Gesundheitsforum. Schulz-Kirchner, Idstein

Klicpera C, Gasteiger-Klicpera B, Schabmann A (1994) Wieweit unterscheiden sich durchschnittliche Leser mit Rechtschreibschwierigkeiten von Kindern mit Lese- und Rechtschreibschwierigkeiten? Zeitschrift für Kinder- und Jugendpsychiatrie 22:87–96

Küspert P, Schneider W (2008) Hören, lauschen, lernen. Sprachspiele für Kinder im Vorschulalter. 6. Aufl. Vandenhoeck & Ruprecht, Göttingen

Landerl K, Wimmer H (1994) Phonologische Bewußtheit als Prädiktor für Lese- und Schreibfertigkeiten in der Grundschule. Zeitschrift für Pädagogische Psychologie 8:153–164

Linder M, Grissemann H (1981/2007) ZLT. Zürcher Lesetest. Huber, Bern

Man sieht es kommen. (29. Januar 2012). Frankfurter Allgemeine Sonntagszeitung, S 57

Marx H, Jansen H, Mannhaupt G, Skowronek H (1993) Prediction of difficulties in reading and spelling on the basis of the Bielefeld Screening. In: Grimm H, Skowronek H (Hrsg) Language acquisition problems and reading disorders: Aspects of diagnosis and intervention. De Gruyter, Berlin, S 219–242

Metze W, Sennlaub G (1993) Tobi-Fibel. Cornelsen, Berlin

Moll K, Landerl K (2011) Lesedefizite und Rechschreibdefizite – zwei Seiten derselben Medaille? In: Schulte-Körne G (Hrsg) Legasthenie und Dyskalkulie: Stärken erkennen – Stärken fördern. Winkler, Bochum, S 11–24

Müller R (1990) DRT 2. Diagnostischer Rechtschreibtest für 2. Klassen. 3. Aufl. Beltz, Weinheim

PONS (2009) Die große Grammatik. DEUTSCH. Auflage A1. Pons, Stuttgart

Ranschburg P (1916) Die Leseschwäche (Legasthenie) und Rechenschwäche (Arithmasthenie) der Schulkinder im Lichte des Experiments. Springer, Berlin

Reuter-Liehr, C (2008) Lautgetreue Lese- Rechtschreibförderung. 3. Aufl. Winkler, Bochum

Romonath R (1991) Phonologische Prozesse an sprachauffälligen Kindern. Marhold, Berlin

Schenk-Danzinger, L (1971) Handbuch der Legasthenie im Kindesalter. 2. Aufl. Beltz, Weinheim

Schenk-Danzinger, L (1991) Legasthenie. Zerebral-funktionelle Interpretation. Diagnose und Therapie. 2. Aufl. Reinhardt, München

Skowronek H, Marx H (1989) Die Bielefelder Längsschnittstudie zur Früherkennung von Risiken der Lese-Rechtschreibschwäche: Theoretischer Hintergrund und erste Befunde. Heilpädagogische Forschung 15:38–49

Schlee J (1976) Legasthenieforschung am Ende? Urban & Schwarzenberg, München

Schnitzler CD (2008) Phonologische Bewusstheit und Schriftspracherwerb. Thieme, Stuttgart

Schulabbrecher. (29. März 2012). Schulspiegel. http://www.spiegel.de/schulspiegel/schulabbrecher-50-000-jugendliche-verlassen-die-schule-ohne-abschluss-a-824584.html. Zugegriffen: 30. 4. 2014

Schulte-Körne G (2001) Lese-Rechtschreibstörung und Sprachwahrnehmung. Waxmann, Münster

Schulte-Körne G (2002) Neurobiologie und Genetik der Lese-Rechtschreibstörung (Legasthenie). In: Schulte-Körne G (Hrsg) Legasthenie. Winkler, Bochum, S 13–42

Schulte-Körne G (2011) Vom Gen zur Schriftsprache: Neue Erkenntnisse der Neurowissenschaften zur Lese-Rechtschreibstörung (17. Kongress des BVL in Erfurt, Abstracts S 81)

Schulte-Körne G, Warnke A, Remschmidt H (2006) Zur Genetik der Lese-Rechtschreibschwäche. Zeitschrift für Kinder- und Jugendpsychiatrie und Psychotherapie 34(6):435–444

Sekretariat der ständigen Konferenz der Kultusminister der Länder in der Bundesrepublik Deutschland (Hrsg) Beschluss der Kultusministerkonferenz vom 04. 12. 2003. Berlin

Sirch K (1975) Der Unfug mit der Legasthenie. Klett, Stuttgart

Szagun, G (2010) Sprachentwicklung beim Kind. 3. Aufl. Beltz, Weinheim

Tewes U, Schallberger P, Rossmann U (1999) Hamburg-Wechsler-Intelligenztest für Kinder III. HAWIK-III. Huber, Bern

Thiele R, Ricke U (2000) Die Umi-Fibel. Kamp, Düsseldorf

Thomé, G, Siekmann K, Thomé D (2011) Phonem-Graphem-Verhältnisse in der deutschen Orthographie: Ergebnisse einer neuen 100.000er-Auszählung. In: Schulte-Körne G (Hrsg) Legasthenie und Dyskalkulie: Stärken erkennen – Stärken fördern. Winkler, Bochum, S 51–64

Tunmer WE, Bowey JA (1984) Metalinguistic awareness and reading acquisition. In: Tunmer WE, Pratt C, Herriman ML (Hrsg) Metalinguistic awareness in children: Theory, research and implications. Springer, Berlin, S 144–168

Universität Würzburg (2005) Forscher finden Risiko-Gen für die Legasthenie. http://www.uni-wuerzburg.de/sonstiges/meldungen/artikel. Zugegriffen: 30. 7. 2010

Van Riper C (1939) Speech correction, principles and methods. Prentice Hall, New York

Van Riper C, Irwin J (1994) Artikulationsstörungen. Diagnose und Behandlung. 5. Aufl. Marhold, Berlin

Von Bredow R, Hackenbroch V (2013) Die neue Schlechtschreibung. Der Spiegel 25, S 96–104

Warnke A, Roth E (2002) Umschriebene Lese-Rechtschreibstörung. In: Petermann F (Hrsg) Lehrbuch der Klinischen Kinderpsychologie und -psychotherapie. 5. Aufl. Hogrefe, Göttingen, S 453–476

Weinrich M, Zehner H (2008) Phonetische und phonologische Störungen bei Kindern. Praxiswissen Logopädie. 3. Aufl. Springer, Heidelberg

Weiß R, Osterland J (1997) Grundintelligenztest Skala 1. CFT 1. 5. Aufl. Hogrefe, Göttingen

Zuviel fernsehen macht Kinder krank. (5. April 2004). Frankfurter Allgemeine Zeitung. http://www.faz.net/-guw-owll. Zugegriffen: 30. 4. 2014

Sachverzeichnis

A

Affrikaten, 166
Alphabet, lateinisches, 46
Anlauttabelle, 237
Anti-Legasthenie-Haltung, 16
Aphasiker, 175
Arbeitsgedächtnis,
　phonologisches, 57
Assimilationsprozess, 179
Auffälligkeiten,
　visu-motorische, 60

B

Basiskompetenzen, 27
Bewusstheit, 27
　phonologische, 27
BISC, 150
Blicksprünge, 63
Broca-Zentrum, 70

C

Curricula, 289

D

Differenzierungsschwäche,
　phonemische, 205
Diskrepanzwert, doppelter, 10
Dyslexie, 13

E

Eigenwahrnehmung, auditive, 104
Einzelprädiktor, 27
Entschlüsselung, genetische, 20
Erzieher/innenausbildung, 134
Erziehung
　repressionsfreie, 135
　vorschulische, 126

F

Förderschüler, 269
Förderstatus, 275
Förderung, schulische, 287
Fremdwahrnehmung, auditive, 104
Frikative, 165

G

Gehirn, 70
Geschwisterkinder, 19
Graphem, 45
Grundintelligenztest, 30

H

Handlautieren, 173
Handsprechen, 173
Häufung, familiäre, 19
Hemmlaute, 46
Hilfen, methodische, 222
Hirnaktivität, 22
Hören, dichotisches, 94
Hörmerkfähigkeitsspanne, 95
Hörschwellen, 91
Hörstörungen, 89
Hörvermögen, 91

I

Inklusion, 316
Integration, sensorische, 123
Inversionsfehler, 64

J

Jakobsons Theoriemodell, 163

K

Kandidatengen, 21
Kinderläden, 135
Kitas, 126
KMK Neufassung, 15
Komplexität,
    orthografische, 205
Konsonant, 46
Konsonantenfehler, 213
Kontrast, maximaler, 164
Krippengruppen, 133
Kurzzeitgedächtnis,
    auditives, 95

L

Lallphase
    erste, 75
    zweite, 76
Late-Talkers, 98
Lautbildung,
    kontrastierende, 165
Lautbuchstaben, 48
Lautgebärden, 226
Legasthenie-Konzept, 15
Legastheniker, 23
Lernbehinderungen, 278
Lernen, schulisches, 287
Lesecheck, 303
Lesen durch Schreiben, 297
Lesenetzwerk, 22
Lesen- und
    Schreibenlernen, 153
Leseprozess, 192
Lese-Rechtschreibschwäche
    (LRS), 14
Lese-Rechtschreibstörung, 18
Logogrammschrift, 6

LRS *Siehe* Lese-Rechtschreibschwäche, 14

M

Magnetresonanztomografie (MRT), 70
Merkmale, prosodische, 78
Minimallaute, 58
Muttersprache, 73

N

Nachteilsausgleich, 11
Nasale, 165

P

Phonem, 45
Phonological awareness, 27
Phonotaktik, 59
PISA-Studie, 5
Plosivlaute, 165
Positronen-Emissions-Tomografie (PET), 70
Probleme, phonetische, 56
Psycholinguistischer Entwicklungstest (PET), 150

R

Ranschburgsche Hemmung, 164
Rechtschreibtest, diagnostischer, 34
Reizüberflutung, 117
Reversionsfehler, 64
Rhythmisieren, sprachliches, 231
Richtungshören, 92

S

Schreiben, freies, 218
Schriftspracherwerb, 154
Schulabbrecher, 23
Schulleistungsstudien, 24
Schulverweigerung, 32
Schwa-Vokal, 207
Sprachförderung, 142
Sprachlauterwerb, 72
Sprachzentren, 71
Sprech- und Schreibunterricht, 159
Sprechwerkzeuge, 39
Synapsen, 70

T

Theorie
 epigenetische, 69
 nativistische, 69

U

Urlaute, 75

V

Vererbbarkeit, 19
Vibranten, 166

Vokal, 46
Vokalfehler, 207
Vorbedingungen, genetische, 25
Vorläuferfähigkeiten, 27

W

Wahrnehmung, universelle, 75
Wernicke-Zentrum, 70
Wortblindheit, kongenitale, 13

MIX
Papier aus verantwortungsvollen Quellen
Paper from responsible sources
FSC® C105338

If you have any concerns about our products,
you can contact us on
ProductSafety@springernature.com

In case Publisher is established outside the EU,
the EU authorized representative is:
**Springer Nature Customer Service Center GmbH
Europaplatz 3, 69115 Heidelberg, Germany**

Printed by Libri Plureos GmbH
in Hamburg, Germany